U0358789

本书承蒙以下项目的大力支持

广西重点研发计划项目（桂科 AB16380061）

广西创新驱动发展专项资金项目（桂科 AA17204045-6）

广西科技基础和人才专项资金项目（桂科 AD17129022）

广西重点研发计划项目（桂科 AB1850011）

广西科技发展战略研究专项（桂科 ZL20111022）

广西自然科学基金项目（2020GXNSFAA297090）

广西自然科学基金项目（2018GXNSFBA050054）

广西自然科学基金项目（2017GXNSFAA198102）

广西自然科学基金项目（2018GXNSFBA281050）

广西自然科学基金项目（2020GXNSFBA297021）

广东省林业科技计划项目（2020-KYXM-07）

国家自然科学基金项目（31860169）

广西壮族自治区林业勘测设计院
广西壮族自治区农业科学院
广西壮族自治区北海市林业局
中国科学院华南植物园

中国热带雨林地区植物图鉴
Illustrated Handbook of Plants in Tropical Rainforest Area of China

广 西 植 物
Plants of Guangxi

（2）

罗开文　张自斌　邹　嫦　邢福武　曾春阳　主　编

华中科技大学出版社
http://www.hustp.com
中国·武汉

图书在版编目（CIP）数据

中国热带雨林地区植物图鉴.广西植物/罗开文等主编.—武汉：华中科技大学出版社，2021.5

ISBN 978-7-5680-7038-6

I.①中… II.①罗… III.①热带雨林－植物－广西一图集 IV.① Q948.52-64

中国版本图书馆 CIP 数据核字 (2021) 第 067528 号

中国热带雨林地区植物图鉴——广西植物（2）　　　　罗开文　张自斌　邹　嫦　邢福武　曾春阳　主编
Zhongguo Redai Yulin Diqu Zhiwu Tujian——Guangxi Zhiwu (er)

出版发行：华中科技大学出版社（中国·武汉）　电话：(027)81321913

地　　　址：武汉市东湖新技术开发区华工科技园（邮编：430223）

出 版 人：阮海洪

策划编辑：王　斌　　　　　　　　　　　　　　　　　责任监印：朱　玢

责任编辑：吴文静　王佑芬　　　　　　　　　　　　　装帧设计：百彤文化

印　　刷：广州市人杰彩印厂

开　　本：787 mm×1092 mm　1/16

印　　张：100.5

字　　数：938 千字

版　　次：2021 年 5 月第 1 版 第 1 次印刷

定　　价：898.00 元（USD 179）　（全二册）

投稿热线：020-61251578　　　342855430@qq.com

本书若有印装质量问题，请向出版社营销中心调换

全国免费服务热线：400-6679-118 竭诚为您服务

序

P reface

  广西地处低纬度地区，北回归线横贯全区中部，其南部和西南部与越南交界的大部分地区具有温暖湿润的海洋气候特色。其小气候环境多样，夏长冬短，沿海地区几乎没有冬季，平均气温在22℃以上。桂南和桂西南地区热量丰富，≥10℃的积温超过8000℃，太阳辐射年平均值超过100 kcal/cm²，雨水丰沛，4—9月为雨季，尤以防城港东兴市最多，降雨量达2822.7mm，雨季恰好与热季重叠。其高温多雨的气候非常适合热带雨林植物的生长发育。

  关于广西境内热带界线的划分，黄秉维教授早在1959年出版的《中国综合自然区划（初稿）》和1965年绘制的《中国地理图集》中就根据世界热带标准，再结合我国南部季风以及土壤、植被分布等特点，把广西境内从东向西经博白、浦北、上思北部、宁左至龙州北部一带作为热带与亚热带的分界线，此线以北为南亚热带常绿阔叶林区，此线以南为热带雨林、季雨林区。同时，唐永銮教授于1959年根据气候、土壤、植被、作物栽培和农业生产活动等划分指标，在《地理学报》中发表《从对全国综合自然区划中所定划分热带指标的意见谈到桂西南热带界线的划分》一文，建议把此线的西段延长至百色右江北边500m的低山丘陵地带。延长线西南侧包括田阳、田东、德保、那坡、靖西、天等、大新和南宁盆地等均划归热带区域。从典型热带雨林的代表科、属植物的地理分布看，我们认为该建议是合理的。龙脑香科是亚洲热带雨林典型的热带科，该科在广西有3属、3种，其中狭叶坡垒分布在桂南的上思、防城等地，并形成局部优势；望天树分布于大新、龙州、田阳、那坡、巴马、都安等地，最近又在西大明山沟谷中找到踪迹，其种群是一个更新能力强、处于正向演替过程中的稳定种群；广西青梅分布于那坡，分布面积较小，但在局部地带仍为主要优势树种。肉豆蔻科是热带雨林中最具代表性的植物，在广西有2属、3种，其中小叶红光树分布于龙州；风吹楠分布于防城、大新、扶绥；大叶风吹楠分布于防城、大新、宁明、龙州、田阳、靖西、巴马、天兰等地，并形成局部优势。可以看出，这些典型的热带雨林代表性植物分布广泛，有些分布到桂西北的东兰等地，甚至局部形成单优势群落，表明广西境内热带与亚热带界线两侧地貌条件复杂，石山、土山兼备，生境条件多样，热带雨林（季节雨林）的分布由于小生境的改变，局部呈斑块状不连续分布。此外，桂南的沿海地区，由于海洋气候的影响，再加上高温、高盐的生境条件，一些典型的热带植物，如金莲木科的金莲木仅分布于防城和东兴等沿海地区；常见于该地区的还有须叶藤科的须叶藤，帚灯草科的薄果草，黄眼草科的硬叶葱草和黄眼草等。红树林是热带雨林地区滨海泥滩中最常见的植被类型。广西有红树植物18种，其中红树科的角果木和红树在我国大陆为热带分布区的北界，极为珍贵；钩枝藤是热带雨林中典型的热带藤本，在广西仅分布于凭祥，应该是从越南热带雨林分布到广西的。湿地中最常见的热带草本植物如田葱科的田葱除分布到桂南的防城、东兴、博白、玉林之外，还可在梧州、南宁等地找到踪迹，这种植物在广东西南部极为常见。同样，在广东西南部较常见的热带植物猪笼草仅在广西与广东邻近的北流、博白、玉林有分布，其分布的北界徘徊于热带与亚热带分界线附近；典型热带植物见血封喉的分布区北界在自然区划上具有非常重要的参考价值，其最北分布从东段开始向西经广东的恩平、阳春北部，进入广西陆川、博白、崇左、龙州等地，分布区仅徘徊于界线两侧，其在广西最北的分布至北流和南宁的南部，其分布式样与黄秉维教授划分的热带与亚热带界线相吻合。可见，很多热带植物在广西和广东两地是共有的，但广东缺少龙脑香科、肉豆蔻科等热带雨林典型的代表科，两地的热带林既有较紧密的联系，又有较大差异。以致唐永銮、张玉霞等学者认为广西分布有大片面积的热带雨林，而王献溥、李先琨等进一步研究认为，桂西南的热带林多为"季节性雨林"，仍属热带雨林植被型；而陈树培等学者则把广东西南部的热带林归为"季雨林"植被型，但在广东是否有"季雨林"的分布仍存在较大的争议。

广西热带雨林中的板根现象比较明显，雨林中杜英科、五桠果科、桑科等植物的板根比较常见；老茎开花的植物在林中应有尽有，最常见的有桑科、番荔枝科、藤黄科、梧桐科、大戟科、荨麻科、水东哥科、茜草科等植物；雨林中的绞杀现象偶有见到，主要有细叶榕、笔管榕、假斜叶榕、斜叶榕、黄葛树等榕属植物绞杀林中其他植物致死；滴水叶尖的植物在林下草本层中相当常见，主要有姜科、天南星科、芭蕉科、仙茅科、百合科、竹芋科等植物；林中的大藤本也相当常见，主要有含羞草科的榼藤、葡萄科崖爬藤属与蝶形花科的油麻藤属和鸡血藤属等植物；附生的兰花和蕨类种类繁多，具有明显的热带雨林特色。

　　《中国热带雨林地区植物图鉴——广西植物》是中国科学院华南植物园主持编著的《中国热带雨林地区植物图鉴》的重要组成部分，是距该系列专著《海南植物》出版7年后我国科研人员对热带雨林地区植物进行野外调查和专著编研的又一科研成果。该书由广西壮族自治区林业勘测设计院、广西壮族自治区农业科学院、广西壮族自治区北海市林业局和中国科学院华南植物园等单位的科研人员在全面开展野外调查的基础上，参考前人的研究资料编辑而成，共收录广西热带雨林区域的维管束植物262科，288属，2737种（含种下分类单位）。内容包括每种植物的中文名、学名、性状、花果期、分布与生境等。该书物种鉴定力求准确，文字简明扼要，图片清晰，是一部集实用性、科学性与科普性于一体的著作。该书的出版对我国热带雨林植物的保育具有重要的指导意义，同时对于热带雨林植物的物种鉴定与可持续利用等也具有重要的参考价值。是为序。

中国科学院华南植物园
2021 年 1 月 8 日

前言

Foreword

热带雨林是指生长在年平均温度24℃以上或最冷月平均温度18℃以上的热带湿润地区的高大森林植被类型，泛指热带湿润雨林、季节雨林和山地雨林等。热带雨林是地球上重要且特殊的生态系统，不仅具有地球上最丰富的物种数量和生物生产力，而且以强大的环境影响与改造能力维系和支撑着地球的大部分生态平衡，是地球上生物多样性最丰富的生态系统，具有十分特殊的价值和意义。

全球共有3大热带雨林，最大的是美洲的亚马逊雨林，占全球热带雨林总量的一半；另两片是亚洲热带雨林和非洲热带雨林。我国的热带雨林属于亚洲热带雨林，分布于西藏、云南、广西、广东、海南和台湾6省（区）的局部地区，包含有世界热带雨林的最北边缘分布，是我国分布最狭窄、面积最小而生物多样性最丰富的生态系统。

我国热带雨林垂直分带明显，具有东南亚雨林的典型结构，乔木具有多层结构，上层乔木高30米以上，多为典型的热带树种，树基常有板状根，老干上可长出花枝，多气生根植物或藤本植物，种类丰富。因为天气长期温热，雨量高，植物能持续生长，树木生长密集。木质大藤本和附生植物特别发达，叶面附生苔藓、地衣，林下有木本蕨类和大叶草本。

广西地处中国南疆，西接云贵高原，南邻北部湾，地形复杂，生境类型多样，孕育了极为丰富的生物多样性。同时，广西地质历史条件良好，古代气候条件优越，为热带雨林的繁衍奠定了良好的基础。广西南部地区"恒燠少寒，无霜雪""暮冬气候暖若三春，树叶不落，桃李乱开，蝮蛇不蛰"，十分有利于热带林木的生长，故在18世纪以前，这里"山深岚翳，草木不枯""古木连云，层峦际日""树木轮囷离奇，蔚然深秀，多千百年古物"。桂西南地区有"树海"之称，"与安南接壤处，皆崇山密箐，老藤古树，洪荒所生"，描述了当时茂密的热带原生性森林面貌。此外，还有大象和孔雀等大型的热带鸟兽，"洪武十八年，十万山象出害稼"，大象"每秋熟，辄成群出食，居民甚苦之"；孔雀分布普遍，不少古籍有"孔雀各州县出""生高山乔木之上"

的记载。直到 19 世纪中叶以后，广西境内野象和孔雀才逐渐绝迹。野象和孔雀的出没毫无疑问反映了当时原生性森林植被茂密，为这些大型热带鸟兽的生活、栖息与繁殖提供有利的条件和良好的居所。

广西以山地多平地少而著称，山脉环绕四周，略成一个四周高、中间低的盆地，称为广西盆地。东南部地区，有云开大山、六万大山、罗阳山，与广东西部山地相连，山脉走向一般为北东向，以低山为主。西南部为一弧形山地，东翼的十万大山濒临北部湾，海洋性气候明显，雨量十分丰富；西翼为公母山和大青山，与越南北部山地相连。西部喀斯特高原包括那坡、靖西、德保、天等一带，与越南北部高原连成一片，是广西喀斯特山地主要分布地之一。广西这些热带山地虽然历史上受到人类活动干扰，但至今仍保存有大面积的原生性热带森林，生物多样性非常丰富。

广西的北热带，东部起于容县的天堂山，往西北方向沿着玉林、横县一线至南宁附近，沿着右江河谷至滇桂交界处的剥隘河。北热带是广西水热条件最好的陆地区域，也是生物多样性最为丰富，在全国乃至国际上最受关注的地区之一。

由于人类活动影响，热带雨林受到严重威胁，面积锐减，全球热带雨林正以每年 1200 万公顷的速度减少，其中亚洲热带雨林消失速度最快。由于大面积的热带雨林被毁，导致热带野生动物生境丧失。热带地区高温多雨，有机质分解快，物质循环强烈，热带雨林一旦被破坏，极易引起水土流失，导致生境退化，河流干涸，造成野生动植物物种濒临灭绝，进而对生态效应产生重大影响。

为了保护热带雨林，我国政府从 1991 年以后着手停止热带原生性森林采伐，1993 年海南岛全面停止采伐天然林，同时伴随着天然林保护工程、退耕还林工程以及野生动植物保护与自然保护区工程等的实施，我国热带雨林得到了一定程度的保护和恢复。然而，随着人口的增长和经济社会的发展，热带雨林的保护与经济发展的矛盾依然存在。

加强热带雨林生态系统的保护，是贯彻落实生态文明建设的具体举措，是实现美丽中国的生态建设基础，对保障我国国土生态空间体系的完整和安全、构建我国生态安全格局稳定性具有十分重要意义。开展热带雨林地区植物资源考察，可帮助人们认识和了解热带雨林地区植物，提高公众对热带雨林的热爱与关注，促进热带雨林保护。

　　为了加强中国热带雨林的保护，中国科学院华南植物园组织编著《中国热带雨林地区植物图鉴》丛书。该系列专著的《广西植物》在全面野外调查和分类鉴定的基础上，参考研究资料编辑而成。共收录广西热带雨林地区维管束植物262科，1288属，2737种（含21亚种，87变种，2变型，12栽培品种，8杂交种），其中蕨类植物44科，88属，177种（含2亚种，3变种，1变型）；裸子植物8科，17属，31种（含4变种）；被子植物210科，1183属，2529种（含19亚种，80变种，1变型，12栽培品种，8杂交种）；广西新记录植物13种；图片4860张。本书科的排列，蕨类植物按秦仁昌1978年系统，裸子植物按郑万钧1975年系统，被子植物按哈钦松1926年、1934年系统；属、种按拉丁名字母顺序排列。

　　对于广西热带地区地名排列，按各市自东向西的顺序，依次为玉林市（玉林、容县、陆川、博白、兴业、北流），北海市（北海、合浦），钦州市（钦州、灵山、浦北），防城港市（防城、上思、东兴），南宁市（南宁、隆安、横县），崇左市（崇左、扶绥、宁明、龙州、大新、天等、凭祥），百色市（百色、田阳、田东、平果、德保、靖西、那坡）。对于热带区域内主要的广布种类、栽培及逸生种类也予以收录，以便读者更全面了解该区域植物资源状况。国内各省份的分布按从南到北，国外分布区由近至远排列，并考虑地理的连续性。

　　在野外考察过程中，我们得到当地林业部门和自然保护区的大力支持；一些类群得到业内专家的审核把关；广州百彤文化传播有限公司精心编排，力求最佳的展示效果，在此一并致以谢意。虽经反复校核，仍难免存在错误和不足之处，敬请读者批评指正。

本书即将付梓，我内心久久难以平静，我与草木结缘或属偶然。高中时因理化不通，便报取文科；后来觉得理科实用，便又转为理科。然而，人生就这么奇妙，要不因为这一时期的"文转理"，或许我今生也无法与草木结缘。大学接触到植物学方面课程时，突然表现出了天然的兴趣，并决心在这一方面继续深造，便考取植物学专业硕士研究生。毕业时，承蒙广西壮族自治区林业勘测设计院领导垂爱，将我招聘来此，于是我有了机会学习广西的植物特别是热带地区的植物。弹指一挥，我至广西已有十余载春秋，对广西植物也算窥得一斑。

有缘识草木，也因此而结识众多良师益友。硕士研究生期间，严岳鸿博士推荐我报考邢福武老师的博士研究生。无奈我胸无大志，浅尝辄止，没有进一步学习深造。虽未能成为邢老师的门徒，却有幸因此而结识邢老师。承蒙邢老师厚爱，对我委以重任，将《中国热带雨林地区植物图鉴》的广西卷编写任务交予我。士为知己者谋，我怎敢不拼全力以为之。故南下海滨，西至边境，多次外出拍摄，并深入偏远山地。经与广西同仁及邢老师团队通力合作，增删数次，历时几载，终于完成著作编辑，总算交出一份差强人意的答卷。正是：

今生有幸识草木，四处寻访尽苦辛。

踏遍青山无悔怨，不负草木不负君。

2020 年 10 月 6 日

目 录
Content

第 1 册

蕨类植物门PTERIDOPHYTA

P1.松叶蕨科PSILOTACEAE 2

P2.石杉科HUPERZIACEAE 3

P3.石松科LYCOPODIACEAE 4

P4.卷柏科SELAGINELLACEAE 5

P6.木贼科EQUISETACEAE 8

P7.七指蕨科HELMINTHOSTACHYACEAE
.... 9

P9.瓶尔小草科OPHIOGLOSSACEAE 10

P11.观音座莲科ANGIOPTERIDACEAE 11

P13.紫萁科OSMUNDACEAE 13

P14.瘤足蕨科PLAGIOGYRIACEAE 14

P15.里白科GLEICHENIACEAE 15

P17.海金沙科LYGODIACEAE 17

P18.膜蕨科HYMENOPHYLLACEAE ... 20

P19.蚌壳蕨科DICKSONIACEAE.............. 21

P20.桫椤科CYATHEACEAE 22

P21.稀子蕨科MONACHOSORACEAE ... 25

P22.碗蕨科DENNSTAEDTIACEAE 26

P23.鳞始蕨科LINDSAEACEAE.............. 29

P25.姬蕨科HYPOLEPIDACEAE.............. 31

P26.蕨科PTERIDIACEAE 32

P27.凤尾蕨科PTERIDACEAE.............. 33

P28.卤蕨科ACROSTICHACEAE 38

P30.中国蕨科SINOPTERIDACEAE 39

P31.铁线蕨科ADIANTACEAE 41

P32.水蕨科PARKERIACEAE 45

P34.车前蕨科ANTROPHYACEAE 46

P35.书带蕨科VITTARIACEAE 47

P36.蹄盖蕨科ATHYRIACEAE 48

P37.肿足蕨科HYPODEMATIACEAE....... 56

P38.金星蕨科THELYPTERIDACEAE 57

P39.铁角蕨科ASPLENIACEAE 64

P42.乌毛蕨科BLECHNACEAE 72

P45.鳞毛蕨科DRYOPTERIDACEAE....... 74

P46.叉蕨科TECTARIACEAE 80

P47.实蕨科BOLBITIDACEAE 85

P49.舌蕨科ELAPHOGLOSSACEAE 86

P50.肾蕨科NEPHROLEPIDACEAE 87

P51.条蕨科OLEANDRACEAE.............. 89

「02」

P52.骨碎补科DAVALLIACEAE 90

P56.水龙骨科POLYPODIACEAE 92

P57.槲蕨科DRYNARIACEAE 102

P60.剑蕨科LOXOGRAMMACEAE 103

P61.蘋科MARSILEACEAE 104

P63.满江红科AZOLLACEAE 105

裸子植物门GYMNOSPERMAE

G1.苏铁科CYCADACEAE 108

G3.南洋杉科ARAUCARIACEAE 110

G4.松科PINACEAE 111

G5.杉科TAXODIACEAE 113

G6.柏科CUPRESSACEAE 114

G7.罗汉松科PODOCARPACEAE 116

G9.红豆杉科TAXACEAE 120

G11.买麻藤科GNETACEAE 121

被子植物门ANGIOSPERMAE

1.木兰科MAGNOLIACEAE 124

2A.八角科ILLICIACEAE 133

3.五味子科SCHISANDRACEAE 135

8.番荔枝科ANNONACEAE 136

11.樟科LAURACEAE 150

13A.青藤科ILLIGERACEAE 178

14.肉豆蔻科MYRISTICACEAE 179

15.毛茛科RANUNCULACEAE 181

18.睡莲科NYMPHAEACEAE 187

19.小檗科BERBERIDACEAE 190

21.木通科LARDIZABALACEAE 192

23.防己科MENISPERMACEAE 193

24.马兜铃科ARISTOLOCHIACEAE 200

27.猪笼草科NEPENTHACEAE 204

28.胡椒科PIPERACEAE 205

29.三白草科SAURURACEAE 209

30.金粟兰科CHLORANTHACEAE 211

32.罂粟科PAPAVERACEAE 213

33.紫堇科FUMARIACEAE 214

36.白花菜科CAPPARIDACEAE 215

37.辣木科MORINGACEAE 220

39.十字花科CRUCIFERAE 221

40.堇菜科VIOLACEAE 227

42.远志科POLYGALACEAE 229

45.景天科CRASSULACEAE 233

48.茅膏菜科DROSERACEAE 236

53.石竹科CARYOPHYLLACEAE 237

54.粟米草科MOLLUGINACEAE.......... 240

55.番杏科AIZOACEAE 241

56.马齿苋科PORTULACACEAE 242

57.蓼科POLYGONACEAE 245

59.商陆科PHYTOLACCACEAE 257

61.藜科CHENOPODIACEAE 258

63.苋科AMARANTHACEAE 260

64.落葵科BASELLACEAE 269

65.亚麻科LINACEAE 270

67.牻牛儿苗科GERANIACEAE 271

69.酢浆草科OXALIDACEAE 272

70.旱金莲科TROPAEOLACEAE 274

71.凤仙花科BALSAMINACEAE 275

72.千屈菜科LYTHRACEAE 279

74.海桑科SONNERATIACEAE 282

75.石榴科PUNICACEAE 283

77.柳叶菜科ONAGRACEAE................. 284

78.小二仙草科HALORAGACEAE 286

81.瑞香科THYMELAEACEAE 288

83.紫茉莉科NYCTAGINACEAE 290

84.山龙眼科PROTEACEAE 292

85.五桠果科DILLENIACEAE 297

87.马桑科CORIARIACEAE................... 299

88.海桐花科PITTOSPORACEAE.......... 300

91.红木科BIXACEAE 303

93.大风子科FLACOURTIACEAE 304

94.天料木科SAMYDACEAE................. 309

101.西番莲科PASSIFLORACEAE 311

103.葫芦科CUCURBITACEAE 314

104.秋海棠科BEGONIACEAE 330

106.番木瓜科CARICACEAE 337

107.仙人掌科CACTACEAE 338

108.山茶科THEACEAE 341

108A.五列木科PENTAPHYLACACEAE.....

.... 359

112.猕猴桃科ACTINIDIACEAE 360

113.水东哥科SAURAUIACEAE 362

114.金莲木科OCHNACEAE.................. 364

115.钩枝藤科ANCISTROCLADACEAE .....

.... 365

116.龙脑香科DIPTEROCARPACEAE ... 366

118.桃金娘科MYRTACEAE 369

119.玉蕊科LECYTHIDACEAE 384

120.野牡丹科MELASTOMATACEAE ... 385

121.使君子科COMBRETACEAE 395

122.红树科RHIZOPHORACEAE 401

123.金丝桃科HYPERICACEAE 404

126.藤黄科GUTTIFERAE 406

128.椴树科TLLIACEAE 410

128A.杜英科ELAEOCARPACEAE 417

128B.斜翼科PLAGIOPTERACEAE 422

130.梧桐科STERCULIACEAE 423

131.木棉科BOMBACACEAE 436

132.锦葵科MALVACEAE 438

133.金虎尾科MALPIGHIACEAE........... 452

135.古柯科ERYTHROXYLACEAE 454

135A.黏木科IXONANTHACEAE 455

136.大戟科EUPHORBIACEAE 456

136A.虎皮楠科DAPHNIPHYLLACEAE

.... 516

136B.小盘木科PANDACEAE 517

139.鼠刺科ESCALLONIACEAE 518

142.绣球科HYDRANGEACEAE........... 520

143.蔷薇科ROSACEAE 522

144.毒鼠子科DICHAPETALACEAE 547

146.含羞草科MIMOSACEAE 548

147.苏木科CAESALPINIACEAE........... 562

148.蝶形花科PAPILIONACEAE 579

150.旌节花科STACHYURACEAE........ 631

151.金缕梅科HAMAMELIDACEAE 632

154.黄杨科BUXACEAE 637

156.杨柳科SALICACEAE 638

159.杨梅科MYRICACEAE 639

161.桦木科BETULACEAE 641

162.榛科CORYLACEAE 642

163.壳斗科FAGACEAE 643

164.木麻黄科CASUARINACEAE.......... 652

165.榆科ULMACEAE 653

167.桑科MORACEAE 661

169.荨麻科URTICACEAE 696

170.大麻科CANNABACEAE 717

171.冬青科AQUIFOLIACEAE 718

中文名索引Index to Chinese Names....... 725

学名索引Index to Scientific Names........ 749

第 2 册

173.卫矛科CELASTRACEAE 781

178.翅子藤科HIPPOCRATEACEAE 787

179.茶茱萸科ICACINACEAE 790

182.铁青树科OLACACEAE 793

183.山柚子科OPILIACEAE 795

185.桑寄生科LORANTHACEAE 797

186.檀香科SANTALACEAE 802

189.蛇菰科BALANOPHORACEAE 804

190.鼠李科RHAMNACEAE 805

191.胡颓子科ELAEAGNACEAE 816

193.葡萄科VITACEAE 818

194.芸香科RUTACEAE 834

195.苦木科SIMAROUBACEAE 851

196.橄榄科BURSERACEAE 853

197.楝科MELIACEAE 855

198.无患子科SAPINDACEAE 862

198A.七叶树科HIPPOCASTANACEAE... 870

200.槭树科ACERACEAE 871

201.清风藤科SABIACEAE.................... 874

204.省沽油科STAPHYLEACEAE 877

205.漆树科ANACARDIACEAE 879

206.牛栓藤科CONNARACEAE 886

207.胡桃科JUGLANDACEAE 887

207A.马尾树科RHOIPTELEACEAE 890

209.山茱萸科CORNACEAE 891

210.八角枫科ALANGIACEAE 894

211.蓝果树科NYSSACEAE 897

212.五加科ARALIACEAE 899

213.伞形科UMBELLIFERAE 910

214.桤叶树科 (山柳科) CLETHRACEAE ....
.... 918

215.杜鹃花科ERICACEAE 919

216.越橘科VACCINIACEAE 924

221.柿科EBENACEAE 925

222.山榄科SAPOTACEAE 930

222A.肉实树科SARCOSPERMATACEAE ..
.... 935

223.紫金牛科MYRSINACEAE 936

224.安息香科STYRACACEAE 954

225.山矾科SYMPLOCACEAE 957

「06」

228.马钱科LOGANIACEAE.................. 962

229.木犀科OLEACEAE 967

230.夹竹桃科APOCYNACEAE 974

231.萝藦科ASCLEPIADACEAE 991

231A.杠柳科PERIPLOCACEAE 1004

232.茜草科RUBIACEAE 1005

233.忍冬科CAPRIFOLIACEAE 1061

238.菊科ASTERACEAE 1065

239.龙胆科GENTIANACEAE 1112

240.报春花科PRIMULACEAE 1114

241.白花丹科PLUMBAGINACEAE ... 1118

242.车前科PLANTAGINACEAE......... 1119

243.桔梗科CAMPANULACEAE 1120

243A.五膜草科PENTAPHRAGMATACEAE..

.... 1122

243B.尖瓣花科SPHENOCLEACEAE .. 1123

244.半边莲科LOBELIACEAE 1124

245.草海桐科GOODENIACEAE 1125

249.紫草科BORAGINACEAE 1126

250.茄科SOLANACEAE..................... 1132

251.旋花科CONVOLVULACEAE........ 1147

252.玄参科SCROPHULARIACEAE 1159

253.列当科OROBANCHACEAE.......... 1175

254.狸藻科LENTIBULARIACEAE...... 1176

256.苦苣苔科GESNERIACEAE 1177

257.紫葳科BIGNONIACEAE 1191

258.胡麻科PEDALIACEAE................. 1200

259.爵床科ACANTHACEAE 1201

263.马鞭草科VERBENACEAE 1226

264.唇形科LABIATAE 1249

266.水鳖科HYDROCHARITACEAE ... 1268

267.泽泻科ALISMATACEAE 1269

276.眼子菜科POTAMOGETONACEAE......

.... 1271

280.鸭跖草科COMMELINACEAE 1272

281.须叶藤科FLAGELLARIACEAE ... 1281

283.黄眼草科XYRIDACEAE 1282

285.谷精草科ERIOCAULACEAE........ 1283

286.凤梨科BROMELIACEAE 1284

287.芭蕉科MUSACEAE 1286

288.旅人蕉科STRELITZIACEAE 1288

289.兰花蕉科LOWIACEAE.................. 1289

290.姜科ZINGIBERACEAE 1290

291.美人蕉科CANNACEAE................ 1304

292.竹芋科MARANTACEAE 1306

293.百合科LILIACEAE.................... 1308

295.延龄草科TRILLIACEAE 1325

296.雨久花科PONTEDERIACEAE...... 1326

297.菝葜科SMILACACEAE 1328

302.天南星科ARACEAE 1333

303.浮萍科LEMNACEAE.................... 1348

305.香蒲科TYPHACEAE 1349

306.石蒜科AMARYLLIDACEAE 1350

307.鸢尾科IRIDACEAE.................... 1354

310.百部科STEMONACEAE............... 1355

311.薯蓣科DIOSCOREACEAE 1356

313.龙舌兰科AGAVACEAE................. 1360

314.棕榈科ARECACEAE 1364

315.露兜树科PANDANACEAE........... 1379

318.仙茅科HYPOXIDACEAE 1380

321.蒟蒻薯科TACCACEAE................ 1381

322.田葱科PHILYDRACEAE 1382

323.水玉簪科BURMANNIACEAE 1383

326.兰科ORCHIDACEAE 1384

327.灯心草科JUNCACEAE 1447

330.帚灯草科RESTIONACEAE 1448

331.莎草科CYPERACEAE 1449

332.禾本科POACEAE 1464

332A.竹亚科BAMBUSOIDEAE........... 1464

332B.禾亚科ORYZOIDEAE 1468

参考文献References 1502

中文名索引Index to Chinese Names..... 1503

学名索引Index to Scientific Names....... 1529

173. 卫矛科
CELASTRACEAE

膝柄木属 Bhesa Buch.-Ham. ex Arn.

膝柄木
Bhesa robusta (Roxb.) D. Hou

乔木。产于北海、东兴。生
于近海岸沙丘或山坡林中，很少
见。分布于中国广西。越南、老挝、
泰国、柬埔寨、缅甸、马来西亚、
印度尼西亚、印度、尼泊尔、孟
加拉国也有分布。

南蛇藤属 Celastrus L.

过山枫
Celastrus aculeatus Merr.

灌木。花期3～4月；果期
8～9月。产于南宁、靖西。生
于海拔100～1000 m的山坡疏
林或灌丛中，少见。分布于中国
广东、广西、江西、福建、浙江、
云南。

青江藤

Celastrus hindsii Benth.

　　攀援灌木。花期 5 ~ 7 月；果期 7 ~ 10 月。
产于容县、灵山、崇左、龙州、大新、那坡。生
于海拔 300 ~ 1500 m 的疏林或灌丛中，常见。
分布于中国海南、广东、广西、湖南、江西、福
建、台湾、湖北、贵州、云南、四川、西藏。越南、
缅甸、马来西亚、印度也有分布。

独子藤

Celastrus monospermus Roxb.

　　灌木。花期 4 ~ 6 月；果期 6 ~ 10 月。产于防城、
上思、南宁、龙州。生于海拔 300 ~ 1500 m 的山
坡密林或灌丛中，少见。分布于中国海南、广东、
广西、福建、贵州、云南。越南、缅甸、印度也
有分布。

显柱南蛇藤

Celastrus stylosus Wall.

藤本。花期3~5月；果期8~10月。产于防城、上思、平果、靖西。生于海拔800~1500 m的山坡林中，少见。分布于中国广东、广西、湖南、江西、安徽、湖北、重庆、贵州、云南、四川。泰国、缅甸、印度、尼泊尔、不丹也有分布。

卫矛属 Euonymus L.

扶芳藤

Euonymus fortunei (Turcz.) Hand.-Mazz.
Euonymus hederaceus Champ. ex Benth.

藤本灌木。花期5~6月。产于容县、钦州、上思、龙州。生于山坡林中，常见。分布于中国海南、广东、广西、湖南、江西、福建、台湾、浙江、江苏、安徽、湖北、贵州、云南、四川、青海、甘肃、陕西、山西、河南、山东、新疆、辽宁。越南、老挝、泰国、缅甸、印度尼西亚、菲律宾、印度、巴基斯坦、日本、朝鲜以及非洲也有分布。

白树沟瓣

Glyptopetalum geloniifolium (Chun & F. C. How) C. Y. Cheng

Euonymus geloniifolius Chun & F. C. How

Euonymus geloniifolius Chun & F. C. How var. *robustus* Chun & F. C. How

　　灌木。花期 7 ~ 8 月；果期 12 月至翌年 2 月。产于横县、龙州。生于山坡疏林或灌丛中，少见。分布于中国海南、广东、广西。

皱叶沟瓣

Glyptopetalum rhytidophyllum (Chun & F. C. How) C. Y. Cheng

　　灌木。花期 8 月至翌年 6 月；果期 9 ~ 12 月。产于龙州、百色、那坡。生于海拔 600 ~ 900 m 的山地密林或林缘，少见。分布于中国广西、云南。

变叶裸实（变叶美登木）

Gymnosporia diversifolia Maxim.

Maytenus diversifolia (Maxim.) Ding Hou

灌木。花期 6 ～ 9 月；果期 8 ～ 12 月。产于北海、合浦。生于干燥沙地上或旷野中，少见。分布于中国海南、广东、广西、福建、台湾。越南、泰国、马来西亚、菲律宾、日本也有分布。

美登木属 Maytenus Molina

密花美登木

Maytenus confertiflora J. Y. Luo & X. X. Chen

灌木。花期 11 ～ 12 月。产于崇左、宁明、龙州、大新、凭祥、田东、平果。生于石灰岩林下或灌丛中，少见。分布于中国广西。

广西美登木

Maytenus guangxiensis C. Y. Cheng & W. L. Sha

灌木。花期 11 ~ 12 月。产于隆安、扶绥、田阳。生于石灰岩灌丛中，很少见。分布于中国广西。

假卫矛属 Microtropis Wall.

木犀假卫矛

Microtropis osmanthoides Hand.-Mazz.

灌木。产于防城、上思。生于山谷密林潮湿处，少见。分布于中国广西、贵州。越南也有分布。

178. 翅子藤科
HIPPOCRATEACEAE

扁蒴藤属 Pristimera Miers

二籽扁蒴藤

Pristimera arborea (Roxb.) A. C. Smith

藤本。花期6月；果期10月。产于龙州、平果。生于海拔300～1100 m的山坡、沟谷或灌丛中，少见。分布于中国广西、云南。缅甸、印度、不丹也有分布。

风车果

Pristimera cambodiana (Pierre) A. C. Smith

Hippocratea cambodina Pierre

　　藤本。花期 5 ~ 6 月；果期翌年 1 ~ 2 月。产于扶绥、龙州。生于海拔 200 ~ 1000 m 的山坡疏林中，少见。分布于中国广西、云南。越南、柬埔寨、缅甸也有分布。

毛扁蒴藤

Pristimera setulosa A. C. Smith

　　藤本。花期 1 ~ 2 月；果期 10 ~ 11 月。产于龙州、德保。生于海拔 600 ~ 1500 m 的石灰岩疏林中，少见。分布于中国广西、云南。

五层龙

Salacia chinensis L.

攀援灌木。花期 12 月至翌年 1 月；果期翌年 1~2 月。产于北海、横县、龙州。生于海拔 100~700 m 的林中，少见。分布于中国海南、广东、广西。越南、老挝、泰国、柬埔寨、缅甸、马来西亚、印度尼西亚、菲律宾、印度、斯里兰卡也有分布。

无柄五层龙

Salacia sessiliflora Hand.-Mazz.

灌木。花期 6 月；果期 10 月。产于上思、龙州、平果、靖西、那坡。生于海拔 200~1600 m 的山坡灌丛中，少见。分布于中国广东、广西、贵州、云南。

179. 茶茱萸科

ICACINACEAE

心翼果属 Cardiopteris Wall. ex Royle

心翼果

Cardiopteris quinqueloba (Hassk.) Hassk.
Peripterygium quinquelobum Hassk.

　　草质藤本。花期 5 ~ 11 月；果期 10 月至翌年 3 月。产于龙州、那坡。生于海拔 100 ~ 1300 m 的山谷疏林或路边灌丛中，很少见。分布于中国海南、广西、云南。越南、泰国、缅甸、马来西亚、印度尼西亚、印度也有分布。

粗丝木属 Gomphandra Wall. ex Lindl.

粗丝木

Gomphandra tetrandra (Wall.) Sleumer

　　灌木或小乔木。花、果期全年。产于钦州、防城、上思、扶绥、龙州、平果、那坡。生于海拔 500 ~ 1200 m 的林下、林缘、灌丛、沟边，常见。分布于中国海南、广东、广西、贵州、云南。越南、老挝、泰国、柬埔寨、缅甸、印度、斯里兰卡也有分布。

微花藤

Iodes cirrhosa Turcz.

木质藤本。花期 1 ~ 4 月；果期 5 ~ 10 月。产于合浦、宁明、龙州、百色、平果。生于海拔 400 ~ 1000 m 的沟谷疏林中，常见。分布于中国广西、云南。越南、老挝、泰国、缅甸、马来西亚、印度尼西亚、菲律宾、印度也有分布。

瘤枝微花藤

Iodes seguini (Lévl.) Rehd.

木质藤本。花期 1 ~ 5 月；果期 4 ~ 6 月。产于龙州、大新、天等、德保、那坡。生于海拔 200 ~ 1200 m 的石灰岩林下，常见。分布于中国广西、贵州、云南。

小果微花藤

Iodes vitiginea (Hance) Hemsl.

Iodes ovalis Blume var. *vitiginea* (Hance) Gagnep.

　　木质藤本。花期 12 月至翌年 5 月；果期 4 ~ 8 月。产于南宁、龙州、大新、百色、田阳、平果、那坡。生于沟谷林中或次生灌丛中，常见。分布于中国海南、广东、广西、贵州、云南。越南、老挝、泰国也有分布。

定心藤属 Mappianthus Hand. -Mazz.

定心藤（甜果藤）

Mappianthus iodoides Hand.-Mazz.

　　木质藤本。花期 4 ~ 8 月；果期 6 ~ 12 月。产于容县、上思、东兴、南宁、那坡。生于海拔 500 ~ 1500 m 的疏林或灌丛中，常见。分布于中国海南、广东、广西、湖南、福建、浙江、贵州、云南。越南也有分布。

182. 铁青树科

OLACACEAE

赤苍藤属 Erythropalum Blume

赤苍藤

Erythropalum scandens Blume

　　藤本。花期 4 ~ 5 月；果期 5 ~ 7 月。产于博白、北流、防城、上思、东兴、南宁、隆安、崇左、扶绥、龙州、大新、天等、凭祥、田阳、平果、靖西、那坡。生于低海拔山谷或丘陵的林下、林缘或灌丛中，很常见。分布于中国海南、广东、广西、贵州、云南、西藏。越南、老挝、泰国、柬埔寨、缅甸、马来西亚、印度尼西亚、文莱、菲律宾、印度、不丹、孟加拉国也有分布。

蒜头果属 Malania Chun & S. K. Lee

蒜头果

Malania oleifera Chun & S. K. Lee

　　乔木。花期 4 ~ 9 月；果期 5 ~ 12 月。产于上思、隆安、龙州、大新、百色、田阳、田东、平果、德保、靖西。生于海拔 300 ~ 500 m 的林中或灌丛中，很少见。分布于中国广西、云南。

疏花铁青树

Olax austrosinensis Y. R. Ling

　　灌木。花期 3 ~ 5 月；果期 4 ~ 9 月。产于上思、横县、扶绥。生于海拔 100 ~ 1200 m 的山谷林中，很少见。分布于中国海南、广西。

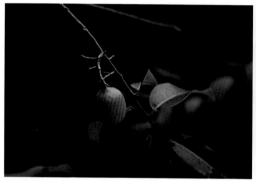

青皮木属 Schoepfia Schreb.

华南青皮木

Schoepfia chinensis Gardner & Champ.

　　小乔木。花期 2 ~ 4 月；果期 4 ~ 7 月。产于陆川、上思、南宁、横县。生于低海拔山谷或溪边林中，少见。分布于中国海南、广东、广西、湖南、江西、福建、台湾、贵州、云南、四川。

183. 山柚子科
OPILIACEAE

山柑藤属 Cansjera Juss.

山柑藤

Cansjera rheedei J. F. Gmel.

攀援状灌木。花期 10 月至翌年 1 月；果期 1 ~ 3 月。产于上思、东兴、南宁、横县、扶绥、宁明、龙州、平果。生于低海拔山地疏林下、灌丛中，常见。分布于中国海南、广东、广西、云南。越南、老挝、泰国、柬埔寨、缅甸、马来西亚、印度尼西亚、菲律宾、印度、尼泊尔、斯里兰卡、澳大利亚以及太平洋岛屿也有分布。

茎花山柚

Champereia manillana (Blume) Merr. var. **longistaminea** (W. Z. Li) H. S. Kiu

灌木或乔木。花期 4～5 月；果期 6～7 月。产于崇左、扶绥、宁明、龙州、大新、天等、凭祥、平果、德保、靖西、那坡。生于海拔 300～1300 m 的石灰岩山坡林下、山谷、灌丛，常见。分布于中国广西、云南。

185. 桑寄生科

LORANTHACEAE

五蕊寄生属 Dendrophthoe Mart.

五蕊寄生

Dendrophthoe pentandra (L.) Miq.

灌木。花期 3 月；果期 11 月。产于龙州、田阳、平果。生于海拔 1200 m 以下的阔叶林中，少见。分布于中国海南、广东、广西、云南。越南、老挝、泰国、柬埔寨、缅甸、马来西亚、印度尼西亚、菲律宾、印度也有分布。

离瓣寄生

Helixanthera parasitica Lour.

灌木。花期 1 ~ 7 月；果期 5 ~ 8 月。产于容县、博白、钦州、浦北、防城、上思、东兴、南宁、隆安、横县、崇左、扶绥、龙州、德保、靖西、那坡。生于海拔 1500 m 以下的阔叶林中，常见。分布于中国海南、广东、广西、福建、贵州、云南、西藏。越南、老挝、泰国、柬埔寨、缅甸、马来西亚、印度尼西亚、菲律宾、印度、尼泊尔也有分布。

鞘花属 Macrosolen (Blume) Blume

鞘花

Macrosolen cochinchinensis (Lour.) Tiegh.

灌木。花期 2 ~ 4 月；果期 5 ~ 8 月。产于北流、合浦、钦州、防城、上思、南宁、隆安、横县、扶绥、宁明、龙州、大新、凭祥、百色、田阳、平果、靖西、那坡。生于海拔 1500 m 以下的阔叶林中，常见。分布于中国海南、广东、广西、湖南、福建、贵州、云南、四川、西藏。越南、泰国、柬埔寨、缅甸、马来西亚、印度尼西亚、菲律宾、印度、尼泊尔、新几内亚也有分布。

广寄生

Taxillus chinensis (DC.) Danser

灌木。花期 8 ～ 9 月；果期 9 ～ 10 月。产于玉林、钦州、防城、上思、南宁、龙州、平果。生于海拔 400 m 以下的阔叶林中、林缘或路边，常见。分布于中国海南、广东、广西、福建。越南、老挝、泰国、柬埔寨、马来西亚、印度尼西亚、菲律宾也有分布。

桑寄生

Taxillus sutchuenensis (Lecomte) Danser

灌木。花期 6 ～ 8 月。产于钦州、防城、隆安、百色、田阳、德保、靖西、那坡。生于海拔 500 ～ 1500 m 的山地阔叶林中，少见。分布于中国海南、广东、广西、湖南、江西、福建、台湾、浙江、湖北、贵州、云南、四川、甘肃、陕西、山西、河南。

大苞寄生

Tolypanthus maclurei (Merr.) Danser

灌木。花期 4 ~ 7 月；果期 8 ~ 10 月。产于容县、上思、南宁、龙州、平果、那坡。生于海拔 150 ~ 1200 m 的阔叶林中、山谷或溪边，少见。分布于中国广东、广西、湖南、江西、福建、贵州。

榭寄生属 Viscum L.

榭寄生

Viscum coloratum (Kom.) Nakai

灌木。花期 4 ~ 5 月；果期 9 ~ 11 月。产于南宁、平果、靖西。生于海拔 500 ~ 1500 m 的阔叶林中，少见。分布于中国广西、湖南、江西、福建、台湾、浙江、江苏、安徽、湖北、贵州、四川、甘肃。日本、朝鲜、俄罗斯也有分布。

枫寄生（枫香榭寄生）

Viscum liquidambaricola Hayata

　　灌木。花、果期 4 ~ 12 月。产于容县、北流、合浦、钦州、灵山、上思、扶绥、宁明、龙州、大新、百色、靖西、那坡。生于海拔 200 ~ 750 m 的阔叶林中，常见。分布于中国海南、广东、广西、湖南、江西、福建、台湾、浙江、湖北、贵州、云南、四川、西藏、甘肃、陕西。越南、泰国、马来西亚、印度尼西亚、尼泊尔、不丹也有分布。

瘤果榭寄生

Viscum ovalifolium DC.

　　灌木。花、果期几全年。产于防城、崇左、龙州、田东、平果。生于海拔 1100 m 以下的丘陵、低山林中或园地，常见。分布于中国海南、广东、广西、云南。越南、老挝、泰国、柬埔寨、缅甸、马来西亚、印度尼西亚、菲律宾、印度、不丹也有分布。

186. 檀香科

SANTALACEAE

寄生藤属 Dendrotrophe Miq.

寄生藤

Dendrotrophe varians (Blume) Miq.

Dendrotrophe frutescens (Benth.) Danser

木质藤本。花期冬季；果期 2 ~ 5 月。产于陆川、博白、北流、合浦、钦州、上思、南宁、德保、那坡。生于海拔 100 ~ 300 m 的山坡灌丛，常见。分布于中国海南、广东、广西、福建、云南。越南、泰国、缅甸、马来西亚、印度尼西亚、菲律宾也有分布。

沙针属 Osyris L.

沙针

Osyris quadripartita Salzm. ex Decne.

灌木或小乔木。花期 4 ~ 6 月；果期 10 月。产于南宁、隆安、崇左、龙州、大新、凭祥、平果、靖西。生于海拔 300 ~ 1500 m 的疏林或灌丛中，很常见。分布于中国广西、云南、四川、西藏。越南、老挝、柬埔寨、缅甸、印度、尼泊尔、不丹、斯里兰卡也有分布。

檀香

Santalum album L.

　　小乔木。花期 7 ~ 9 月；果期 8 ~ 11 月。北海、南宁有栽培。中国海南、广东、广西、台湾、云南有栽培。原产于太平洋岛屿，印度广泛栽培。

硬核属 Scleropyrum Arn.

硬核

Scleropyrum wallichianum (Wight & Arn.) Arn.

　　乔木。花期 4 ~ 5 月；果期 8 ~ 9 月。产于龙州。生于山谷疏林中，很少见。分布于中国海南、广西、云南。越南、泰国、柬埔寨、缅甸、马来西亚、印度尼西亚、菲律宾、印度、斯里兰卡也有分布。

189. 蛇菰科
BALANOPHORACEAE

蛇菰属 Balanophora J. R. Forst. & G. Forst.

红冬蛇菰（蛇菰）
Balanophora harlandii Hook. f.

　　草本。花期 9 ~ 11 月。产于龙州、那坡。生于海拔 600 ~ 1500 m 的林下湿润处，少见。分布于中国海南、广东、广西、湖南、江西、福建、台湾、浙江、安徽、湖北、贵州、云南、四川、陕西、河南。泰国、印度也有分布。

疏花蛇菰
Balanophora laxiflora Hemsl.

　　草本。花期 9 ~ 11 月。产于北流、上思、那坡。生于海拔 500 ~ 1600 m 的密林中，少见。分布于中国海南、广东、广西、湖南、江西、福建、台湾、浙江、湖北、云南、四川、西藏。越南、老挝、泰国也有分布。

190. 鼠李科

RHAMNACEAE

勾儿茶属 Berchemia Neck. ex DC.

多花勾儿茶

Berchemia floribunda (Wall.) Brongn.

攀援灌木。花期5～7月；果期8～10月。产于容县、博白、北流、钦州、灵山、防城、上思、东兴、宁明、龙州、大新、平果、那坡。生于海拔1500 m以下的林下、林缘或灌丛中，常见。分布于中国海南、广东、广西、湖南、江西、福建、台湾、浙江、江苏、湖北、贵州、云南、四川、西藏、陕西、山西、河南。越南、泰国、印度、尼泊尔、不丹、日本也有分布。

牯岭勾儿茶

Berchemia kulingensis C. K. Schneid.

藤状或攀援灌木。花期6～7月；果期翌年4～6月。产于上思、凭祥、百色、靖西、那坡。生于海拔300～1500 m的山谷灌丛、林缘或林中，少见。分布于中国广西、湖南、江西、福建、浙江、江苏、安徽、湖北、贵州、四川。

铁包金

Berchemia lineata (L.) DC.

藤状或矮灌木。花期 7 ~ 10 月；果期 11 月。产于北海、东兴、龙州。生于低海拔的山野、荒地、路边，常见。分布于中国海南、广东、广西、福建、台湾。越南、印度、日本也有分布。

多叶勾儿茶

Berchemia polyphylla Wall. ex M. A. Lawson

藤状灌木。花期 5 ~ 9 月；果期 7 ~ 11 月。产于南宁、隆安、横县、崇左、龙州、大新、百色、平果、德保、靖西、那坡。生于海拔 300 ~ 900 m 的山坡林中或灌丛，常见。分布于中国广西、贵州、云南、四川、甘肃、陕西。缅甸、印度也有分布。

光枝勾儿茶

Berchemia polyphylla Wall. ex M. A.
Lawson var. **leioclada** (Hand.-Mazz.) Hand.-Mazz.

　　藤状或攀援灌木。花期 6 ～ 8 月；果期翌年
5 ～ 6 月。产于北海、防城、龙州。生于山坡、
沟边或林缘，少见。分布于中国海南、广东、广西、
湖南、福建、湖北、贵州、云南、四川、陕西。

咀签属 Gouania Jacq.

毛咀签

Gouania javanica Miq.

　　攀援灌木。花期 7 ～ 9 月；果期 11 月至翌
年 3 月。产于隆安、崇左、宁明、龙州、大新、
凭祥、百色、田东、平果、德保、靖西、那坡。
生于疏林下或灌丛中，常见。分布于中国海南、
广东、广西、福建、贵州、云南。越南、老挝、
泰国、柬埔寨、菲律宾也有分布。

枳椇（拐枣）

Hovenia acerba Lindl.

乔木。花期 5 ~ 7 月；果期 8 ~ 10 月。产于容县、北海、钦州、上思、南宁、龙州、大新。生于海拔 1500 m 以下的疏林、山坡林缘或旷地，少见。分布于中国海南、广东、广西、湖南、江西、福建、江苏、安徽、湖北、贵州、云南、四川、甘肃、陕西、河南。缅甸、印度、尼泊尔、不丹也有分布。

马甲子属 Paliurus Tourn. ex Mill.

铜钱树

Paliurus hemsleyanus Rehd. ex Schir. & Olabi

乔木。花期 4 ~ 6 月；果期 7 ~ 9 月。产于龙州、田东、平果。生于海拔 1000 m 以下的山地林中，少见。分布于中国广东、广西、湖南、江西、浙江、江苏、安徽、湖北、贵州、云南、四川、甘肃、陕西、河南。

马甲子

Paliurus ramosissimus (Lour.) Poir.

灌木。花期 5 ~ 8 月；果期 9 ~ 10 月。产于北海、合浦、钦州、防城、南宁、隆安、崇左、龙州、大新、凭祥、百色、平果、靖西、那坡。生于海拔 1600 m 以下的山地或平原，常见。分布于中国广东、广西、湖南、江西、福建、台湾、浙江、江苏、安徽、湖北、贵州、云南、四川。越南、日本、朝鲜也有分布。

猫乳属 Rhamnella Miq.

苞叶木

Rhamnella rubrinervis (Lévl.) Rehd.

Chaydaia rubrinervis (Lévl.) C. Y. Wu ex Y. L. Chen

灌木或小乔木。花期 7 ~ 9 月；果期 8 ~ 11 月。产于崇左、龙州、平果。生于海拔 1000 m 以下的山地林中或灌丛中，常见。分布于中国广东、广西、贵州、云南。越南也有分布。

革叶鼠李

Rhamnus coriophylla Hand.-Mazz.

灌木或小乔木。花期 6 ~ 8 月；果期 8 ~ 12 月。产于龙州、大新、平果、德保、靖西、那坡。生于海拔 400 ~ 800 m 的石灰岩山坡林下或灌丛中，常见。分布于中国广东、广西、云南。

长叶冻绿

Rhamnus crenata Sieb. & Zucc.

灌木或小乔木。花期 5 ~ 8 月；果期 8 ~ 10 月。产于玉林、容县、博白、钦州、灵山、浦北、防城、上思、东兴、南宁、隆安、横县、扶绥、宁明、龙州、大新、凭祥、百色、平果、德保、靖西、那坡。生于海拔 1600 m 以下的山地林下或灌丛中，常见。分布于中国广东、广西、湖南、江西、福建、台湾、浙江、江苏、安徽、湖北、贵州、云南、四川、陕西、河南。越南、老挝、柬埔寨、日本、朝鲜也有分布。

尼泊尔鼠李

Rhamnus napalensis (Wall.) M. A. Lawson

　　直立或藤状灌木，稀乔木。花期5～9月；果期8～11月。产于容县、隆安、龙州、大新、天等、百色、平果、德保、靖西、那坡。生于海拔1600 m以下的林下或灌丛中，常见。分布于中国海南、广东、广西、湖南、江西、福建、浙江、湖北、贵州、云南、西藏。泰国、缅甸、马来西亚、印度、尼泊尔、不丹也有分布。

雀梅藤属 Sageretia Brongn.

纤细雀梅藤

Sageretia gracilis Drumm. & Sprague

　　灌木。花期7～10月；果期翌年2～5月。产于平果、那坡。生于海拔1000～1600 m的山地、山谷林下或灌丛中，少见。分布于中国广西、云南、西藏。

梗花雀梅藤

Sageretia henryi Drumm. & Sprague

藤状灌木，稀小乔木。花期 7 ~ 11 月；果期翌年 3 ~ 6 月。产于容县。生于密林或灌丛中，少见。分布于中国广西、湖南、浙江、湖北、贵州、云南、四川、甘肃、陕西。

疏花雀梅藤

Sageretia laxiflora Hand.-Mazz.

灌木。花期 9 ~ 12 月；果期翌年 3 ~ 4 月。产于百色、那坡。生于海拔 700 m 以下的山坡草地或灌丛中，少见。分布于中国广西、江西、贵州、云南。

皱叶雀梅藤

Sageretia rugosa Hance

藤状或直立灌木。花期 7～12 月；果期翌年 3～4
月。产于龙州、大新、平果。生于海拔 1000 m 以下
的林下或灌丛中，常见。分布于中国广东、广西、湖南、
湖北、贵州、云南、四川。

雀梅藤

Sageretia thea (Osbeck) Johnst.

藤状或直立灌木。花期 7～9 月；果期翌年 3～5
月。产于北海、龙州、大新。生于山地林下或灌丛中，
常见。分布于中国广东、广西、湖南、江西、福建、
台湾、浙江、江苏、安徽、湖北、云南、四川。越南、
印度、日本、朝鲜也有分布。

海南翼核果

Ventilago inaequilateralis Merr. & Chun

攀援灌木。花期 2 ~ 5 月；果期 3 ~ 6 月。产于崇左、龙州、田阳、平果。生于低海拔山谷林中，常见。分布于中国海南、广东、广西、贵州、云南。

翼核果

Ventilago leiocarpa Benth.

Smythea nitida Merr.

藤状灌木。花期 4 ~ 5 月；果期 4 ~ 6 月。产于上思、南宁、扶绥、宁明、龙州。生于海拔 1500 m 以下的疏林下或灌丛中，常见。分布于中国海南、广东、广西、湖南、福建、台湾、贵州、云南。越南、泰国、缅甸、印度也有分布。

印度枣

Ziziphus incurva Roxb.

乔木。花期4～5月；果期6～10月。产于龙州、德保、靖西、那坡。生于海拔800～1500 m的林中，少见。分布于中国广西、贵州、云南、西藏。印度、尼泊尔、不丹也有分布。

滇刺枣

Ziziphus mauritiana Lam.

乔木或灌木。花期秋末；果期冬初。产于北海、合浦、钦州、防城。生于山坡、丘陵、河边湿润林中或灌丛中，少见。分布于中国海南、广东、广西、云南、四川、福建、台湾有栽培。越南、泰国、缅甸、马来西亚、印度尼西亚、印度、尼泊尔、不丹、斯里兰卡、阿富汗、澳大利亚以及非洲也有分布。

191. 胡颓子科

ELAEAGNACEAE

胡颓子属 Elaeagnus L.

密花胡颓子

Elaeagnus conferta Roxb.

灌木。花期 10 ~ 11 月；果期翌年 2 ~ 3 月。产于宁明、龙州、靖西、那坡。生于海拔 1500 m 以下的密林中，少见。分布于中国广西、云南。越南、老挝、缅甸、马来西亚、印度尼西亚、印度、尼泊尔、不丹、孟加拉国也有分布。

蔓胡颓子

Elaeagnus glabra Thunb.

灌木。花期 9 ~ 11 月；果期翌年 4 ~ 5 月。产于容县、上思、南宁、那坡。生于海拔 1000 m 以下的林下，常见。分布于中国广东、广西、湖南、江西、福建、台湾、浙江、江苏、安徽、湖北、贵州、四川。日本也有分布。

角花胡颓子

Elaeagnus gonyanthes Benth.

攀援灌木。花期 10 ~ 11 月；果期 2 ~ 3 月。产于陆川、博白、北流、防城、宁明、龙州、田阳、靖西。生于海拔 1000 m 以下的疏林或灌丛中，常见。分布于中国海南、广东、广西、湖南、云南。

193. 葡萄科
VITACEAE

蛇葡萄属 Ampelopsis Michx.

广东蛇葡萄

Ampelopsis cantoniensis (Hook. & Arn.) Planch.

藤本。花期 4 ~ 7 月；果期 5 ~ 8 月。产于博白、防城、南宁、隆安、宁明、龙州、田东、平果。生于海拔 100 ~ 850 m 的山谷林中或山坡灌丛，常见。分布于中国海南、广东、广西、湖南、台湾、浙江、安徽、湖北、贵州、云南、西藏。越南、泰国、马来西亚、日本也有分布。

蛇葡萄

Ampelopsis glandulosa (Wall.) Momiy.

　　藤本。花期4～6月；果期7～8月。产于北流、灵山、隆安、扶绥、龙州、平果、靖西。生于海拔200～1500 m的山谷林下或灌丛中，少见。分布于中国海南、广东、广西、湖南、福建、湖北、贵州、云南、四川、陕西、河南。

显齿蛇葡萄

Ampelopsis grossedentata (Hand. -Mazz.) W. T. Wang

　　藤本。花期5～8月；果期8～12月。产于灵山、上思、东兴、南宁、宁明、龙州、平果、靖西。生于海拔200～1500 m的沟谷林下或山坡灌丛，很常见。分布于中国广东、广西、湖南、江西、福建、湖北、贵州、云南。

光叶蛇葡萄

Ampelopsis heterophylla (Thunb.) Sieb. & Zucc. var. **hancei** Planch.

藤本。花期 4 ~ 6 月；果期 8 ~ 10 月。产于防城、南宁、宁明、龙州。生于海拔 600 m 以下的林下或灌丛中，常见。分布于中国海南、广东、广西、湖南、江西、福建、台湾、江苏、贵州、云南、四川、河南、山东。菲律宾、日本也有分布。

乌蔹莓属 Cayratia Juss.

角花乌蔹莓

Cayratia corniculata (Benth.) Gagnep.

藤本。花期 4 ~ 5 月；果期 7 ~ 9 月。产于博白。生于海拔 200 ~ 600 m 的山谷溪边疏林或山坡灌丛，常见。分布于中国海南、广东、广西、福建、台湾。越南、马来西亚、菲律宾也有分布。

乌蔹莓

Cayratia japonica (Thunb.) Gagnep.

　　藤本。花期夏季；果期 8 ~ 11月。产于上思、南宁、隆安、龙州、凭祥、平果、德保、那坡。生于海拔300 ~ 1500 m 的山谷林下或山坡灌丛，常见。分布于中国海南、广东、广西、湖南、福建、台湾、浙江、江苏、安徽、湖北、贵州、云南、四川、陕西、河南、山东。越南、老挝、泰国、缅甸、马来西亚、印度尼西亚、菲律宾、印度、不丹、日本、朝鲜、澳大利亚也有分布。

毛乌蔹莓

Cayratia japonica (Thunb.) Gagnep.
var. mollis (Wall.) Momiy.
Cayratia mollis (Wall. ex M. A.
Lawson) C. Y. Wu

　　藤本。花期 5 ~ 7 月；果期 7 月至翌年 1 月。产于防城、龙州。生于海拔300 ~ 1300 m 的山谷、山坡林中或灌丛，少见。分布于中国海南、广东、广西、贵州、云南。印度也有分布。

苦郎藤

Cissus assamica (M. A. Lawson) W. G. Craib

藤本。花期 4 ~ 10 月；果期 7 ~ 10 月。产于容县、北流、南宁、龙州、百色、平果。生于海拔 200 ~ 1500 m 的山谷林中、林缘或山坡灌丛，少见。分布于中国海南、广东、广西、湖南、江西、福建、台湾、贵州、云南、四川、西藏。越南、泰国、柬埔寨、印度、尼泊尔、不丹也有分布。

翅茎白粉藤

Cissus hexangularis Thorel ex Planch.

藤本。花期 9 ~ 11 月；果期 10 月至翌年 2 月。产于博白、北海、南宁。生于海拔 500 m 以下的山谷溪边林中，常见。分布于中国海南、广东、广西、福建。越南、泰国、柬埔寨也有分布。

翼茎白粉藤

Cissus pteroclada Hayata

　　藤本。花期 6 ~ 8 月；果期 8 ~ 12 月。产于博白、上思、东兴、隆安、龙州。生于海拔 300 ~ 1500 m 的山谷疏林或灌丛，少见。分布于中国海南、广东、广西、福建、台湾、云南。越南、泰国、缅甸、马来西亚、印度尼西亚也有分布。

白粉藤

Cissus repens Lam.

　　藤本。花期秋季；果期 11 月至翌年 5 月。产于防城、南宁、宁明、龙州、田东、平果、那坡。生于海拔 100 ~ 1600 m 的山谷疏林或山坡灌丛，常见。分布于中国海南、广东、广西、台湾、贵州、云南。越南、老挝、泰国、柬埔寨、缅甸、马来西亚、菲律宾、印度、尼泊尔、不丹、澳大利亚也有分布。

四棱白粉藤

Cissus subtetragona Planch.

藤本。花期 9 ~ 10 月；果期 10 ~ 12 月。产于防城、龙州、那坡。生于海拔 50 ~ 1300 m 的山谷林中或山坡灌丛，少见。分布于中国海南、广东、广西、云南。越南、老挝也有分布。

锦屏藤

Cissus verticillata (L.) Nicolson & Jarvis

Cissus sicyoides L.

藤本。花、果期夏、秋季。北海、南宁有栽培。中国南方有栽培。原产于北美洲南部、南美洲中北部。

火筒树

Leea indica (Burm. f.) Merr.

灌木或小乔木。花期 4 ~ 7 月；果期 8 ~ 12 月。
产于东兴、隆安、扶绥、宁明、龙州、靖西、那坡。
生于海拔 200 ~ 1200 m 的山坡林下、溪边或灌丛，
常见。分布于中国海南、广东、广西、贵州、云南。
越南、老挝、泰国、柬埔寨、缅甸、马来西亚、印
度尼西亚、菲律宾、印度、尼泊尔、不丹、斯里兰
卡、澳大利亚、新几内亚、太平洋岛屿也有分布。

地锦属 Parthenocissus Planch.

异叶地锦

Parthenocissus dalzielii Gagnep.

藤本。花期 5 ~ 7 月；果期 7 ~ 11 月。产于容县、
上思、南宁、龙州。生于海拔 200 ~ 1500 m 的山
坡林中、崖壁或灌丛，常见。分布于中国海南、广
东、广西、湖南、江西、福建、台湾、浙江、湖北、
贵州、四川、河南。

绿叶地锦

Parthenocissus laetevirens Rehd.

藤本。花期 7 ~ 8 月；果期 9 ~ 11 月。产于龙州、天等。生于海拔 1100 m 以下的山谷林中、崖壁或山坡灌丛，少见。分布于中国广东、广西、湖南、江西、福建、浙江、江苏、安徽、湖北、河南。

崖爬藤属 Tetrastigma (Miq.) Planch.

尾叶崖爬藤

Tetrastigma caudatum Merr. & Chun

藤本。花期 5 ~ 7 月；果期 9 月至翌年 4 月。产于浦北、防城、上思、南宁、龙州。生于海拔 200 ~ 700 m 的山谷溪边，少见。分布于中国海南、广东、广西、福建。越南也有分布。

茎花崖爬藤

Tetrastigma cauliflorum Merr.

大藤本。花期 2 ~ 6 月；果期 6 ~ 12 月。产于扶绥、龙州、大新、那坡。生于海拔 100 ~ 1100 m 的山谷林中，常见。分布于中国海南、广东、广西、云南。越南、老挝也有分布。

三叶崖爬藤

Tetrastigma hemsleyanum Diels & Gilg

藤本。花期 4 ~ 6 月；果期 8 ~ 11 月。产于上思、龙州、平果、德保。生于海拔 300 ~ 1300 m 的山谷林中，少见。分布于中国广东、广西、湖南、江西、福建、台湾、浙江、江苏、湖北、贵州、云南、四川、西藏。

广西崖爬藤

Tetrastigma kwangsiense C. L. Li

　　藤本。花期 5 ~ 6 月；果期 8 月。产于龙州、平果、靖西、那坡。生于海拔 400 ~ 500 m 的山谷林中，少见。分布于中国广西。

崖爬藤

Tetrastigma obtectum (Wall.) Planch.

　　藤本。花期 4 ~ 6 月；果期 8 ~ 11 月。产于德保、那坡。生于海拔 250 ~ 1600 m 的石灰岩林下石壁上，少见。分布于中国广西、湖南、福建、台湾、贵州、云南、四川、甘肃。

海南崖爬藤

Tetrastigma papillatum (Hance) C. Y. Wu

Cayratia papillata (Hance) Merr. & Chun

藤本。花期 2 ~ 4 月；果期 8 月。产于防城、宁明、龙州、那坡。生于海拔 400 ~ 700 m 的山谷林中，少见。分布于中国海南、广东、广西。

扁担藤

Tetrastigma planicaule (Hook. f.) Gagnep.

大藤本。花期 4 ~ 6 月；果期 6 ~ 10 月。产于上思、东兴、南宁、隆安、扶绥、宁明、龙州、大新、百色、平果、那坡。生于海拔 100 ~ 1500 m 的山坡林下，常见。分布于中国海南、广东、广西、福建、贵州、云南、西藏。越南、老挝、印度、斯里兰卡也有分布。

毛脉崖爬藤

Tetrastigma pubinerve Merr. & Chun

藤本。花期 6 月；果期 8 ~ 10 月。产于隆安、宁明、龙州、大新、凭祥、靖西、那坡。生于海拔 300 ~ 600 m 的山坡林下或灌丛中，常见。分布于中国海南、广东、广西。越南、柬埔寨也有分布。

葡萄属 Vitis L.

小果葡萄

Vitis balansana Planch.

藤本。花期 2 ~ 8 月；果期 6 ~ 11 月。产于北海、南宁、宁明、龙州、平果。生于海拔 250 ~ 800 m 的山谷灌丛，常见。分布于中国海南、广东、广西。越南也有分布。

刺葡萄

Vitis davidii (Roman. du Caill.) Föex

　　藤本。花期4～6月；果期7～10月。产于那坡。生于海拔500～1600 m的山坡、沟谷林下或灌丛中，少见。分布于中国广东、广西、湖南、江西、浙江、江苏、安徽、湖北、贵州、云南、四川、甘肃、陕西。

葛藟葡萄

Vitis flexuosa Thunb.

　　藤本。花期3～5月；果期7～11月。产于玉林、北海、龙州、德保、那坡。生于山坡或沟谷林中，少见。分布于中国广东、广西、湖南、江西、福建、浙江、江苏、安徽、湖北、贵州、云南、四川、甘肃、陕西、河南、山东。

毛葡萄

Vitis heyneana Roem. & Schult

　　藤本。花期 4 ~ 6 月；果期 6 ~ 10 月。产于龙州、平果、那坡。生于海拔 100 ~ 1600 m 的山坡林下、林缘、沟谷、灌丛，常见。分布于中国广东、广西、湖南、江西、福建、浙江、安徽、湖北、贵州、云南、四川、西藏、甘肃、陕西、山西、河南、山东。印度、尼泊尔、不丹也有分布。

绵毛葡萄

Vitis retordii Roman. du Caill. ex Planch.

Vitis hekouensis C. L. Li

　　藤本。花期 4 ~ 6 月；果期 7 ~ 10 月。产于南宁、龙州、平果。生于海拔 200 ~ 1000 m 的山坡、沟谷疏林或灌丛中，少见。分布于中国海南、广东、广西、贵州。越南、老挝也有分布。

葡萄

Vitis vinifera L.

　　藤本。花期 4 ~ 5 月；果期 8 ~ 9 月。玉林市、北海市、钦州市、防城港市、南宁市、崇左市、百色市有栽培。中国南、北各地有栽培。原产于亚洲西南部和欧洲东南部。

俞藤属 Yua C. L. Li

俞藤

Yua thomsonii (M. A. Lawson) C. L. Li

　　藤本。花期 5 ~ 6 月；果期 7 ~ 9 月。产于龙州、大新、平果、那坡。生于海拔 250 ~ 1300 m 的山坡林下，少见。分布于中国广西、湖南、江西、福建、浙江、江苏、安徽、湖北、四川、贵州。印度、尼泊尔也有分布。

194. 芸香科
RUTACEAE

山油柑属 Acronychia J. R. Forst. & G. Forst.

山油柑（降真香）

Acronychia pedunculata (L.) Miq.

　　乔木。花期 4 ~ 8 月；果期 8 ~ 12 月。产于容县、陆川、钦州、防城、上思、南宁、宁明。生于海拔 900 m 的山地或丘陵坡地林中，常见。分布于中国海南、广东、广西、福建、台湾、云南。越南、老挝、泰国、柬埔寨、缅甸、马来西亚、印度尼西亚、菲律宾、印度、不丹、斯里兰卡、新几内亚也有分布。

酒饼簕属 Atalantia Correa

尖叶酒饼簕

Atalantia acuminata C. C. Huang

　　小乔木。花期 5 月；果期 10 月。产于龙州、大新、天等、平果、靖西、那坡。生于海拔 400 ~ 850 m 的石灰岩林下或灌丛中，少见。分布于中国广西、云南。越南也有分布。

酒饼簕

Atalantia buxifolia (Poir.) Oliv. ex Benth.

灌木。花期 4 ～ 6 月；果期 8 ～ 10 月。产于陆川、博白、北海、合浦、钦州、防城、东兴、南宁。生于低海拔的平地、缓坡或疏林中，常见。分布于中国海南、广东、广西、福建、台湾、云南。越南、马来西亚、菲律宾也有分布。

广东酒饼簕

Atalantia kwangtungensis Merr.

灌木或小乔木。花期 4 ～ 6 月；果期 8 ～ 10 月。产于防城、上思、宁明。生于海拔 100 ～ 400 m 的山坡阔叶林下，少见。分布于中国海南、广东、广西。

柠檬（黎檬）

Citrus limon (L.) Osbeck

Citrus limonia Osbeck

　　小乔木。花期 4～5 月；果期 9～11 月。
产于玉林市、北海市、钦州市、防城港市、南宁市、
崇左市、百色市，栽培或逸为野生。中国南方地
区有栽培。热带、亚热带地区有栽培。

柚

Citrus maxima (Burm.) Merr.

Citrus grandis Osbeck

　　乔木。花期春季；果期秋、冬季。玉林市、
北海市、钦州市、防城港市、南宁市、崇左市、
百色市有栽培。中国长江以南各地常见栽培或逸
为野生。原产于亚洲东南部。

柑橘

Citrus reticulata Blanco

　　小乔木。花期春季；果期秋、冬季。玉林市、北海市、钦州市、防城港市、南宁市、崇左市、百色市有栽培。中国秦岭南坡以南各地有栽培。原产于东南亚，现世界各地广泛栽培。

黄皮属 Clausena Burm. f.

细叶黄皮

Clausena anisum-olens (Blanco) Merr.

　　小乔木。花期 4 ~ 5 月；果期 7 ~ 8 月。龙州、大新、百色有栽培。分布于中国台湾，广东、广西、云南有栽培。菲律宾也有分布。

齿叶黄皮

Clausena dunniana Lévl.

　　小乔木。花期 6 ～ 7 月；果期 10 ～ 11 月。产于宁明、龙州、凭祥。生于海拔 300 ～ 1000 m 的石灰岩林中，少见。分布于中国广东、广西、湖南、贵州、云南、四川。越南也有分布。

小黄皮

Clausena emarginata C. C. Huang

　　乔木。花期 3 ～ 4 月；果期 6 ～ 7 月。产于上思、龙州、大新、天等、平果、德保。生于海拔 300 ～ 800 m 的石灰岩林中，少见。分布于中国广西、云南。

黄皮

Clausena lansium (Lour.) Skeels

　　小乔木。花期 4~5 月；果期 7~8 月。玉林市、北海市、钦州市、防城港市、南宁市、崇左市、百色市有栽培。分布于中国海南、广东、广西、福建、台湾、贵州、云南、四川。越南也有分布。

山小橘属 Glycosmis Corrêa

少花山小橘

Glycosmis oligantha C. C. Huang

　　小乔木或灌木。产于钦州、防城、上思、隆安、龙州、靖西。生于海拔 250~500 m 丘陵坡地林中，少见。分布于中国广西。

小花山小橘

Glycosmis parviflora (Sims) Kurz

灌木或小乔木。花期 3~5 月；果期 7~9 月。产于北海、合浦、上思、龙州、大新、百色。生于低海拔坡地灌丛或疏林中，常见。分布于中国海南、广东、广西、福建、台湾、贵州、云南。越南、缅甸、日本也有分布。

蜜茱萸属 Melicope J. R. Forst. & G. Forst.

三桠苦

Melicope pteleifolia (Champ. ex Benth.) Hartley

Evodia lepta (Spreng.) Merr.

灌木或小乔木。花期 3~5 月；果期 6~8 月。产于玉林市、北海市、钦州市、防城港市、南宁市、崇左市、百色市。生于海拔 1500 m 以下的疏林或灌丛中，很常见。分布于中国海南、广东、广西、福建、台湾、云南。越南、老挝、泰国、缅甸也有分布。

大管

Micromelum falcatum (Lour.) Tanaka

　　灌木。花期12月至翌年4月；果期7～8月。产于北海、合浦、防城、东兴、宁明、大新、那坡。生于海拔500 m以下的山地，常见。分布于中国海南、广东、广西、云南。越南、老挝、泰国、柬埔寨也有分布。

小芸木

Micromelum integerrimum (Buch.-Ham.) Roem.

　　小乔木。花期2～4月；果期7～9月。产于防城、龙州、百色、平果。生于海拔400～1500 m的山地林下，常见。分布于中国海南、广东、广西、贵州、云南、西藏。越南、老挝、泰国、柬埔寨、缅甸、印度、尼泊尔也有分布。

豆叶九里香

Murraya euchrestifolia Hayata

小乔木。花期 4 ~ 5 月或 6 ~ 7 月；果期 11 ~ 12 月。产于百色。生于海拔 1400 m 以下的丘陵、山地林下或灌丛，少见。分布于中国海南、广东、广西、台湾、贵州、云南。

九里香

Murraya exotica L.

小乔木。花期 3 ~ 8 月；果期 9 ~ 12 月。产于北流、北海、钦州、防城、东兴、南宁、隆安、横县、崇左、扶绥、宁明、龙州、百色、靖西、那坡。生于低海拔灌丛中，常见。分布于中国海南、广东、广西、福建、台湾、贵州。世界热带、亚热带地区广泛栽培。

广西九里香

Murraya kwangsiensis (C. C. Huang)
C. C. Huang

Clausena kwangsiensis C. C. Huang

灌木或小乔木。花期 5 月；果期 10 月。产于南宁、宁明、龙州、百色、平果。生于海拔 200 ~ 800 m 的石灰岩山谷疏林下或灌丛中，少见。分布于中国广西、云南。

千里香

Murraya paniculata (L.) Jack.

灌木或小乔木。花期 4 ~ 6 月；果期 9 ~ 11 月。产于玉林、隆安、崇左、扶绥、宁明、龙州、大新、百色、田东、靖西、那坡。生于丘陵山地或石灰岩地区，常见。分布于中国海南、广东、广西、湖南、福建、台湾、贵州、云南。东南亚、南亚、澳大利亚以及太平洋岛屿也有分布。

四数九里香

Murraya tetramera C. C. Huang

　　小乔木。花期 3 ～ 4 月；果期 7 ～ 8 月。产于隆安、龙州、平果、德保、靖西。生于石灰岩山顶或山脊，少见。分布于中国广西、云南。

茵芋属 Skimmia Thunb.

乔木茵芋

Skimmia arborescens T. Anders. ex Gamble

Skimmia kwangsiensis C. C. Huang

　　乔木。花期 4 ～ 6 月；果期 7 ～ 9 月。产于防城、上思、宁明。生于海拔 800 m 以上的山地密林，常见。分布于中国广东、广西、贵州、云南、四川、西藏。越南、老挝、泰国、缅甸、印度、尼泊尔、不丹也有分布。

石山吴萸

Tetradium calcicola (Chun ex C. C. Huang) Hartley

Evodia calcicola Chun ex C. C. Huang

　　乔木。花期 5～6 月；果期 8～9 月。产于上思、平果、靖西。生于海拔 300～1500 m 的石灰岩疏林中，少见。分布于中国广西、贵州、云南。

楝叶吴萸

Tetradium glabrifolium (Champ. ex Benth.) Hartley

Evodia glabrifolia (Champ. ex Benth.) C. C. Huang

Evodia meliifolia (Hance ex Walp.) Benth.

　　乔木。花期 6～9 月；果期 9～12 月。产于北海、防城、上思、龙州、百色。生于海拔 1200 m 以下的林中或灌丛中，少见。分布于中国海南、广东、广西、湖南、江西、福建、台湾、浙江、安徽、湖北、贵州、云南、四川、陕西、河南。越南、泰国、缅甸、马来西亚、印度尼西亚、菲律宾、印度、日本也有分布。

吴茱萸

Tetradium ruticarpum (A. Juss.) Hartley

灌木或小乔木。花期 4 ~ 6 月；果期 8 ~ 11 月。产于那坡。生于海拔 1500 m 以下的山地疏林或灌丛中，少见。分布于中国广东、广西、湖南、江西、福建、浙江、江苏、安徽、湖北、贵州、云南、四川、甘肃、陕西、河南、河北。缅甸、印度、尼泊尔、不丹也有分布。

牛枓吴萸（蜜楝吴萸）

Tetradium trichotomum Lour.

Evodia trichotoma (Lour.) Pierre

灌木。花期 4 ~ 8 月；果期 9 ~ 11 月。产于防城、龙州、百色。生于海拔 300 ~ 1500 m 的山地疏林或灌丛中，少见。分布于中国海南、广东、广西、湖北、贵州、云南、四川、陕西。越南、老挝、泰国也有分布。

飞龙掌血

Toddalia asiatica (L.) Lam.

攀援藤本。花期几全年；果期 12 月至翌年 2
月。产于玉林、容县、博白、北流、北海、合浦、
浦北、防城、南宁、隆安、百色、德保、靖西、
那坡。生于海拔 1500 m 以下的疏林或灌丛中，
很常见。分布于中国海南、广东、广西、湖南、
福建、台湾、湖北、贵州、云南、四川、西藏、
甘肃、陕西、河南。越南、老挝、泰国、缅甸、
马来西亚、印度尼西亚、菲律宾、印度、尼泊尔、
不丹、孟加拉国、斯里兰卡、日本以及非洲也有
分布。

花椒属 Zanthoxylum L.

竹叶花椒

Zanthoxylum armatum DC.

小乔木。花期 4 ~ 5 月；果期 8 ~ 10 月。
产于容县、博白、北流、南宁、隆安、崇左、扶
绥、龙州、大新、凭祥、百色、平果、靖西、那
坡。生于海拔 1000 m 以下的丘陵坡地或阔叶林下，
常见。分布于中国大部分省区。越南、老挝、缅甸、
印度、尼泊尔、日本、朝鲜也有分布。

簕欓花椒

Zanthoxylum avicennae (Lam.) DC.

　　乔木。花期 6 ~ 8 月；果期 9 ~ 10 月。产于容县、防城、上思、南宁、龙州。生于低海拔坡地或谷地林中，常见。分布于中国海南、广东、广西、福建、云南。越南、泰国、马来西亚、菲律宾、印度也有分布。

石山花椒

Zanthoxylum calcicola C. C. Huang

　　灌木。花期 3 ~ 4 月；果期 9 ~ 11 月。产于南宁、龙州、大新、田阳、平果、靖西、那坡。生于海拔 500 ~ 1200 m 的山地疏林中，常见。分布于中国广西、贵州、云南。

拟砚壳花椒

Zanthoxylum laetum Drake

藤本。花期 3 ~ 5 月；果期 9 ~ 12 月。产
于上思、龙州、大新、平果、靖西。生于海拔
500 ~ 1200 m 的石灰岩林中，少见。分布于中国
海南、广东、广西、云南。越南也有分布。

两面针

Zanthoxylum nitidum (Roxb.) DC.

灌木。花期 3 ~ 4 月；果期 9 ~ 10 月。产
于玉林、容县、博白、北海、钦州、灵山、防城、
上思、东兴、南宁、隆安、崇左、扶绥、宁明、
龙州、大新、凭祥、百色、田东、平果、德保、
靖西、那坡。生于海拔 800 m 以下的疏林或灌丛，
常见。分布于中国海南、广东、广西、湖南、福建、
台湾、贵州、云南。越南、泰国、缅甸、马来西亚、
印度尼西亚、菲律宾、印度、尼泊尔、澳大利亚、
新几内亚、琉球群岛、太平洋岛屿也有分布。

异叶花椒

Zanthoxylum ovalifolium Wight

　　乔木。花期4～6月；果期9～11月。产于容县、宁明、龙州、靖西、那坡。生于海拔1600 m以下的山地林中，常见。缅甸、印度、尼泊尔也有分布。

花椒簕

Zanthoxylum scandens Blume

　　灌木或木质藤本。花期3～4月；果期7～8月。产于防城、上思、南宁、龙州、百色。生于海拔1500 m以下的山坡灌丛或疏林下，常见。分布于中国海南、广东、广西、湖南、江西、福建、台湾、浙江、安徽、湖北、重庆、贵州、云南、四川。缅甸、马来西亚、印度尼西亚、印度、琉球群岛也有分布。

195. 苦木科
SIMAROUBACEAE

鸦胆子属 Brucea J. F. Mill.

鸦胆子

Brucea javanica (L.) Merr.

　　灌木或小乔木。花期 5 ~ 7 月；果期 8 ~ 10 月。产于陆川、博白、北流、北海、合浦、钦州、灵山、防城、东兴、南宁、横县、龙州、百色、靖西、那坡。生于海拔 1000 m 以下的疏林、灌丛或荒地，常见。分布于中国海南、广东、广西、福建、台湾、贵州、云南。缅甸、马来西亚、印度尼西亚、新加坡、菲律宾、印度、斯里兰卡、澳大利亚也有分布。

中国苦树

Picrasma chinensis P. Y. Chen

乔木。花期4~5月；果期6~8月。产于龙州。生于疏林或灌丛中，很少见。分布于中国广西、云南、西藏。

苦树（苦木）

Picrasma quassioides (D. Don) Benn.

乔木。花期4~5月；果期6~9月。产于隆安、宁明、龙州、大新、天等、田阳、靖西。生于海拔500~1300 m的山地林中，常见。分布于中国海南、广东、广西、湖南、江西、福建、台湾、浙江、江苏、安徽、湖北、贵州、云南、四川、西藏、甘肃、陕西、山西、河南、山东、河北、辽宁。印度、尼泊尔、不丹、斯里兰卡、日本、朝鲜也有分布。

196. 橄榄科

BURSERACEAE

橄榄属 Canarium L.

橄榄

Canarium album (Lour.) Raeusch.

乔木。花期 4 ~ 5 月；果期 10 ~ 12 月。产于北流、钦州、浦北、东兴、南宁、龙州、田阳。生于海拔 1300 m 以下的沟谷、山坡林中或村旁，常见。分布于中国海南、广东、广西、福建、台湾、贵州、云南、四川。越南也有分布。

乌榄

Canarium pimela K. D. Koenig

乔木。花期 4 ~ 5 月；果期 5 ~ 11 月。产于容县、陆川、浦北、龙州。生于海拔 1100 m 以下的林中或村旁，常见。分布于中国海南、广东、广西、云南。越南、老挝、柬埔寨也有分布。

嘉榄属 Garuga Roxb.

羽叶白头树

Garuga pinnata Roxb.

乔木。花期 3 ~ 4 月；果期 4 ~ 10 月。产于龙州、平果、那坡。生于海拔 400 ~ 1400 m 的山坡疏林下或沟谷灌丛，少见。分布于中国海南、广西、云南、四川。越南、老挝、泰国、柬埔寨、缅甸、印度、孟加拉国也有分布。

197. 棟科

MELIACEAE

米仔兰属 Aglaia Lour.

望谟崖摩（四瓣崖摩）

Aglaia lawii (Wight) C. J. Saldanha & Ramamorthy

Amoora tetrapetala (Pierre) Pellegr.

Amoora yunnanensis (H. L. Li) C. Y. Wu

　　乔木。花期 5～12 月；果期几全年。产于龙州、靖西、那坡。生于山地沟谷林中，少见。分布于中国海南、广东、广西、台湾、贵州、云南、西藏。越南、老挝、泰国、缅甸、马来西亚、印度尼西亚、菲律宾、印度、不丹、巴布亚新几内亚以及太平洋岛屿、印度洋岛屿也有分布。

米仔兰

Aglaia odorata Lour.

Aglaia odorata Lour. var. *microphyllina* C. DC.

　　灌木或小乔木。花期 5～12 月；果期 7 月至翌年 3 月。产于防城、崇左、宁明、龙州、百色、平果。生于低海拔山地疏林或灌丛中，常见。分布于中国海南、广东、广西。越南、老挝、泰国、柬埔寨也有分布。

曲梗崖摩

Aglaia spectabilis (Miq.) S. S. Jain & Bennet

Aglaia dasyclada (F. C. How & T. C. Chen) C. Y. Wu

　　乔木。花期 6 ~ 7 月；果期 10 月至翌年 4 月。产于大新。生于海拔 500 ~ 1000 m 的密林中，少见。分布于中国海南、广西、云南。越南、老挝、泰国、柬埔寨、缅甸、马来西亚、印度尼西亚、菲律宾、印度、不丹、澳大利亚、巴布亚新几内亚以及太平洋岛屿也有分布。

山棟属 Aphanamixis Blume

山棟

Aphanamixis polystachya (Wall.) R. Parker

Aphanamixis grandifolia Blume

Aphanamixis sinensis F. C. How & T. Chen

　　乔木。花期 5 ~ 9 月；果期 10 月至翌年 4 月。产于北海、合浦、钦州、浦北、龙州、大新。生于低海拔林中，常见。分布于中国海南、广东、广西、云南。越南、马来西亚、印度也有分布。

麻楝

Chukrasia tabularis A. Juss.

　　乔木。花期 4 ～ 5 月；果期 7 月至翌年 1 月。
产于北海、合浦、钦州、崇左、宁明、龙州、田东、
平果。生于海拔 300 ～ 1300 m 的山地林中，常见。
分布于中国海南、广东、广西、福建、浙江、贵
州、云南、西藏。越南、老挝、泰国、马来西亚、
印度尼西亚、印度、尼泊尔、斯里兰卡也有分布。

浆果棟属 Cipadessa Blume

浆果棟（灰毛浆果棟）

Cipadessa baccifera (Roth) Miq.

Cipadessa cinerascens (Pellegr.) Hand.-Mazz.

　　灌木。花期 4 ～ 10 月；果期 8 月至翌年 2 月。
产于玉林市、北海市、钦州市、防城港市、南宁市、
崇左市、百色市。生于山地疏林或灌丛中，很常见。
分布于中国广西、贵州、云南、四川。越南、老挝、
泰国、马来西亚、印度尼西亚、菲律宾、印度、
尼泊尔、不丹、斯里兰卡也有分布。

鹧鸪花

Heynea trijuga Roxb.

Trichilia connaroides (Wight & Arn.) Bentv.

乔木。花期 4~6 月；果期 5~6 月或 11~12 月。产于上思、宁明、龙州。生于海拔 200~1300 m 的山地林中，少见。分布于中国海南、广东、广西、贵州、云南。越南、老挝、泰国、印度尼西亚、菲律宾、印度、尼泊尔、不丹也有分布。

茸果鹧鸪花

Heynea velutina F. C. How & T. C. Chen

Trichilia sinensis Bentv.

灌木或小乔木。花期 4~9 月；果期 8~12 月。产于防城、上思、宁明。生于低海拔山坡疏林或灌丛中，少见。分布于中国海南、广西、贵州、云南。越南也有分布。

非洲楝

Khaya senegalensis (Desr.) A. Juss.

乔木。北海、南宁、宁明有栽培。中国海南、广东、广西、福建、台湾有栽培。原产于非洲热带地区。

楝属 Melia L.

楝

Melia azedarach L.

Melia toosendan Sieb. & Zucc.

乔木。花期 3 ~ 5 月；果期 10 ~ 12 月。产于玉林市、北海市、钦州市、防城港市、南宁市、崇左市、百色市。生于低海拔疏林、荒野、路旁，很常见。分布于中国海南、广东、广西、湖南、江西、福建、台湾、浙江、江苏、安徽、湖北、贵州、云南、四川、西藏、甘肃、陕西、山西、河南、山东、河北。亚洲热带、亚热带地区也有分布或栽培。

羽状地黄连（矮陀陀）

Munronia pinnata (Wall.) W. Theobald

Munronia henryi Harms

矮小亚灌木。花期 6 ~ 11 月。产于防城、扶绥。生于荒地、灌丛或石缝中，少见。分布于中国广西、贵州、云南。

香椿属 Toona (Endl.) M. Roem.

红椿

Toona ciliata M. Roem.

Toona microcarpa (C. DC.) Harms

大乔木。花期 3 ~ 6 月；果期 9 ~ 12 月。产于北流、百色。生于低海拔山坡或沟谷疏林中，少见。分布于中国海南、广东、广西、湖南、福建、云南、四川。越南、老挝、泰国、柬埔寨、缅甸、马来西亚、印度尼西亚、菲律宾、印度、尼泊尔、不丹、孟加拉国、斯里兰卡、巴基斯坦、澳大利亚、巴布亚新几内亚以及太平洋岛屿也有分布。

香椿

Toona sinensis (A. Juss.) M. Roem.

乔木。花期5~6月；果期10~12月。产于玉林市、北海市、钦州市、防城港市、南宁市、崇左市、百色市。生于山地疏林或旷野，很常见。分布于中国海南、广东、广西、湖南、江西、福建、浙江、江苏、安徽、湖北、贵州、云南、四川、西藏、甘肃、陕西、河南、河北。老挝、泰国、缅甸、马来西亚、印度尼西亚、印度、尼泊尔、不丹也有分布。

割舌树属 Walsura Roxb.

割舌树

Walsura robusta Roxb.

乔木。花期2~3月；果期4~6月。产于隆安、崇左、扶绥、宁明、龙州、大新、天等、平果、德保、靖西。生于山地林中，常见。分布于中国海南、广西、云南。越南、老挝、泰国、缅甸、马来西亚、印度、不丹、孟加拉国也有分布。

198. 无患子科
SAPINDACEAE

异木患属 Allophylus L.

波叶异木患

Allophylus caudatus Radlk.

小乔木或灌木。花期 8 ～ 9 月；果期 9 ～ 11 月。产于防城、龙州、大新、平果。生于林中或灌丛中，常见。分布于中国广西、云南。越南也有分布。

细子龙属 Amesiodendron Hu

细子龙

Amesiodendron chinense (Merr.) Hu

Amesiodendron integrifoliolatum H. S. Lo

Amesiodendron tienlinense H. S. Lo

乔木。花期 5 月；果期 8 ～ 10 月。产于扶绥、龙州、大新、天等、平果、靖西。生于海拔 300 ～ 1000 m 的密林中或林缘，常见。分布于中国海南、广西。越南、老挝、泰国、缅甸、马来西亚、印度尼西亚也有分布。

滨木患

Arytera littoralis Blume

小乔木。花期 6 ~ 8 月；果期秋季。产于北海、合浦、钦州、防城、东兴、南宁。生于低海拔或中海拔林中，少见。分布于中国海南、广东、广西、云南。印度以及亚洲东南部至所罗门群岛也有分布。

黄梨木属 Boniodendron Gagnep.

黄梨木（小叶栾树）

Boniodendron minus (Hemsl.) T. C. Chen

小乔木。花期 5 ~ 6 月；果期 6 ~ 8 月。产于崇左、扶绥、宁明、龙州、大新、平果、靖西。生于石灰岩林中或灌丛，常见。分布于中国广东、广西、湖南、贵州、云南。

倒地铃

Cardiospermum halicacabum L.

攀援藤本。花期夏、秋季；果期秋季至初冬。产于玉林、容县、北海、合浦、钦州、灵山、防城、南宁、隆安、崇左、宁明、龙州、大新、凭祥、百色、田阳、平果、德保、靖西。生于低海拔林缘、灌丛、田野、路边，很常见。分布于中国东部、南部和西南部。世界热带、亚热带地区也有分布。

茶条木属 Delavaya Franch.

茶条木

Delavaya toxocarpa Franch.

灌木或小乔木。花期 4 月；果期 8 月。产于隆安、崇左、扶绥、宁明、龙州、大新、天等、凭祥、平果。生于海拔 300 ~ 1300 m 的密林或灌丛中，很常见。分布于中国广西、云南。越南也有分布。

龙荔

Dimocarpus confinis (F. C. How & C. N. Ho) H. S. Lo

　　大乔木。花期夏季，果期夏末至秋初。产于浦北、隆安、横县、扶绥、宁明、龙州、百色、平果、靖西、那坡。生于海拔 400 ~ 1000 m 的阔叶林中，少见。分布于中国广东、广西、湖南、贵州、云南。越南也有分布。

龙眼

Dimocarpus longan Lour.

　　乔木。花期春、夏季；果期夏季。玉林市、北海市、钦州市、防城港市、南宁市、崇左市、百色市有栽培，亦见野生或半野生于疏林中，很常见。中国广东、广西、云南有野生，西南部至东南部广泛栽培。亚洲南部和东南部也有栽培。

车桑子（坡柳）

Dodonaea viscosa Jacq.

　　灌木。花期秋末；果期冬末至春初。产于钦州、防城、上思、南宁、宁明、百色。生于干旱山坡、旷野或海边沙地，少见。分布于中国海南、广东、广西、福建、台湾、云南、四川。世界热带、亚热带地区广泛分布。

栾树属 Koelreuteria Laxm.

复羽叶栾树

Koelreuteria bipinnata Franch.

　　乔木。花期7～9月；果期8～10月。产于龙州、大新、靖西。生于海拔400～1500 m的山地疏林中，少见。分布于中国广东、广西、湖南、湖北、贵州、云南、四川。

台湾栾树

Koelreuteria elegans (Seem.) A. C.
Smith subsp. **formosana** (Hayata) Meyer

乔木。花期 9 ~ 10 月；果期 10 ~ 12 月。
北海有栽培。分布于中国台湾。

荔枝属 Litchi Sonn.

荔枝

Litchi chinensis Sonn.

乔木。花期春季；果期夏季。玉林市、北海市、
钦州市、防城港市、南宁市、崇左市、百色市有
栽培。分布于中国海南、广东，广西、福建、云
南广泛栽培。越南、老挝、泰国、缅甸、马来西亚、
菲律宾、新几内亚也有分布，热带、亚热带地区
广泛栽培。

褐叶柄果木

Mischocarpus pentapetalus
(Roxb.) Radlk.

乔木。花期 4 ~ 5 月；果期 6 ~ 8 月。产于博白、防城、上思、东兴、宁明、龙州、百色、靖西、那坡。生于密林中，少见。分布于中国海南、广东、广西、云南。亚洲热带地区广泛分布。

柄果木

Mischocarpus sundaicus Blume

小乔木。花期 10 ~ 11 月；果期翌年 5 月。产于钦州、防城。生于滨海地区林中，少见。分布于中国海南、广西。东南亚广泛分布。

番龙眼

Pometia pinnata J. R. Forst. & G. Forst.

　　大乔木。龙州有栽培。分布于中国台湾、云南。越南、泰国、马来西亚、印度尼西亚、菲律宾、印度、斯里兰卡、新几内亚以及太平洋岛屿也有分布。

无患子属 Sapindus L.

无患子

Sapindus saponaria L.

Sapindus mukorossi Gaertn.

　　乔木。花期春季；果期夏、秋季。产于北流、龙州、大新、百色。生于低海拔林中，少见。分布于中国东部、南部至西南部。越南、泰国、缅甸、印度尼西亚、印度、日本、朝鲜也有分布。

198A. 七叶树科

HIPPOCASTANACEAE

七叶树属 Aesculus L.

长柄七叶树

Aesculus assamica Griff.

乔木。花期 2 ~ 5 月；果期 6 ~ 10 月。产于宁明、龙州、大新、天等、百色、田东、靖西、那坡。生于海拔 100 ~ 1500 m 的阔叶林中，少见。分布于中国广西、云南。越南、泰国、缅甸、印度、不丹、孟加拉国也有分布。

200. 槭树科
ACERACEAE

槭属 Acer L.

青榨槭

Acer davidii Franch.

　　乔木。花期 4 月；果期 9 月。产于防城、那坡。生于海拔 500 ~ 1500 m 的疏林中，常见。分布于中国广东、广西、福建、浙江、江苏、安徽、湖北、贵州、云南、四川、甘肃、宁夏、陕西、河南。缅甸也有分布。

罗浮槭（红翅槭）

Acer fabri Hance

　　乔木。花期 3 ~ 4 月；果期 5 ~ 10 月。产于容县、防城、上思、东兴、横县、龙州、田阳。生于海拔 500 ~ 1500 m 的疏林中，常见。分布于中国海南、广东、广西、湖南、江西、湖北、贵州、云南、四川。

十蕊槭

Acer laurinum Hassk.

Acer decandrum Merr.

乔木。花期 6 ~ 7 月；果期 8 ~ 11 月。产于钦州、防城、龙州、那坡。生于海拔 800 ~ 1500 m 的密林中，少见。分布于中国海南、广东、广西、云南、西藏。越南、老挝、泰国、柬埔寨、马来西亚、印度尼西亚、菲律宾、印度也有分布。

亮叶槭

Acer lucidum F. P. Metcalf

小乔木。花期 3 ~ 4 月；果期 8 ~ 9 月。产于龙州。生于海拔 500 ~ 1000 m 的山坡疏林中，少见。分布于中国广东、广西、江西、福建、四川。

粗柄槭

Acer tonkinense Lecomte

    乔木。花期 4 ~ 5 月；果期 9 月。产于隆安、龙州、大新、平果、靖西、那坡。生于海拔 300 ~ 1000 m 的石灰岩林中，常见。分布于中国广西、贵州、云南、西藏。越南、泰国、缅甸也有分布。

三峡槭

Acer wilsonii Rehd.

Acer wilsonii Rehd. var. *longicaudatum* (Fang) Fang

    乔木。花期 4 月；果期 9 月。产于容县、上思、南宁。生于海拔 800 ~ 1500 m 的疏林中，少见。分布于中国广东、广西、湖南、江西、湖北、贵州、云南、四川。

201. 清风藤科
SABIACEAE

泡花树属 Meliosma Blume

狭叶泡花树

Meliosma angustifolia Merr.

　　乔木。花期 3 ~ 5 月；果期 8 ~ 9 月。产于上思、宁明、龙州。生于海拔 1500 m 以下的山谷林中，常见。分布于中国海南、广东、广西、云南。越南也有分布。

樟叶泡花树（绿樟）

Meliosma squamulata Hance
Meliosma lepidota Blume subsp.
squamulata (Hance) Beus.

　　小乔木。花期夏季；果期9～10月。产于防城。生于海拔1500 m以下的阔叶林中，少见。分布于中国海南、广东、广西、湖南、江西、福建、台湾、浙江、贵州、云南。琉球群岛也有分布。

山樣叶泡花树

Meliosma thorelii Lecomte

　　乔木。花期夏季；果期10～11月。产于钦州、上思、横县、宁明、龙州。生于海拔200～1000 m的阔叶林中，少见。分布于中国海南、广东、广西、福建、贵州、云南、四川。越南、老挝也有分布。

柠檬清风藤

Sabia limoniacea Wall. ex Hook. f. & Thomson

攀援灌木。花期 8 ~ 11 月；果期翌年 1 ~ 5 月。产于容县、陆川、钦州、防城、上思、东兴、隆安、扶绥、宁明、龙州、百色、靖西、那坡。生于海拔 600 ~ 1300 m 的山地，攀援于树上或岩石上，少见。分布于中国海南、广东、广西、福建、云南、四川。泰国、缅甸、马来西亚、印度尼西亚、印度、孟加拉国也有分布。

尖叶清风藤

Sabia swinhoei Hemsl.

木质藤本。花期 1 ~ 6 月；果期 7 ~ 10 月。产于容县、上思、南宁、隆安、龙州、平果、那坡。生于海拔 400 ~ 1600 m 的山谷林中，少见。分布于中国海南、广东、广西、湖南、江西、福建、台湾、浙江、江苏、湖北、贵州、云南、四川。越南也有分布。

204. 省沽油科
STAPHYLEACEAE

野鸦椿属 Euscaphis Sieb. & Zucc.

野鸦椿
Euscaphis japonica (Thunb.) Kanitz

小乔木。花期5～7月；果期8～10月。产于钦州、防城、上思。生于林下、林缘或灌丛，常见。分布于中国各地（西北除外）。越南、日本、朝鲜也有分布。

瘿椒树属 Tapiscia Oliv.

瘿椒树（银鹊树）
Tapiscia sinensis Oliv.

乔木。花期3～5月；果期5～6月。产于龙州、那坡。生于山坡、山谷或溪边林中，很少见。分布于中国广东、广西、湖南、浙江、安徽、湖北、贵州、云南、四川。

锐尖山香圆

Turpinia arguta Seem.

灌木。花期 3 ~ 4 月；果期 9 ~ 10 月。产于容县、陆川、北流、钦州、浦北、宁明、那坡。生于海拔 400 ~ 700 m 的林下、灌丛、路边，常见。分布于中国广东、广西、湖南、江西、福建、浙江、重庆、贵州。

山香圆（光叶山香圆）

Turpinia montana (Blume) Kurz

Turpinia montana (Blume) Kurz
var. *glaberrima* (Merr.) T. Z. Hsu

小乔木。花期 4 ~ 6 月；果期 7 ~ 9 月。产于容县、防城、上思、龙州、平果、那坡。生于山地林中，常见。分布于中国广东、广西、贵州、云南。越南、泰国、缅甸、印度尼西亚、印度也有分布。

205. 漆树科
ANACARDIACEAE

南酸枣属 Choerospondias B. L. Burtt & A. W. Hill

南酸枣

Choerospondias axillaris (Roxb.) B. L. Burtt & A. W. Hill

　　乔木。花期 3 ~ 4 月；果期 7 ~ 10 月。产于玉林市、北海市、钦州市、防城港市、南宁市、崇左市、百色市。生于海拔 300 ~ 1600 m 的山坡、沟谷、丘陵的林中，很常见。分布于中国海南、广东、广西、湖南、江西、福建、台湾、浙江、安徽、湖北、贵州、云南、西藏。越南、老挝、泰国、柬埔寨、印度、日本也有分布。

人面子属 Dracontomelon Blume

人面子

Dracontomelon duperreanum Pierre
Dracontomelon sinense Stapf

　　大乔木。花期 4 ~ 5 月；果期 6 ~ 11 月。产于陆川、南宁、宁明、龙州、那坡。生于海拔 400 m 以下的林中，常见。分布于中国广东、广西、云南。越南也有分布。

大果人面子

Dracontomelon macrocarpum H. L. Li

乔木。果期 6 月。南宁、凭祥有栽培。分布于中国云南。

厚皮树属 Lannea A. Rich.

厚皮树

Lannea coromandelica (Houtt.) Merr.

乔木。花期 3 月；果期 4 ~ 6 月。产于陆川、博白、北海、合浦。生于海拔 100 ~ 1000 m 的山坡疏林中，少见。分布于中国海南、广东、广西、云南。缅甸、印度、尼泊尔、不丹、斯里兰卡也有分布。

杜果

Mangifera indica L.

　　乔木。花期 3 ~ 4 月；果期 5 ~ 7 月。玉林市、北海市、钦州市、防城港市、南宁市、崇左市、百色市有栽培。中国海南、广东、广西、福建、台湾、云南等地常有栽培。原产于东南亚，现世界热带地区广泛栽培。

扁桃杜（扁桃、天桃木）

Mangifera persiciforma C. Y. Wu & T. L. Ming

　　乔木。花期 4 月；果期 5 ~ 6 月。产于南宁、宁明、龙州、百色、田阳、田东、平果、那坡，常见。生于海拔 200 ~ 600 m 的疏林、林缘或旷野，常见。分布于中国广西、贵州、云南。

利黄藤

Pegia sarmentosa (Lecomte) Hand.-Mazz.

攀援藤本。花期 2 ~ 4 月；果期 4 ~ 5 月。产于扶绥、
龙州、平果。生于海拔 200 ~ 900 m 的石灰岩沟谷密林或
灌丛中，常见。分布于中国广东、广西、贵州、云南。越南、
老挝、泰国、柬埔寨、马来西亚、印度尼西亚也有分布。

黄连木属 Pistacia L.

黄连木

Pistacia chinensis Bunge

乔木。花期 3 ~ 5 月；果期 8 ~ 11 月。产于隆安、
龙州、百色、平果、靖西。生于海拔 100 ~ 1500 m 的石
灰岩林中，常见。分布于中国海南、广东、广西、湖南、
江西、福建、台湾、浙江、江苏、安徽、湖北、贵州、
云南、四川、西藏、甘肃、陕西、山西、河南、山东、
河北。

清香木

Pistacia weinmanniifolia J. Poisson ex Franch.

灌木或小乔木。花期 3 ~ 5 月；果期 6 ~ 8 月。产于北流、隆安、崇左、扶绥、宁明、龙州、大新、凭祥、百色、田东、平果、靖西、那坡。生于海拔 300 ~ 1500 m 的石灰岩林下或灌丛中，常见。分布于中国广西、贵州、云南、四川、西藏。缅甸也有分布。

盐麸木属 Rhus L.

盐麸木（盐肤木）

Rhus chinensis Mill.

灌木或小乔木。花期 6 ~ 8 月；果期 9 ~ 11 月。产于玉林市、北海市、钦州市、防城港市、南宁市、崇左市、百色市。生于海拔 100 ~ 1600 m 的山坡、沟谷、溪边的疏林下或灌丛中，很常见。分布于中国各地（内蒙古、新疆、辽宁、吉林、黑龙江除外）。越南、老挝、泰国、柬埔寨、马来西亚、印度尼西亚、新加坡、印度、不丹、日本、朝鲜也有分布。

滨盐麸木

Rhus chinensis Mill. var. **roxburghii** (DC.) Rehd.

灌木或小乔木，叶轴无翅。花期 8～9 月；果期 10～12 月。产于玉林市、北海市、钦州市、防城港市、南宁市、崇左市、百色市。生于海拔 1600 m 以下的林中或灌丛，常见。分布于中国海南、广东、广西、湖南、江西、台湾、贵州、云南、四川。

槟榔青属 Spondias L.

岭南酸枣

Spondias lakonensis Pierre

乔木。花期 5～6 月；果期 9～12 月。产于防城、南宁、龙州、百色、那坡。生于山坡疏林中，常见。分布于中国海南、广东、广西、福建。越南、老挝、泰国也有分布。

野漆

Toxicodendron succedaneum (L.) Kuntze

　　乔木。花期 5 月；果期 7 ~ 10 月。产于博白、北海、合浦、钦州、上思、南宁、隆安、横县、扶绥、宁明、龙州、大新、凭祥、百色、平果、靖西、那坡。生于海拔 150 ~ 1500 m 的林中，常见。分布于中国华北至长江以南。越南、老挝、泰国、柬埔寨、印度、日本、朝鲜也有分布。

木蜡树（山漆树）

Toxicodendron sylvestre (Sieb. & Zucc.) Kuntze

　　乔木。花期 4 ~ 5 月；果期 6 ~ 10 月。产于容县、龙州、德保、那坡。生于海拔 100 ~ 1000 m 的林中，少见。分布于中国广东、广西、湖南、江西、福建、台湾、浙江、江苏、安徽、湖北、贵州、云南、四川。日本、朝鲜也有分布。

206. 牛栓藤科

CONNARACEAE

牛栓藤属 Connarus L.

云南牛栓藤

Connarus yunnanensis Schellenb.

　　攀援灌木。产于龙州、大新、靖西。
生于密林中，少见。分布于中国广西、
云南。缅甸也有分布。

红叶藤属 Rourea Aubl.

小叶红叶藤

Rourea microphylla (Hook. &
Arn.) Planch.

　　攀援灌木。花期 3 ~ 9 月；果期
5 月至翌年 3 月。产于玉林、容县、
陆川、博白、合浦、钦州、灵山、防
城、上思、东兴、横县、崇左、扶绥、
宁明、龙州、天等、百色。生于海拔
100 ~ 600 m 的山坡疏林中，常见。
分布于中国海南、广东、广西、福建、
云南。越南、印度尼西亚、印度、斯
里兰卡也有分布。

207. 胡桃科

JUGLANDACEAE

黄杞属 Engelhardia Lesch. ex Blume

黄杞

Engelhardia roxburghiana Wall.

乔木。花期5~6月；果期8~9月。产于陆川、钦州、灵山、防城、上思、东兴、宁明、龙州、百色、平果、靖西、那坡。生于海拔200~1500 m的林中，常见。分布于中国海南、广东、广西、湖南、台湾、贵州、云南、四川。越南、泰国、缅甸、印度也有分布。

云南黄杞

Engelhardia spicata Lesch.

乔木。花期11月；果期翌年1~2月。产于百色、田阳、德保、靖西、那坡。生于海拔500~1600 m的山坡林中，常见。分布于中国海南、广东、广西、贵州、云南、西藏。越南、老挝、泰国、马来西亚、印度尼西亚、菲律宾、印度、尼泊尔、不丹、巴基斯坦也有分布。

毛叶黄杞

Engelhardia spicata Lesch. ex Blume
var. **colebrookeana** (Lindl. ex Wall.)
Koord. & Valeton
Engelhardia colebrookeana Lindl. ex
Wall.

　　乔木。花期 2 ~ 3 月；果期 4 ~ 5
月。产于百色、平果、那坡。生于海拔
800 ~ 1500 m 的山谷疏林中，少见。分
布于中国海南、广西、贵州、云南。越南、
泰国、缅甸、菲律宾、印度、尼泊尔也
有分布。

化香树属 Platycarya Sieb. & Zucc.

圆果化香树

Platycarya longipes Wu
　　小乔木。花期 5 月；果期 6 ~ 7 月。产于龙州、大新、天等、百色、平果、靖西。生于海拔
400 ~ 900 m 的石灰岩山顶或山坡林中，常见。分布于中国广东、广西、贵州。

化香树

Platycarya strobilacea Sieb. & Zucc.

乔木。花期5~6月；果期7~8月。产于防城、龙州、百色、田阳、平果、那坡。生于海拔600~1600 m的向阳山坡或林中，常见。分布于中国广东、广西、湖南、江西、福建、台湾、浙江、江苏、安徽、湖北、贵州、云南、四川、甘肃、陕西、河南、山东。日本、朝鲜也有分布。

枫杨属 Pterocarya Kunth

枫杨

Pterocarya stenoptera C. DC.

乔木。花期5~6月；果期8~9月。产于玉林市、北海市、钦州市、防城港市、南宁市、崇左市、百色市。生于海拔1500 m以下的阴湿林中或溪流河滩，常见。分布于中国海南、广东、广西、湖南、江西、福建、台湾、浙江、江苏、安徽、贵州、云南、四川、甘肃、陕西、山西、河南、山东、河北、辽宁。日本、朝鲜也有分布。

207A. 马尾树科
RHOIPTELEACEAE

马尾树属 Rhoiptelea Diels & Hand. -Mazz.

马尾树

Rhoiptelea chiliantha Diels & Hand.-Mazz.

乔木。花期10月至翌年1月；果期7~8月。产于百色、德保、那坡。生于海拔500~1600 m的山坡林中或沟谷溪边，少见。分布于中国广西、贵州、云南。越南也有分布。

209. 山茱萸科
CORNACEAE

桃叶珊瑚属 Aucuba Thunb.

桃叶珊瑚

Aucuba chinensis Benth.

灌木或小乔木。花期1~2月；果期2月。产于玉林、容县、灵山、浦北、上思、南宁、靖西、那坡。生于海拔1000 m以下的山地林中，少见。分布于中国海南、广东、广西、福建、台湾。越南也有分布。

喜马拉雅珊瑚

Aucuba himalaica Hook. f. & Thomson

灌木或小乔木。花期3~5月；果期10月至翌年5月。产于上思、大新、那坡。生于海拔800~1500 m的山地林中，少见。分布于中国广西、湖南、湖北、云南、四川、西藏、陕西。缅甸、印度、不丹也有分布。

灯台树

Cornus controversa Hemsl.

Bothrocaryum controversum (Hemsl.) Pojark.

乔木。花期 5 ~ 6 月；果期 7 ~ 8 月。产于德保、那坡。生于海拔 200 ~ 1500 m 的林中，常见。分布于中国海南、广东、广西、湖南、江西、福建、台湾、浙江、江苏、安徽、湖北、贵州、云南、四川、西藏、甘肃、陕西、山西、河南、山东、河北、辽宁。缅甸、印度、尼泊尔、不丹、日本、朝鲜也有分布。

香港四照花

Cornus hongkongensis Hemsl.

Dendrobenthamia hongkongensis (Hemsl.) Hutch.

乔木或灌木。花期 5 ~ 6 月；果期 11 ~ 12 月。产于容县、北流、上思、德保。生于海拔 350 ~ 1600 m 的湿润山谷林中，常见。分布于中国广东、广西、湖南、江西、福建、浙江、贵州、云南、四川。

光皮梾木

Cornus wilsoniana Wangerin

Swida wilsoniana (Wangerin) Soják

　　乔木。花期 5 月；果期 10 ~ 11 月。产于南宁、龙州、田阳、德保、靖西、那坡。生于海拔 1100 m 以下的林中或林缘，少见。分布于中国广东、广西、湖南、江西、福建、浙江、湖北、贵州、四川、甘肃、陕西、河南。

鞘柄木属 Toricellia DC.

角叶鞘柄木

Toricellia angulata Oliv.

　　灌木或小乔木。花期 4 月；果期 6 月。产于那坡。生于海拔 800 ~ 1600 m 的林缘或溪边，少见。分布于中国广西、湖北、四川、西藏。

210. 八角枫科
ALANGIACEAE

八角枫属 Alangium Lam.

髯毛八角枫

Alangium barbatum (R. Br.) Baill.

　　小乔木或灌木。花期 5 ~ 6 月；果期 7 ~ 9 月。产于防城、扶绥、龙州、平果。生于海拔 1000 m 以下的密林中，少见。分布于中国海南、广东、广西、云南。越南、老挝、泰国、缅甸、印度、不丹也有分布。

八角枫

Alangium chinense (Lour.) Harms

灌木或乔木。花期 5 ~ 7 月或 9 ~ 10 月；果期 7 ~ 11 月。产于灵山、浦北、防城、南宁、隆安、横县、扶绥、宁明、龙州、大新、凭祥、百色、平果、德保、靖西、那坡。生于海拔 1600 m 以下的山地疏林中，很常见。分布于中国海南、广东、广西、湖南、江西、福建、台湾、浙江、江苏、安徽、湖北、贵州、云南、四川、西藏、甘肃、山西、河南。东南亚以及非洲也有分布。

小花八角枫

Alangium faberi Oliv.

灌木。花期 6 月；果期 9 月。产于防城、南宁。生于海拔 1300 m 以下的疏林中，少见。分布于中国海南、广东、广西、湖南、湖北、贵州、四川。

毛八角枫

Alangium kurzii W. G. Craib

小乔木。花期 5 ~ 6 月；果期 9 月。产于龙州。生于疏林或林缘，少见。分布于中国海南、广东、广西、湖南、江西、浙江、江苏、安徽、贵州。越南、泰国、缅甸、马来西亚、印度尼西亚、菲律宾也有分布。

土坛树

Alangium salviifolium (L. f.) Wangerin

乔木。花期 2 月；果期 3 月。产于合浦、龙州。生于海拔 1200 m 以下的林中，少见。分布于中国海南、广东、广西。越南、老挝、泰国、柬埔寨、马来西亚、印度尼西亚、菲律宾、印度、尼泊尔、斯里兰卡以及非洲东南部也有分布。

211. 蓝果树科
NYSSACEAE

喜树属 Camptotheca Decne.

喜树

Camptotheca acuminata Decne.

乔木。花期 5 ~ 7 月；果期 9 月。产于南宁、德保、靖西。生于海拔 1000 m 以下的林缘或溪边，少见。分布于中国海南、广东、广西、湖南、江西、福建、浙江、江苏、湖北、贵州、云南、四川。

上思蓝果树

Nyssa shangszeensis Fang & Soong

　　小乔木。果期 9 月。产于防城、上思。生于低海拔林中，很少见。分布于中国广西。

蓝果树

Nyssa sinensis Oliv.

　　乔木。花期 4 月；果期 9 月。产于上思。生于海拔 300 ~ 1400 m 的山谷或溪边林下，少见。分布于中国广东、广西、湖南、江西、福建、浙江、江苏、安徽、湖北、贵州、云南、四川。越南也有分布。

212. 五加科
ARALIACEAE

楤木属 Aralia L.

野楤头

Aralia armata (Wall. ex D. Don) Seem.

灌木。花期 8～10 月；果期 9～12 月。产于防城、上思、南宁、宁明、龙州、天等、田东、平果、靖西。生于海拔 1400 m 以下的林下或林缘，常见。分布于中国海南、广东、广西、江西、贵州、云南。越南、泰国、缅甸、马来西亚、印度也有分布。

头序楤木

Aralia dasyphylla Miq.
Aralia dasyphylloides (Hand.-Mazz.) J. Wen
Aralia chinensis Blume

灌木或小乔木。花期 8～10 月；果期 10～12 月。产于南宁、百色、那坡。生于海拔 1000 m 以下的林下或林缘，少见。分布于中国广东、广西、湖南、江西、福建、浙江、安徽、湖北、重庆、贵州、四川。越南、马来西亚、印度尼西亚也有分布。

台湾毛楤木

Aralia decaisneana Hance

　　小乔木。花期10月至翌年1月；果期12月至翌年2月。产于容县、上思、宁明、龙州、百色、平果。生于海拔1000 m以下的山坡疏林或灌丛中，常见。分布于中国广东、广西、湖南、江西、福建、台湾、安徽、贵州、云南。

长刺楤木

Aralia spinifolia Merr.

　　灌木。花期8～10月；果期10～12月。产于龙州。生于海拔1000 m以下的山坡或林缘，少见。分布于中国广东、广西、湖南、江西、福建。

纤齿罗伞（假通草）

Brassaiopsis ciliata Dunn

　　灌木。花期 8 ~ 11 月；果期 2 ~ 3 月。产于龙州、那坡。生于海拔 300 ~ 1600 m 的山谷林中或向阳山坡，少见。分布于中国广西、贵州、云南、四川。越南也有分布。

罗伞

Brassaiopsis glomerulata (Blume) Regel

Brassaiopsis glomerulata (Blume) Regel var. *longipedicellata* H. L. Li

Brassaiopsis acuminata H. L. Li

　　乔木。花期 6 ~ 8 月；果期翌年 1 ~ 2 月。产于上思。生于海拔 1500 m 以下的山坡或山谷密林中，少见。分布于中国海南、广东、广西、贵州、云南、四川。越南、老挝、泰国、柬埔寨、缅甸、印度尼西亚、印度、尼泊尔、不丹也有分布。

树参

Dendropanax dentiger (Harms) Merr.

灌木或乔木。花期 8 ~ 10 月；果期
10 ~ 12 月。产于防城、南宁、宁明。
生于海拔 1300 m 以下的密林中，少见。
分布于中国华南、华中、华东以及西南。
越南、老挝、泰国、柬埔寨也有分布。

海南树参

Dendropanax hainanensis (Merr. & Chun) Chun

乔木。花期 6 ~ 7 月；果期 10 月。产于上思、龙州。生于海拔 700 ~ 1000 m 的山谷林中，少见。
分布于中国海南、广东、广西、湖南、贵州、云南。越南也有分布。

变叶树参

Dendropanax proteus (Champ. ex Benth.) Benth.

灌木。花期 7 ~ 9 月；果期 9 ~ 12 月。产于容县、北流、上思、南宁。生于山谷溪边密林或山坡路旁，少见。分布于中国海南、广东、广西、湖南、江西、福建、云南。

马蹄参属 Diplopanax Hand.-Mazz.

马蹄参

Diplopanax stachyanthus Hand.-Mazz.

乔木。花期 6 ~ 7 月；果期 11 月。产于防城、上思。生于海拔 1300 m 的山坡或山谷阔叶林中，很少见。分布于中国广东、广西、湖南、贵州、云南。越南也有分布。

白簕

Eleutherococcus trifoliatus (L.) S. Y. Hu

Acanthopanax trifoliatus (L.) Merr.

　　藤状灌木。花期 8 ~ 11 月；果期 9 ~ 12 月。产于玉林、博白、北流、北海、钦州、灵山、上思、隆安、横县、宁明、龙州、大新、天等、平果、德保、靖西。生于海拔 1600 m 以下的山坡林缘、灌丛、路旁，很常见。分布于中国广东、广西、湖南、江西、福建、台湾、浙江、江苏、安徽、湖北、贵州、云南、四川。越南、泰国、菲律宾、印度、日本也有分布。

常春藤属 Hedera L.

常春藤

Hedera nepalensis K. Koch var. **sinensis** (Tobler) Rehd.

　　攀援灌木。花期 9 ~ 11 月；果期翌年 3 ~ 5 月。产于钦州。生于海拔 1000 m 以下的林缘、路边、村旁，攀援于树上、岩石或墙上，少见。分布于中国广东、广西、湖南、江西、福建、浙江、江苏、安徽、湖北、贵州、云南、四川、西藏、甘肃、陕西、河南、山东。越南、老挝也有分布。

短梗幌伞枫

Heteropanax brevipedicellatus Li

灌木或小乔木。花期 10 ~ 12 月；果期翌年 1 ~ 2 月。产于钦州、防城、上思、龙州、那坡。生于海拔 600 m 以下的林中、林缘、路旁，少见。分布于中国广东、广西、江西、福建。越南也有分布。

幌伞枫

Heteropanax fragrans (Roxb.) Seem.

Heteropanax fragrans (Roxb.) Seem. var. *attenuatus* C. B. Clarke

乔木。花期 10 ~ 12 月；果期翌年 2 ~ 3 月。产于龙州、百色。生于海拔 1000 m 以下的林中，常见。分布于中国海南、广东、广西、福建、云南。越南、泰国、缅甸、印度尼西亚、印度、尼泊尔、不丹、孟加拉国也有分布。

辐叶鹅掌柴

Schefflera actinophylla (Endl.) Harms

灌木。玉林市、北海市、钦州市、防城港市、南宁市、崇左市、百色市有栽培。中国海南、广东、广西、台湾等地有栽培。原产于大洋洲。

鹅掌藤

Schefflera arboricola (Hayata) Merr.

Heptapleurum arboricola Hayata

藤状灌木。花期 7 ～ 10 月；果期 8 ～ 12 月。产于南宁、龙州。生于海拔 900 m 以下的山谷密林或溪边湿润处，常见。分布于中国海南、广东、广西、台湾。

穗序鹅掌柴

Schefflera delavayi (Franch.) Harms ex Diels

乔木。花期 10 ~ 11 月；果期翌年 1 月。产于容县。生于山谷溪边阔叶林中或林缘，少见。分布于中国广东、广西、湖南、江西、福建、湖北、贵州、云南、四川。

鹅掌柴

Schefflera heptaphylla (L.) Frodin

Schefflera octophylla (Lour.) Harms

乔木。花期 10 ~ 12 月；果期 12 月。产于容县、北海、合浦、防城、南宁、宁明、龙州、平果、德保、靖西。生于海拔 500 m 以下的疏林或灌丛中，常见。分布于中国海南、广东、广西、福建、台湾、浙江、云南、西藏。越南、泰国、印度、日本也有分布。

白花鹅掌柴

Schefflera leucantha R. Vig.

灌木。花期 1 ~ 2 月；果期 3 ~ 8 月。产于上思、东兴、扶绥、龙州、大新、平果、靖西。生于山谷阔叶林中，常见。分布于中国广西、云南。越南、泰国也有分布。

琼山鹅掌柴

Schefflera lociana Grushv. & Skvortsova

灌木。花期 8 ~ 9 月。产于崇左、宁明、龙州、天等、靖西。生于石灰岩密林或灌丛中，常见。分布于中国广西。越南也有分布。

星毛鸭脚木

Schefflera minutistellata Merr. ex H. L. Li

　　灌木或小乔木。花期 8 ~ 10 月；果期 10 ~ 12 月。产于南宁、那坡。生于海拔 800 ~ 1500 m 的山地密林中，少见。分布于中国广东、广西、湖南、江西、福建、浙江、贵州、云南。

刺通草属 Trevesia Vis.

刺通草

Trevesia palmata (Roxb.) Vis.

　　小乔木。花期 10 月；果期翌年 5 ~ 7 月。产于南宁、崇左、扶绥、龙州、田东、那坡。生于海拔 600 ~ 1500 m 的林中，常见。分布于中国广西、贵州、云南。越南、老挝、柬埔寨、印度、尼泊尔、孟加拉国也有分布。

213. 伞形科
UMBELLIFERAE

莳萝属 Anethum L.

莳萝

Anethum graveolens L.

草本。花期 5 ~ 8 月；果期 7 ~ 9 月。南宁有栽培。中国广东、广西、四川、甘肃等地有栽培。原产于欧洲南部。

当归属 Angelica L.

紫花前胡

Angelica decursiva (Miq.) Franch. & Sav.

草本。花期 8 ~ 9 月；果期 9 ~ 11 月。南宁有栽培。分布于中国广东、广西、江西、台湾、浙江、江苏、安徽、湖北、四川、陕西、河南、河北、辽宁。日本、朝鲜、俄罗斯也有分布。

旱芹（芹菜）

Apium graveolens L.

　　草本。花、果期 4 ~ 7 月。玉林市、北海市、钦州市、防城港市、南宁市、崇左市、百色市有栽培。中国各地有栽培。亚洲、非洲、欧洲、美洲有栽培。

积雪草属 Centella L.

积雪草

Centella asiatica (L.) Urban

　　草本。花、果期 4 ~ 10 月。产于玉林、北海、合浦、钦州、上思、南宁、横县、龙州、百色、平果。生于海拔 200 ~ 1500 m 的阴湿草地或溪沟边，很常见。分布于中国海南、广东、广西、湖南、江西、福建、台湾、浙江、江苏、安徽、湖北、云南、四川、陕西。越南、老挝、泰国、缅甸、马来西亚、印度尼西亚、印度、尼泊尔、不丹、巴基斯坦、日本、朝鲜也有分布。

蛇床

Cnidium monnieri (L.) Cusson

草本。花期 4～7 月；果期 7～10 月。产于隆安、龙州、田阳、平果、那坡。生于低海拔的田野、路旁、草地或河边潮湿处，少见。分布于中国大部分省区。越南、朝鲜、俄罗斯也有分布。

芫荽属 Coriandrum L.

芫荽

Coriandrum sativum L.

草本。花、果期 4～11 月。玉林市、北海市、钦州市、防城港市、南宁市、崇左市、百色市有栽培。中国各地有栽培。原产于地中海沿岸。

鸭儿芹

Cryptotaenia japonica Hassk.

　　草本。花期 4 ~ 5 月；果期 6 ~ 10 月。产于南宁、龙州、百色、平果、那坡。生于海拔 200 ~ 1600 m 的山地、山沟或林下阴湿处，常见。分布于中国广东、广西、湖南、江西、福建、浙江、江苏、安徽、湖北、贵州、云南、四川、甘肃、陕西、山西、河北。日本、朝鲜也有分布。

胡萝卜属 Daucus L.

胡萝卜

Daucus carota L. var. **sativa** Hoffm.

　　草本。花期 5 ~ 7 月。玉林市、北海市、钦州市、防城港市、南宁市、崇左市、百色市有栽培。中国各地广泛栽培。原产于地中海沿岸。

刺芹（刺芫荽）

Eryngium foetidum L.

草本。花、果期 4 ~ 12 月。产于玉林、容县、博白、北流、灵山、南宁、隆安、横县、扶绥、龙州、平果。生于海拔 100 ~ 1000 m 的山地林下、丘陵、路旁、沟边，常见。分布于中国海南、广东、广西、贵州、云南。亚洲、非洲、美洲也有分布。

天胡荽属 Hydrocotyle L.

红马蹄草

Hydrocotyle nepalensis Hook.

草本。花、果期 5 ~ 11 月。产于扶绥、龙州、平果。生于海拔 300 ~ 1000 m 的阴湿山坡、路旁、溪边，常见。分布于中国海南、广东、广西、湖南、江西、浙江、安徽、湖北、贵州、云南、四川、西藏、陕西。亚洲热带地区也有分布。

天胡荽

Hydrocotyle sibthorpioides Lam.

草本。花、果期4~9月。产于玉林、北海、大新、平果、靖西、那坡。生于海拔400~1600 m的林下、沟边、草地，常见。分布于中国海南、广东、广西、湖南、江西、福建、台湾、浙江、江苏、安徽、湖北、贵州、云南、四川、陕西。越南、泰国、印度尼西亚、印度、尼泊尔、不丹、日本、朝鲜以及非洲热带地区也有分布。

破铜钱

Hydrocotyle sibthorpioides Lam. var. **batrachium** (Hance) Hand.-Mazz.

草本。花、果期4~9月。产于龙州、平果。生于海拔1000 m以下的湿润山地、溪谷、路旁、草地，常见。分布于中国广东、广西、湖南、江西、福建、台湾、浙江、安徽、湖北、四川。越南也有分布。

肾叶天胡荽

Hydrocotyle wilfordi Maxim.

　　草本。花、果期 5 ~ 9 月。产于防城、南宁。生于海拔 350 ~ 1400 m 的山谷、田野、沟边或溪旁阴湿处，少见。分布于中国广东、广西、江西、福建、浙江、云南、四川。越南、日本、朝鲜也有分布。

水芹属 Oenanthe L.

水芹

Oenanthe javanica (Blume) DC.

　　草本。花期 6 ~ 7 月；果期 8 ~ 9 月。产于防城、上思、横县、崇左、扶绥、龙州、百色、平果、那坡。生于洼地或水沟旁，少见。分布于中国各地。越南、缅甸、马来西亚、印度尼西亚、菲律宾、印度也有分布。

小窃衣

Torilis japonica (Houtt.) DC.

　　草本。花、果期 4 ~ 10 月。产于南宁、龙州、那坡。生于海拔 150 ~ 1600 m 的林下、林缘、路旁、沟边或溪畔草丛，常见。分布于中国各地（内蒙古、新疆、黑龙江除外）。亚洲、欧洲广泛分布。

窃衣

Torilis scabra (Thunb.) DC.

　　草本。花、果期 4 ~ 11 月。产于龙州、平果。生于海拔 250 ~ 1000 m 的山坡、林下、路旁、河边、旷野，常见。分布于中国广东、广西、湖南、江西、福建、浙江、江苏、安徽、湖北、贵州、四川、甘肃、陕西。日本也有分布。

214. 桤叶树科（山柳科）
CLETHRACEAE

桤叶树属（山柳属）Clethra L.

单毛桤叶树（单柱山柳）

Clethra bodinieri Lévl.

小乔木或灌木。花期6～7月；果期8～9月。产于防城、上思、百色。生于海拔200～1500 m的山坡、山谷林下或灌丛中，少见。分布于中国海南、广东、广西、福建、贵州、云南。

华南桤叶树

Clethra fabri Hance

Clethra fabri Hance var. *laxiflora* Fang & L. C. Hu

Clethra fabri Hance var. *brevipes* L. C. Hu

灌木或乔木。花期7～8月；果期9～10月。产于防城、上思、东兴、扶绥、龙州、大新、百色、德保、靖西、那坡。生于海拔300～1600 m的山地林中，常见。分布于中国海南、广东、广西、贵州、云南。越南也有分布。

215. 杜鹃花科
ERICACEAE

金叶子属 Craibiodendron W. W. Smith

广东金叶子（广东假木荷）

Craibiodendron scleranthum (Dop) Judd var. **kwangtungense** (S. Y. Hu) Judd

乔木。花期 5 ~ 6 月；果期 7 ~ 8 月。产于北流、防城、上思。生于海拔 400 ~ 600 m 的山地林中，很少见。分布于中国海南、广东、广西。

金叶子（假木荷）

Craibiodendron stellatum (Pierre) W. W. Smith

　　小乔木。花期 7 ~ 10 月；果期 10 月至翌年 4 月。产于崇左、宁明、龙州、天等、百色、平果、德保、靖西、那坡。生于海拔 250 ~ 1600 m 的疏林中，常见。分布于中国广东、广西、贵州、云南。越南、老挝、泰国、柬埔寨、缅甸也有分布。

吊钟花属 Enkianthus Lour.

吊钟花

Enkianthus quinqueflorus Lour.

　　灌木或小乔木。花期 3 ~ 5 月；果期 5 ~ 7 月。产于容县、防城、上思、东兴、大新。生于海拔 700 ~ 1400 m 的山坡灌丛中，常见。分布于中国海南、广东、广西、湖南、江西、福建、湖北、贵州、云南、四川。越南也有分布。

滇白珠

Gaultheria leucocarpa Blume var. **yunnanensis** (Franch.) T. Z. Hsu & R. C. Fang

　　灌木。花期 5 ~ 9 月；果期 6 ~ 12 月。产于德保。生于海拔 1500 m 以下的次生林或山坡灌丛中，少见。分布于中国广东、广西、湖南、江西、福建、台湾、湖北、贵州、云南、四川。越南、老挝、泰国、柬埔寨也有分布。

珍珠花属 Lyonia Nutt.

珍珠花

Lyonia ovalifolia (Wall.) Drude

　　灌木或小乔木。花期 5 ~ 6 月；果期 7 ~ 9 月。产于容县、上思、南宁、横县、百色、田阳、德保、靖西、那坡。生于海拔 600 ~ 1600 m 的林中或灌丛，常见。分布于中国海南、广东、广西、湖南、福建、台湾、贵州、云南、四川、西藏。泰国、马来西亚、印度、尼泊尔、不丹、巴基斯坦也有分布。

南边杜鹃

Rhododendron meridionale Tam

灌木。花期3~4月；果期10~11月。产于钦州、防城、上思。生于海拔600~1300 m的山谷林中，少见。分布于中国广西。

锦绣杜鹃

Rhododendron × pulchrum Sweet

灌木。花期4~5月；果期9~10月。玉林市、北海市、钦州市、防城港市、南宁市、崇左市、百色市有栽培。中国广东、广西、湖南、江西、福建、浙江、江苏、湖北有栽培。

猴头杜鹃（南华杜鹃）

Rhododendron simiarum Hance

灌木。花期 4 ~ 5 月；果期 7 ~ 9 月。产于防城、上思、扶绥、宁明、大新。生于海拔 500 ~ 1300 m 的山坡林中，少见。分布于中国广东、广西、湖南、江西、福建、浙江。

杜鹃（映山红）

Rhododendron simsii Planch.

灌木。花期 4 ~ 5 月；果期 6 ~ 8 月。产于容县、钦州、防城、上思。生于向阳疏林或灌丛中，少见。分布于中国海南、广东、广西、湖南、江西、福建、台湾、浙江、江苏、安徽、湖北、贵州、云南、四川。老挝、泰国、缅甸、日本也有分布。

216. 越橘科

VACCINIACEAE

越橘属 Vaccinium L.

南烛（乌饭树）

Vaccinium bracteatum Thunb.

灌木或小乔木。花期 6 ~ 7 月；果期 8 ~ 10 月。产于容县、上思、东兴。生于海拔 400 ~ 1400 m 的丘陵、山地、山坡林下或灌丛中，常见。分布于中国海南、广东、广西、湖南、江西、福建、台湾、浙江、江苏、安徽、贵州、云南、四川。越南、老挝、泰国、柬埔寨、马来西亚、印度尼西亚、日本、朝鲜也有分布。

江南越橘

Vaccinium mandarinorum Diels

灌木或小乔木。花期 4 ~ 6 月；果期 6 ~ 10 月。产于北海、合浦、上思、田阳。生于山坡灌丛、林下或林缘，常见。分布于中国广东、广西、湖南、江西、福建、浙江、江苏、安徽、湖北、贵州、云南。

221. 柿科

EBENACEAE

柿属 Diospyros L.

光叶柿

Diospyros diversilimba Merr.
& Chun

灌木或乔木。花期 4～5 月；
果期 10 月。产于北海、合浦。
生于低丘疏林中，很少见。分布
于中国海南、广西。

乌材

Diospyros eriantha Champ. ex Benth.

　　灌木或乔木。花期 7～8 月；果期 10 月至翌年 2 月。产于防城、上思、南宁、隆安、宁明、龙州、平果。生于海拔 500 m 以下的山地林中，常见。分布于中国海南、广东、广西、福建、台湾。越南、老挝、马来西亚、印度尼西亚、日本也有分布。

柿

Diospyros kaki Thunb.

　　大乔木。花期 4～6 月；果期 6～10 月。容县、灵山、横县、宁明、龙州、百色、田阳有栽培。中国南、北各地均有野生或栽培。日本、印度以及欧洲也有栽培。

李树刚柿

Diospyros leei Yan Liu, S. Shi & Y. S. Huang

　　灌木或小乔木。花期 4～5 月；果期 6～8 月。产于隆安、平果。生于海拔 240～500 m 的石灰岩林中或灌丛，很少见。分布于中国广西。

罗浮柿

Diospyros morrisiana Hance

灌木或小乔木。花期 5 ~ 6 月；果期 7 ~ 11
月。产于容县、防城、上思、东兴、南宁、隆安、
扶绥、宁明、龙州、天等、百色、平果、德保、
靖西、那坡。生于山坡林中，常见。分布于中国
海南、广东、广西、湖南、江西、福建、台湾、
浙江、贵州、云南、四川。越南、日本也有分布。

油柿

Diospyros oleifera Cheng

乔木。花期 4 ~ 5 月；果期 8 ~ 10 月。产
于龙州。野生或栽培于村中、果园、路边、河畔，
少见。分布于中国广东、广西、湖南、江西、福建、
浙江、安徽。

保亭柿

Diospyros potingensis Merr. & Chun

乔木。果期 7 ~ 8 月。产于浦北、防城、龙州。生于山谷林中或灌丛中，很少见。分布于中国海南、广东、广西。越南也有分布。

石山柿

Diospyros saxatilis S. K. Lee

灌木或小乔木。花期 4 ~ 5 月；果期 7 ~ 11 月。产于南宁、崇左、扶绥、龙州、天等、田东、平果、德保、靖西、那坡。生于石灰岩林下或灌丛中，常见。分布于中国广西、贵州。越南也有分布。

山榄叶柿

Diospyros siderophylla H. L. Li

乔木。花期 6 月；果期 10 ~ 11 月。产于隆安、崇左、龙州、大新、田阳、田东、平果、德保、靖西、那坡。生于海拔 400 ~ 500 m 的石灰岩林中，常见。分布于中国广西。

岭南柿

Diospyros tutcheri Dunn

小乔木。花期 4 ~ 5 月；果期 8 ~ 10 月。产于容县、防城、上思。生于山谷水边或山坡密林中，少见。分布于中国广东、广西、湖南。

222. 山榄科
SAPOTACEAE

梭子果属 Eberhardtia Lecomte

锈毛梭子果

Eberhardtia aurata (Pierre ex Dubard) Lecomte

乔木。花期3～4月；果期9～12月。产于钦州、上思、崇左、宁明、龙州、百色、田阳、德保、靖西、那坡。生于海拔700～1500 m的沟谷密林或山坡林中，少见。分布于中国广东、广西、云南。越南也有分布。

紫荆木属 Madhuca Ham. ex J. F. Gmel.

紫荆木

Madhuca pasquieri (Dubard) H. J. Lam

乔木。花期7～10月；果期10月至翌年2月。产于容县、陆川、钦州、防城、上思、东兴、宁明、龙州、大新、靖西。生于海拔1100 m以下的山地林中或林缘，少见。分布于中国广东、广西、云南。越南也有分布。

铁线子

Manilkara hexandra (Roxb.) Dubard

　　乔木或灌木。花期 8 ~ 12 月。产于北海、合浦。生于海岸边，少见。分布于中国海南、广东、广西。越南、泰国、柬埔寨、印度、斯里兰卡也有分布。

人心果

Manilkara zapota (L.) P. Royen

　　乔木。花、果期 4 ~ 9 月。北海、合浦、南宁有栽培。中国海南、广东、广西、云南有栽培。原产于美洲热带地区。

香榄（牛乳树）

Mimusops elengi L.

　　乔木。花期 7 ~ 8 月；果期翌年 6 ~ 7 月。北海有栽培。中国海南、广东、广西有栽培。原产于非洲热带地区。

桃榄属 Pouteria Aublet

桃榄（敏果）

Pouteria annamensis (Pierre ex Dubard) Baehni

　　乔木。花期 5 月。产于宁明、龙州、平果。生于海拔 300 ~ 1300 m 的林中或路旁，少见。分布于中国海南、广西。越南也有分布。

蛋黄果

Pouteria campechiana (Kunth) Baehni

　　小乔木。花期春季；果期秋季。北海有栽培。中国海南、广东、广西、云南有栽培。原产于南美洲。

铁榄属 Sinosideroxylon (Engl.) Aubrév.

铁榄

Sinosideroxylon pedunculatum (Hemsl.)
H. Chuang

　　乔木。花期 5 ~ 8 月。产于南宁、崇左、宁明、龙州、平果、靖西。生于海拔500 ~ 1100 m 的石灰岩密林或灌丛中，常见。分布于中国广东、广西、湖南、云南。越南也有分布。

毛叶铁榄

Sinosideroxylon pedunculatum (Hemsl.) H. Chuang var. **pubifolium** H. Chuang

　　乔木。花期 5 ~ 8 月。产于崇左、宁明、龙州、大新、天等、凭祥、田东、平果、德保、靖西、那坡。生于石灰岩山顶灌丛中，常见。分布于中国广东、广西、湖南、云南。越南也有分布。

革叶铁榄

Sinosideroxylon wightianum (Hook. & Arn.) Aubrn.

　　乔木。花期 5 ~ 7 月；果期 8 ~ 10 月。产于钦州、防城、上思、隆安、崇左、宁明、龙州、大新、天等、靖西、那坡。生于海拔 500 ~ 1500 m 的灌丛或混交林中，常见。分布于中国海南、广东、广西、贵州、云南。越南也有分布。

222A. 肉实树科

SARCOSPERMATACEAE

肉实树属 Sarcosperma Hook. f.

肉实树（水石梓）

Sarcosperma laurinum (Benth.) Hook. f.

乔木。花期 8～9 月；果期 12 月至翌年 1 月。产于博白、防城、上思、横县、那坡。生于海拔 300～500 m 的山谷或溪边林中，常见。分布于中国海南、广东、广西、福建、浙江、云南。越南也有分布。

223. 紫金牛科
MYRSINACEAE

蜡烛果属 Aegiceras Gaertn.

蜡烛果（桐花树）

Aegiceras corniculatum (L.) Blanco

　　灌木或小乔木。花期12月至翌年2月；果期10～12月。产于北海、合浦、钦州、防城。生于海岸泥滩上，常见。分布于中国海南、广东、广西、福建。太平洋岛屿以及澳大利亚也有分布。

细罗伞

Ardisia affinis Blume ex A. DC.

　　小灌木。花期 5 ~ 7 月；果期 10 月至翌年 1 月。产于防城。生于海拔 100 ~ 600 m 的石灰岩林下、溪边、路旁，少见。分布于中国广东、广西、湖南、江西。

凹脉紫金牛

Ardisia brunnescens E. Walker

　　灌木。花期4月；果期10月至翌年1月。产于防城、上思、龙州、大新、平果、那坡。生于山坡林下、山谷、灌丛，常见。分布于中国广东、广西。越南也有分布。

小紫金牛

Ardisia chinensis Benth.

　　灌木。花期4～6月；果期10～12月。产于容县、防城、上思、南宁。生于海拔300～800 m的山地林下、山谷、溪旁，少见。分布于中国广东、广西、湖南、江西、福建、台湾、浙江、四川。越南、马来西亚、日本也有分布。

朱砂根

Ardisia crenata Sims

Ardisia linangensis C. M. Hu

灌木。花期5~6月；果期9~12月。产于玉林、容县、陆川、博白、北流、合浦、钦州、防城、上思、东兴、南宁、隆安、横县、宁明、龙州、大新、天等、凭祥、田阳、平果、德保、那坡。生于海拔1500 m以下的阔叶林下，常见。分布于中国长江以南。越南、缅甸、马来西亚、印度尼西亚、菲律宾、印度、日本也有分布。

百两金

Ardisia crispa (Thunb.) A. DC.

灌木。花期4~6月；果期10月至翌年1月。产于容县、防城、南宁、凭祥、德保、靖西、那坡。生于海拔100~1600 m的山谷或山坡林下，常见。分布于中国广东、广西、湖南、江西、福建、台湾、浙江、江苏、安徽、湖北、贵州、云南、四川。越南、印度尼西亚、日本、朝鲜也有分布。

东方紫金牛

Ardisia elliptica Thunb.

灌木。花期 2 ~ 4 月；果期 9 ~ 11 月。北
海有栽培。分布于中国台湾。越南、马来西亚、
印度尼西亚、菲律宾、印度、斯里兰卡、日本也
有分布。

剑叶紫金牛

Ardisia ensifolia E. Walker

小灌木。花期 5 ~ 7 月；果期 11 月至翌年 1 月。
产于上思、宁明、平果、那坡。生于海拔 700 m
的密林下阴湿处或石缝间，少见。分布于中国广
西、云南。

狭叶紫金牛

Ardisia filiformis E. Walker

灌木。花期 3～4 月；果期 11～12 月。产于钦州、防城、上思、南宁、宁明、龙州。生于海拔 200～1000 m 的山谷密林中湿润处，少见。分布于中国广西。

走马胎

Ardisia gigantifolia Stapf

灌木或亚灌木。花期 4～6 月；果期 9～12 月。产于防城、上思、扶绥。生于海拔 1300 m 以下的山谷林下，少见。分布于中国海南、广东、广西、江西、福建、云南。越南、泰国、马来西亚、印度尼西亚也有分布。

大罗伞树

Ardisia hanceana Mez

灌木。花期5~6月；果期11~12月。产于南宁、横县、龙州、那坡。生于海拔1300 m以下的山坡林中或山谷溪旁，常见。分布于中国海南、广东、广西、湖南、江西、福建、台湾、浙江、安徽。越南也有分布。

紫金牛

Ardisia japonica (Thunb.) Blume

小灌木或亚灌木。花期4~6月；果期11月至翌年1月。产于博白、灵山、浦北、上思、南宁。生于海拔1200 m以下的山谷林下，少见。分布于中国广西、湖南、江西、福建、台湾、浙江、江苏、安徽、湖北、贵州、云南、四川、陕西。日本、朝鲜也有分布。

山血丹

Ardisia lindleyana D. Dietr.

Ardisia punctata Lindl.

灌木。花期5~7月；果期10~12月。产于玉林、北流、防城。生于海拔200~1200 m的山谷林下或溪边，少见。分布于中国海南、广东、广西、湖南、江西、福建、浙江。越南也有分布。

心叶紫金牛

Ardisia maclurei Merr.

亚灌木。花期 5 ~ 6 月；果期 6 ~ 12 月。产于防城、上思。生于海拔 200 ~ 900 m 的山坡、山谷密林下阴湿石上，少见。分布于中国海南、广东、广西、台湾。

虎舌红

Ardisia mamillata Hance

矮小灌木。花期 6 ~ 7 月；果期 4 ~ 11 月。产于容县、南宁、龙州、百色、田阳、德保、那坡。生于海拔 400 ~ 1500 m 的山谷密林下，常见。分布于中国海南、广东、广西、湖南、福建、贵州、四川。越南也有分布。

莲座紫金牛

Ardisia primulifolia Gardner & Champ.

亚灌木。花期 6 ~ 7 月；果期 11 月至翌年 5 月。产于容县、钦州、防城、上思、南宁、横县、宁明、龙州、德保。生于海拔 500 ~ 1400 m 的山坡密林下，很常见。分布于中国海南、广东、广西、湖南、江西、福建、贵州、云南。越南也有分布。

块根紫金牛

Ardisia pseudocrispa Pit.

灌木。花期 4 ~ 6 月；果期 11 ~ 12 月。产于宁明、龙州、大新、平果、德保、靖西。生于海拔 300 ~ 800 m 的石灰岩山顶、山坡林下或灌丛中，常见。分布于中国广西。越南也有分布。

罗伞树

Ardisia quinquegona Blume

Ardisia quinquegona Blume var. *hainanensis* E. Walker

Ardisia quinquegona Blume var. *oblonga* E. Walker

灌木或小乔木。花期 3 ~ 7 月；果期 8 月至翌年 2 月。产于玉林、容县、陆川、博白、北流、北海、合浦、钦州、灵山、浦北、防城、上思、东兴、隆安、横县、崇左、扶绥、宁明、龙州、大新、百色、田东、平果、靖西、那坡。生于海拔 200 ~ 1000 m 的山坡林中或溪边，很常见。分布于中国海南、广东、广西、福建、台湾、云南、四川。越南、马来西亚、印度尼西亚、印度、琉球群岛也有分布。

南方紫金牛

Ardisia thyrsiflora D. Don

灌木或小乔木。花期 3 ~ 5 月；果期 10 ~ 12 月。产于防城、上思、龙州、百色、田阳。生于海拔 600 ~ 1500 m 的山坡林中、山谷、林缘，常见。分布于中国广西、云南。缅甸、印度、尼泊尔也有分布。

雪下红

Ardisia villosa Roxb.

Ardisia villosa Roxb. var. *ambovestita* E. Walker

灌木。花期 5 ~ 7 月；果期 2 ~ 5 月。产于容县、陆川、博白、合浦、钦州、灵山、防城、上思、南宁、宁明、龙州、那坡。生于海拔 500 ~ 1500 m 的林下石缝间、坡地或路旁，常见。分布于中国海南、广东、广西、台湾、云南。马来西亚也有分布。

纽子果

Ardisia virens Kurz

灌木。花期 5 ~ 7 月；果期 10 月至翌年 3 月。产于上思、宁明、龙州、那坡。生于海拔 300 ~ 1500 m 的密林下，常见。分布于中国海南、广西、台湾、贵州、云南。越南、泰国、缅甸、印度尼西亚、印度也有分布。

酸藤子属 Embelia Burm. f.

酸藤子

Embelia laeta (L.) Mez

攀援灌木。花期 12 月至翌年 3 月；果期翌年 4 ~ 6 月。产于北海、合浦、钦州、灵山、浦北、防城、上思、东兴、南宁、隆安、崇左、扶绥、宁明、龙州、百色、那坡。生于海拔 100 ~ 1600 m 的山坡林下、林缘、草坡、灌丛，常见。分布于中国海南、广东、广西、江西、福建、台湾、云南。越南、老挝、泰国、柬埔寨也有分布。

当归藤

Embelia parviflora Wall. ex A. DC.

攀援灌木或藤本。花期 12 月至翌年 5 月；果期翌年 5 ~ 9 月。产于龙州、德保、靖西、那坡。生于海拔 300 ~ 1500 m 的林中、林缘或灌丛，少见。分布于中国海南、广东、广西、福建、浙江、贵州、云南。越南、泰国、缅甸、马来西亚、印度尼西亚、印度也有分布。

白花酸藤果

Embelia ribes Burm. f.

攀援灌木或藤本。花期 1 ~ 7 月；果期 5 ~ 12 月。产于玉林、容县、陆川、博白、北流、钦州、浦北、防城、上思、南宁、横县、扶绥、宁明、龙州、大新、百色、平果、德保、靖西、那坡。生于海拔 1500 m 以下的林下、林缘、灌丛、路边，常见。分布于中国海南、广东、广西、福建、贵州、云南、西藏。越南、老挝、泰国、柬埔寨、缅甸、马来西亚、印度尼西亚、菲律宾、印度、斯里兰卡、新几内亚也有分布。

厚叶白花酸藤果

Embelia ribes Burm. f. subsp. **pachyphylla** (Chun ex C. Y. Wu & C. Chen) Pipoly & C. Chen

攀援灌木或藤本。花期 3 ~ 4 月；果期 10 ~ 12 月。产于防城、上思、宁明、靖西、那坡。生于海拔 600 ~ 1500 m 的林下或灌丛中，少见。分布于中国海南、广东、广西、云南。越南、印度尼西亚、菲律宾也有分布。

瘤皮孔酸藤子

Embelia scandens (Lour.) Mez

攀援灌木。花期 11 月至翌年 1 月；果期 3 ~ 5 月。产于上思、南宁、龙州、百色、平果、德保、靖西。生于海拔 200 ~ 850 m 的山坡、山谷林下或灌丛中，常见。分布于中国海南、广东、广西、云南。越南、老挝、泰国、柬埔寨也有分布。

平叶酸藤子

Embelia undulata (Wall.) Mez

　　攀援灌木。花期 4 ~ 8 月；果期 11 月至翌年 1 月。产于龙州、大新、德保、靖西、那坡。生于海拔 800 ~ 1500 m 的密林、林缘或灌丛中，常见。分布于中国海南、广东、广西、湖南、江西、福建、贵州、云南、四川。越南、老挝、泰国、柬埔寨、印度、尼泊尔也有分布。

密齿酸藤子（网脉酸藤子）

Embelia vestita Roxb.

Embelia rudis Hand.-Mazz.

Embelia oblongifolia Hemsl.

　　攀援灌木。花期 10 ~ 12 月；果期 4 ~ 7 月。产于容县、上思、百色、德保。生于海拔 200 ~ 1500 m 的山坡林下、溪边或灌丛中，少见。分布于中国海南、广东、广西、湖南、江西、福建、台湾、浙江、贵州、云南、四川。越南、缅甸、印度、尼泊尔也有分布。

顶花杜茎山（中越杜茎山）

Maesa balansae Mez

　　灌木。花期 4 月；果期 5 ~ 6 月。产于宁明、龙州、大新、平果。生于疏林下、林缘或溪边，常见。分布于中国海南、广东、广西。越南也有分布。

毛穗杜茎山

Maesa insignis Chun

　　灌木。花期 1 ~ 2 月；果期 11 月。产于百色。生于山坡、丘陵疏林下，少见。分布于中国广东、广西、贵州。

腺叶杜茎山（疏花杜茎山）

Maesa membranacea A. DC.

　　大灌木。花期 12 月至翌年 2 月；果期 8 ~ 9 月。产于扶绥、龙州、靖西。生于海拔 300 ~ 1400 m 的密林下、坡地或沟边，少见。分布于中国海南、广西、云南。越南也有分布。

金珠柳

Maesa montana A. DC.

　　灌木或小乔木。花期 2～4 月；果期 10～12 月。产于防城、上思、龙州、那坡。生于海拔 400～1600 m 的山谷林下，少见。分布于中国广西、台湾、贵州、云南、四川、西藏。泰国、缅甸、印度也有分布。

鲫鱼胆

Maesa perlarius (Lour.) Merr.

　　小灌木。花期 3～4 月；果期 12 月至翌年 5 月。产于玉林、博白、防城、上思、宁明、龙州、平果。生于海拔 150～1400 m 的疏林下、灌丛中或路边，很常见。分布于中国海南、广东、广西、台湾、贵州、云南、四川。越南、泰国也有分布。

广西密花树

Myrsine kwangsiensis (E. Walker) Pipoly & C. Chen

Rapanea kwangsiensis E. Walker

　　小乔木。花期4月；果期5月。产于龙州、大新、凭祥、百色、平果、德保、靖西、那坡。生于海拔600～1000 m的山谷林中或石灰岩山坡，常见。分布于中国广西、贵州、云南、西藏。

打铁树

Myrsine linearis (Lour.) Poir.

　　小乔木。花期12月至翌年1月；果期翌年7～11月。产于陆川、合浦、防城、上思、南宁。生于山谷林中、荒坡或灌丛中，少见。分布于中国海南、广东、广西、贵州。越南也有分布。

密花树

Myrsine seguinii Lévl.

Rapanea neriifolia Mez

　　小乔木。花期 4 ~ 5 月；果期 10 ~ 12 月。产于合浦、钦州、防城、上思、东兴、南宁、宁明、龙州、大新、凭祥、田阳、平果、靖西、那坡。生于海拔 500 ~ 1600 m 的林中、林缘、路旁或灌丛中，常见。分布于中国海南、广东、广西、湖南、江西、福建、台湾、浙江、安徽、湖北、贵州、云南、四川、西藏。越南、缅甸、日本也有分布。

针齿铁仔

Myrsine semiserrata Wall.

　　小乔木。花期 2 ~ 4 月；果期 10 ~ 12 月。产于德保、那坡。生于海拔 500 ~ 1600 m 的山坡林下、路旁或沟边，少见。分布于中国广东、广西、湖南、湖北、贵州、云南、四川、西藏。缅甸、印度也有分布。

224. 安息香科
STYRACEAE

安息香属 Styrax L.

银叶安息香

Styrax argentifolius Li

乔木。花期4~5月；果期8~9月。产于防城、龙州、那坡。生于海拔500~1500 m的河谷密林中，少见。分布于中国广西、云南。越南也有分布。

中华安息香

Styrax chinensis Hu & S. Y. Liang

　　乔木。花期4～5月；果期9～11月。产于上思、南宁、龙州、平果。生于海拔300～1200 m的密林中，少见。分布于中国广西、云南。老挝也有分布。

白花龙

Styrax faberi Perkins

　　灌木。花期4～6月；果期8～10月。产于博白、上思。生于海拔100～600 m的丘陵灌丛中，常见。分布于中国广东、广西、湖南、江西、福建、台湾、浙江、江苏、安徽、湖北、贵州、四川。

栓叶安息香

Styrax suberifolius Hook. & Arn.

小乔木。花期 3 ~ 5 月；果期 9 ~ 11 月。产于上思。生于海拔 100 ~ 1000 m 的林中，少见。分布于中国海南、广东、广西、湖南、江西、福建、台湾、浙江、江苏、安徽、湖北、贵州、云南、四川。越南也有分布。

越南安息香

Styrax tonkinensis (Pierre) W. G. Craib. ex Hartwich

乔木。花期 4 ~ 6 月；果期 8 ~ 10 月。产于博白、灵山、上思、南宁、宁明、龙州、大新、凭祥、百色、田东、平果、德保、靖西、那坡。生于海拔 100 ~ 1500 m 的疏林中或林缘，常见。分布于中国海南、广东、广西、湖南、江西、福建、贵州、云南。越南、老挝、泰国、柬埔寨也有分布。

225. 山矾科
SYMPLOCACEAE

山矾属 Symplocos Jacq.

腺叶山矾

Symplocos adenophylla Wall. ex G. Don

Symplocos maclurei Merr.

乔木。花、果期 7 ~ 8 月。产于容县、钦州、防城、上思。生于海拔 200 ~ 800 m 的山谷或疏林中，常见。分布于中国海南、广东、广西、福建、云南。越南、泰国、马来西亚、印度尼西亚、菲律宾也有分布。

薄叶山矾

Symplocos anomala Brand

灌木或小乔木。花、果期 4 ~ 12 月。产于容县、上思。生于海拔 400 ~ 1300 m 的林中，常见。分布于中国海南、广东、广西、湖南、福建、台湾、浙江、江苏、安徽、湖北、贵州、云南、四川、西藏。越南、泰国、缅甸、马来西亚、印度尼西亚、日本也有分布。

越南山矾

Symplocos cochinchinensis (Lour.) S. Moore

　　灌木或乔木。产于陆川、博白、北流、钦州、浦北、防城、上思、龙州、靖西。生于海拔200～1400 m的溪边、路旁、林中，常见。分布于中国海南、广东、广西、湖南、江西、福建、台湾、浙江、江苏、贵州、云南、四川、西藏。越南、老挝、泰国、柬埔寨、缅甸、马来西亚、印度尼西亚、菲律宾、印度、斯里兰卡、日本、澳大利亚、新几内亚、太平洋岛屿也有分布。

光叶山矾

Symplocos lancifolia Sieb. & Zucc.

　　小乔木。花期3～11月；果期6～12月。产于容县、灵山、防城、上思、东兴、龙州、德保、靖西。生于海拔1200 m以下的林中，常见。分布于中国海南、广东、广西、湖南、江西、福建、台湾、浙江、湖北、贵州、云南、四川。越南、菲律宾、印度、日本也有分布。

光亮山矾

Symplocos lucida (Thunb.) Sieb. & Zucc.

灌木或乔木。花期 3 ~ 12 月；果期 5 ~ 12 月。产于容县、那坡。生于海拔 500 ~ 1500 m 的林中，少见。分布于中国海南、广东、广西、湖南、江西、福建、台湾、浙江、江苏、安徽、湖北、贵州、云南、四川、西藏、甘肃。越南、老挝、泰国、柬埔寨、缅甸、马来西亚、印度尼西亚、印度、不丹、日本也有分布。

白檀

Symplocos paniculata Miq.

Symplocos chinensis (Lour.) Druce

灌木或小乔木。花期 4 ~ 6 月；果期 9 ~ 11 月。产于容县、北海、合浦、浦北、防城、上思、东兴、南宁、隆安、横县、宁明、龙州、大新。生于海拔 700 ~ 1500 m 的山坡林下、路边，常见。分布于中国海南、广东、广西、湖南、江西、福建、浙江、江苏、安徽、贵州、云南、四川、西藏、陕西、山西、河南、山东、河北、辽宁、黑龙江。越南、老挝、缅甸、印度、不丹、日本、朝鲜也有分布。

南岭山矾

Symplocos pendula Wight var. **hirtistylis** (C. B. Clarke) Noot.

Symplocos confusa Brand

　　小乔木。花期6~8月；果期9~11月。产于防城、上思。生于海拔500~1300 m的林中，少见。分布于中国广东、广西、湖南、江西、福建、台湾、浙江、贵州、云南。越南、缅甸、马来西亚、印度尼西亚、日本也有分布。

丛花山矾（十棱山矾）

Symplocos poilanei Guill.

Symplocos chunii Merr.

　　灌木或小乔木。花期1~9月；果期10月至翌年5月。产于北海、防城、上思、东兴。生于海拔300~1300 m的林中，少见。分布于中国海南、广东、广西。越南也有分布。

珠仔树

Symplocos racemosa Roxb.

　　灌木或小乔木。花期 12 月至翌年 4 月；果期 6 月。产于北海、上思、南宁、扶绥、宁明、龙州、百色、田阳。生于海拔 100～1500 m 的林缘或灌丛，常见。分布于中国海南、广东、广西、云南、四川。越南、泰国、缅甸、印度也有分布。

山矾

Symplocos sumuntia Buch.-Ham. ex D. Don

　　乔木。花期 2～11 月；果期 4～11 月。产于合浦、防城、上思、龙州。生于海拔 100～1500 m 的林中，少见。分布于中国海南、广东、广西、湖南、江西、福建、台湾、浙江、江苏、湖北、贵州、云南、四川。越南、泰国、缅甸、马来西亚、印度、尼泊尔、不丹、日本、朝鲜也有分布。

228. 马钱科
LOGANIACEAE

醉鱼草属 Buddleja L.

白背枫

Buddleja asiatica Lour.

灌木或亚灌木。花期 1 ~ 10 月；果期 3 ~ 12 月。产于容县、博白、北流、浦北、防城、上思、南宁、隆安、扶绥、宁明、龙州、百色、田阳、平果、德保、靖西、那坡。生于海拔 200 ~ 1600 m 的山坡灌丛或疏林中，很常见。分布于中国长江以南。越南、老挝、泰国、柬埔寨、缅甸、马来西亚、印度尼西亚、菲律宾、印度、尼泊尔、不丹、孟加拉国、巴基斯坦、新几内亚也有分布。

醉鱼草

Buddleja lindleyana Fortune

灌木。花、果期 6 ~ 9 月。产于南宁、隆安、宁明、龙州。生于山地路旁、河边或林缘，常见。分布于中国海南、广东、广西、湖南、江西、福建、浙江、江苏、安徽、湖北、贵州、云南、四川。

密蒙花

Buddleja officinalis Maxim.

灌木。花期 3 ~ 4 月；果期 5 ~ 8 月。产于玉林、南宁、隆安、崇左、扶绥、龙州、百色、田阳、平果、德保、靖西、那坡。生于海拔 200 ~ 1500 m 的林缘、山坡、河边，常见。分布于中国广东、广西、湖南、福建、江苏、安徽、湖北、贵州、云南、四川、西藏、甘肃、陕西、山西、河南。越南、缅甸、不丹也有分布。

灰莉

Fagraea ceilanica Thunb.

灌木或小乔木。花期 4 ~ 8 月；果期 7 月至翌年 3 月。产于那坡。生于平地疏林或石灰岩阔叶林中，少见。分布于中国海南、广西、台湾、云南。越南、老挝、泰国、柬埔寨、缅甸、马来西亚、印度尼西亚、菲律宾、印度、斯里兰卡也有分布。

蓬莱葛属 Gardneria Wall.

蓬莱葛

Gardneria multiflora Makino

藤本或攀援灌木。花期 3 ~ 7 月；果期 7 ~ 11 月。产于龙州、那坡。生于海拔 300 ~ 1500 m 的山坡密林或灌丛中，少见。分布于中国广东、广西、湖南、江西、福建、台湾、浙江、江苏、安徽、湖北、贵州、云南、四川、陕西、河南、河北。日本也有分布。

卵叶蓬莱葛

Gardneria ovata Wall.

　　藤本。花期 3 ~ 5 月；果期 6 ~ 10 月。产于崇左、龙州、那坡。生于海拔 600 ~ 1500 m 的山地密林下，很少见。分布于中国广西、云南、西藏。泰国、马来西亚、印度尼西亚、印度、斯里兰卡也有分布。

钩吻属 Gelsemium Juss.

钩吻（断肠草）

Gelsemium elegans (Gardner & Champ.) Benth.

　　藤本。花期 5 ~ 11 月；果期 7 月至翌年 3 月。产于玉林、容县、陆川、博白、北流、北海、合浦、钦州、灵山、浦北、防城、上思、东兴、南宁、隆安、横县、崇左、扶绥、宁明、龙州、百色、田东、平果、德保、靖西、那坡。生于山坡疏林下或灌丛中，很常见。分布于中国海南、广东、广西、湖南、福建、浙江、贵州、云南。东南亚也有分布。

网子度量草

Mitreola reticulata Tirel-Roudet

　　草本。花期5～6月；果期6～7月。产于龙州、平果、靖西。生于石灰岩草丛，少见。分布于中国广西。越南也有分布。

马钱属 Strychnos L.

牛眼马钱

Strychnos angustiflora Benth.

　　藤本。花期4～6月；果期7～12月。产于博白、北海、合浦、防城。生于海拔300～800 m的山地疏林或灌丛，常见。分布于中国海南、广东、广西、福建、云南。越南、泰国、菲律宾也有分布。

229. 木犀科
OLEACEAE

流苏树属 Chionanthus L.

枝花流苏树（枝花李榄）
Chionanthus ramiflorus Roxb.
Linociera ramiflora (Roxb.) Wall. ex G. Don

　　灌木或乔木。花期12月至翌年6月；果期5月至翌年3月。产于上思、扶绥、宁明、龙州、靖西、那坡。生于海拔1500 m以下的林中或灌丛，常见。分布于中国海南、广西、台湾、贵州、云南。越南、印度、尼泊尔、澳大利亚以及太平洋岛屿也有分布。

素馨属 Jasminum L.

白萼素馨
Jasminum albicalyx Kobuski

　　攀援灌木。花期10～11月；果期3月。产于南宁、龙州、大新、天等、平果。生于低海拔山地或密林中，少见。分布于中国广西。

咖啡素馨

Jasminum coffeinum Hand.-Mazz.

藤本。花期3月；果期5月。产于崇左、扶绥、宁明、龙州、平果。生于海拔300～600 m的石灰岩密林或灌丛，少见。分布于中国广西、云南。越南也有分布。

扭肚藤

Jasminum elongatum (Bergius) Willd.

攀援灌木。花期4～12月；果期8月至翌年3月。产于容县、博白、北海、合浦、钦州、防城、上思、东兴、南宁、隆安、崇左、扶绥、宁明、龙州、百色、田阳、田东、平果、那坡。生于海拔900 m以下的林中或灌丛，常见。分布于中国海南、广东、广西、贵州、云南。越南、缅甸、马来西亚、印度尼西亚、印度、澳大利亚也有分布。

清香藤

Jasminum lanceolaria Roxb.

攀援灌木。花期4~10月；果期6月至翌年3月。产于玉林、容县、博白、合浦、钦州、上思、东兴、南宁、崇左、宁明、龙州、百色、德保、那坡。生于海拔1500 m以下的山坡、山谷密林或灌丛，常见。分布于中国海南、广东、广西、湖南、江西、福建、台湾、浙江、安徽、湖北、贵州、云南、四川、甘肃、陕西。越南、泰国、缅甸、印度、不丹也有分布。

桂叶素馨

Jasminum laurifolium Roxb. var. **brachylobum** Kurz

藤本。花期5月；果期8~12月。产于防城、上思、龙州、德保、那坡。生于海拔1200 m以下的山谷、丛林或灌丛，少见。分布于中国海南、广西、云南、西藏。缅甸、印度也有分布。

青藤仔

Jasminum nervosum
Lour.

攀援灌木。花期
5～7月；果期4～10月。
产于博白、钦州、南宁、
龙州、百色。生于海拔
1500 m以下的山坡林下
或灌丛，常见。分布于
中国海南、广东、广西、
台湾、贵州、云南、西藏。
越南、老挝、柬埔寨、
缅甸、印度、尼泊尔、
不丹也有分布。

厚叶素馨

Jasminum pentaneurum Hand.-Mazz.

攀援灌木。花期8月至翌年2月；果
期2～5月。产于玉林、容县、陆川、博
白、北流、钦州、灵山、浦北、防城、上思、
东兴、横县、宁明、龙州。生于海拔900 m
以下的山谷、灌丛或林中，少见。分布于
中国海南、广东、广西。越南也有分布。

茉莉花

Jasminum sambac (L.) Aiton

　　灌木。花期5~8月；果期7~9月。玉林市、北海市、钦州市、防城港市、南宁市、崇左市、百色市有栽培。中国南方广泛栽培。原产于印度，现世界热带、亚热带地区广泛栽培。

女贞属 Ligustrum L.

华女贞

Ligustrum lianum P. S. Hsu

　　灌木或小乔木。花期4~6月；果期7月至翌年4月。产于上思。生于海拔400~1300 m的山谷林下、灌丛或旷野，少见。分布于中国海南、广东、广西、湖南、江西、福建、浙江、贵州。

女贞

Ligustrum lucidum W. T. Aiton

　　灌木或乔木。花期 5 ~ 7 月；果期 7 月至翌年 5 月。产于德保、那坡。生于海拔 1500 m 以下的林中，少见。分布于中国海南、广东、广西、湖南、江西、福建、浙江、江苏、安徽、湖北、贵州、云南、四川、陕西。

小蜡

Ligustrum sinense Lour.

　　灌木或小乔木。花期 3 ~ 6 月；果期 9 ~ 12 月。产于容县、博白、浦北、防城、南宁、横县、龙州、平果、德保、靖西、那坡。生于海拔 200 ~ 1600 m 的山坡、山谷、溪边、路旁，很常见。分布于中国海南、广东、广西、湖南、江西、福建、台湾、浙江、江苏、安徽、湖北、贵州、云南、四川。越南也有分布。

锈鳞木犀榄

Olea europaea L. subsp. **cuspidata** (Wall. ex G. Don) Ciferri

灌木或小乔木。花期 4 ~ 8 月；果期 8 ~ 11 月。玉林市、北海市、钦州市、防城港市、南宁市、崇左市、百色市有栽培。分布于中国云南。印度、尼泊尔、巴基斯坦、阿富汗、克什米尔地区以及亚洲西南部、非洲东部与南部也有分布。

木犀属 Osmanthus Lour.

木犀（桂花）

Osmanthus fragrans (Thunb.) Lour.

灌木或乔木。花期 9 ~ 10 月；果期翌年 3 月。玉林市、北海市、钦州市、防城港市、南宁市、崇左市、百色市有栽培。原产于中国西南部，现世界各地广泛栽培。

230. 夹竹桃科
APOCYNACEAE

香花藤属 Aganosma G. Don

广西香花藤

Aganosma siamensis Craib

攀援灌木。花期 5 ~ 6 月。产于上思、南宁、崇左、平果、德保、靖西、那坡。生于海拔 300 ~ 1300 m 的山地林中或山坡灌丛，少见。分布于中国广西、云南。

黄蝉属 Allamanda L.

紫蝉花

Allamanda blanchetii A. DC.

藤状灌木。花期春季至秋季。玉林市、北海市、钦州市、防城港市、南宁市、崇左市、百色市有栽培。中国南方有栽培。原产于巴西。

软枝黄蝉

Allamanda cathartica L.

　　藤状灌木。花期春、夏季；果期冬季。玉林市、北海市、钦州市、防城港市、南宁市、崇左市、百色市有栽培。中国南方有栽培。原产于巴西。

黄蝉

Allamanda schottii Pohl

Allemanda neriifolia Hook.

　　灌木。花期 5 ~ 8 月；果期 10 ~ 12 月。玉林市、北海市、钦州市、防城港市、南宁市、崇左市、百色市有栽培。中国南方有栽培。原产于巴西。

岩生羊角棉

Alstonia rupestris Kerr

灌木。花期5~10月；果期12月。产于田东、平果、靖西。生于山地疏林中或山顶岩石上，常见。分布于中国广西。泰国也有分布。

糖胶树

Alstonia scholaris (L.) R. Br.

乔木。花期6~11月；果期10~12月。产于陆川、博白、北流、合浦、防城、上思、东兴、南宁、宁明、龙州、天等、那坡。生于海拔650 m以下的山地疏林中、路旁、水边，常见。分布于中国海南、广西、云南。越南、泰国、柬埔寨、缅甸、马来西亚、菲律宾、印度、尼泊尔、斯里兰卡、澳大利亚、新几内亚也有分布。

筋藤

Alyxia levinei Merr.

攀援灌木。花期 3 ~ 8 月；果期 8 月至翌年 6 月。产于防城、上思、南宁、宁明、龙州。生于海拔 250 ~ 400 m 的山地疏林下、山谷或水沟旁，少见。分布于中国广东、广西。

海南链珠藤

Alyxia odorata Wall. ex G. Don

Alyxia euonymifolia Tsiang

Alyxia hainanensis Merr. & Chun

藤状灌木。花期 3 ~ 10 月；果期 6 ~ 12 月。产于防城、上思、龙州。生于海拔 250 ~ 950 m 的山地、山谷疏林下或路旁，少见。分布于中国海南、广东、广西、贵州、云南、四川。泰国、缅甸也有分布。

狭叶链珠藤

Alyxia schlechteri Lévl.

藤本。果期 12 月至翌年 5 月。产于防城、上思、龙州。生于海拔 500 ~ 1200 m 的山地疏林下或灌丛中，常见。分布于中国广西、贵州、云南。泰国也有分布。

链珠藤

Alyxia sinensis Champ. ex Benth.

藤木。花期 4 ~ 9 月；果期 5 ~ 11 月。产于宁明、龙州、靖西。生于疏林或灌丛中，少见。分布于中国海南、广东、广西、湖南、江西、福建、台湾、浙江、贵州。

白长春花

Catharanthus roseus 'Albus'

　　半灌木。花、果期几全年。北海有栽培。中国西南、中南以及华东地区有栽培。原产于非洲东部，现栽培于世界热带、亚热带地区。

长春花

Catharanthus roseus (L.) G. Don

Catharanthus roseus (L.) G. Don var. *albus* G. Don

Lochnera rosea (L.) Rchb. ex Endl. var. *flava* Tsiang

　　半灌木。花期春季至秋季。玉林市、北海市、钦州市、防城港市、南宁市、崇左市、百色市有栽培。分布于中国海南、广东、广西、湖南、江西、福建、浙江、江苏、贵州、甘肃，栽培或逸为野生。原产于非洲东部，现世界热带地区广泛栽培。

海杧果

Cerbera manghas L.

乔木。花期3~10月；果期7月至翌年4月。产于北海、合浦、钦州、浦北、东兴。生于近海潮湿处，常见。分布于中国海南、广东、广西、台湾。越南、老挝、泰国、柬埔寨、缅甸、马来西亚、印度尼西亚、日本、澳大利亚以及太平洋岛屿也有分布。

蕊木属 Kopsia Blume

蕊木

Kopsia arborea Blume

Kopsia lancibracteolata Merr.

乔木。花期4~6月；果期7~12月。产于陆川、北海、钦州。生于山地林中或山谷潮湿处，少见。分布于中国海南、广东、广西、云南。越南、泰国、马来西亚、印度尼西亚、菲律宾、澳大利亚也有分布。

尖山橙

Melodinus fusiformis Champ. ex Benth.

藤本。花期 4～9 月；果期 6～12 月。产于容县、上思、南宁、龙州、靖西、那坡。生于海拔 300～1400 m 的山地疏林或山坡灌丛，少见。分布于中国广东、广西、贵州。

山橙

Melodinus suaveolens (Hance) Champ. ex Benth.

藤本。花期 5～11 月；果期 8 月至翌年 1 月。产于陆川、博白、北海、合浦、防城、上思、宁明。生于丘陵、山谷林中或石壁上，常见。分布于中国海南、广东、广西。越南也有分布。

山橙属 Melodinus J. R. Forst & G. Forst.

薄叶山橙

Melodinus tenuicaudatus Tsiang & P. T. Li

　　攀援灌木。花期 5 ~ 9 月；果期 9 月至翌年 3 月。产于防城、龙州、天等。生于海拔 750 ~ 1500 m 的山地密林或灌丛中，少见。分布于中国广西、云南。

夹竹桃属 Nerium L.

夹竹桃

Nerium oleander L.

Nerium indicum Mill.

　　灌木。花期几全年，夏、秋季尤盛；偶有冬季结果。玉林市、北海市、钦州市、防城港市、南宁市、崇左市、百色市有栽培。中国各地有栽培。原产于地中海沿岸，现广泛栽培于热带、亚热带地区。

白花夹竹桃

Nerium oleander L. 'Paihua'

灌木。花期几全年。玉林市、北海市、钦州市、防城港市、南宁市、崇左市、百色市有栽培。中国海南、广西有栽培。

鸡蛋花属 Plumeria L.

红鸡蛋花

Plumeria rubra L.

Plumeria rubra L. var. *acutifolia* (Poiret) L. H. Bailey

小乔木。花期 3 ～ 9 月；果期 7 ～ 12 月。玉林市、北海市、钦州市、防城港市、南宁市、崇左市、百色市有栽培。中国海南、广东、广西、云南有栽培。原产于南美洲，现广植于亚洲热带、亚热带地区。

鸡蛋花

Plumeria rubra L. 'Acutifolia'

　　小乔木。花期 5 ~ 10 月；果期 7 ~ 12 月。玉林市、北海市、钦州市、防城港市、南宁市、崇左市、百色市有栽培。中国海南、广东、广西、云南有栽培。原产于墨西哥，现广植于亚洲热带、亚热带地区。

帘子藤属 Pottsia Hook. & Arn.

帘子藤

Pottsia laxiflora (Blume) Kuntze

　　藤本。花期 4 ~ 8 月；果期 6 ~ 12 月。产于合浦、浦北、防城、上思、东兴、横县、龙州、百色。生于海拔 200 ~ 1500 m 的山地疏林、山谷密林或灌丛中，常见。分布于中国海南、广东、广西、湖南、江西、福建、贵州、云南。越南、老挝、泰国、柬埔寨、马来西亚、印度尼西亚、印度也有分布。

阔叶萝芙木 (风湿木)

Rauvolfia latifrons Tsiang

　　灌木。花期 5 ~ 8 月；果期 7 ~ 12 月。产于防城、龙州、靖西、那坡。生于海拔 300 ~ 800 m 的山谷溪边或路旁灌丛中，少见。分布于中国广西。

四叶萝芙木

Rauvolfia tetraphylla L.

　　灌木。花期 5 月；果期 5 ~ 8 月。南宁有栽培。中国海南、广东、广西、云南有栽培。原产于南美洲，现亚洲各地有栽培。

萝芙木

Rauvolfia verticillata (Lour.) Baill.

灌木。花期 2 ~ 10 月；果期 4 ~ 12 月。产于容县、北流、灵山、浦北、防城、东兴、南宁、隆安、横县、崇左、扶绥、宁明、龙州、大新、天等、凭祥、百色、田阳、田东、平果、德保、靖西、那坡。生于丘陵林中、林缘或溪边灌丛，很常见。分布于中国海南、广东、广西、台湾、贵州、云南。越南、泰国、柬埔寨、缅甸、马来西亚、印度尼西亚、菲律宾、印度、斯里兰卡也有分布。

羊角拗属 Strophanthus DC.

羊角拗

Strophanthus divaricatus (Lour.) Hook. & Arn.

灌木。花期 3 ~ 7 月；果期 6 月至翌年 2 月。产于容县、陆川、博白、北海、合浦、防城、上思、东兴、南宁。生于山地疏林或山坡灌丛中，常见。分布于中国海南、广东、广西、福建、贵州、云南。越南、老挝也有分布。

狗牙花

Tabernaemontana divaricata (L.) R. Br. ex Roem. & Schult.

Ervatamia divaricata (L.) Burk.

灌木。花期 6～11 月；果期秋季。北海、合浦、浦北、南宁、龙州有栽培。分布于中国云南，中国南方有栽培。亚洲热带、亚热带地区广泛栽培。

黄花夹竹桃属 Thevetia L.

黄花夹竹桃

Thevetia peruviana (Pers.) K. Schum.

乔木。花期 5～12 月；果期 8 月至翌年春季。合浦、南宁有栽培。中国海南、广东、广西、福建、台湾、云南有栽培。原产于美洲热带地区，现世界热带、亚热带地区广泛栽培。

红酒杯花

Thevetia peruviana (Pers.) K. Schum. 'Aurantiaca'

乔木。花、果期全年。北海有栽培。中国南方有栽培。

络石属 Trachelospermum Lem.

络石

Trachelospermum jasminoides (Lindl.) Lem.

Trachelospermum jasminoides (Lindl.) Lem. var. *hetexophyllum* Tsiang

木质藤本。花期 3 ~ 7 月；果期 7 ~ 12 月。产于北流、北海、合浦、钦州、防城、上思、隆安、横县、崇左、扶绥、宁明、龙州、大新、田阳、平果、德保、靖西、那坡。生于海拔 200 ~ 1300 m 的林中、林缘、溪边、路旁，很常见。分布于中国海南、广东、广西、湖南、江西、福建、台湾、浙江、江苏、安徽、湖北、贵州、云南、四川、西藏、山西、河南、山东。越南、日本、朝鲜也有分布。

杜仲藤

Urceola micrantha (Wall. ex G. Don) D. J. Middleton

Parabarium micranthum (A. DC.) Pierre

攀援灌木。花期3～6月；果期7～12月。产于容县、陆川、博白、北流、合浦、钦州、浦北、防城、上思、东兴、宁明、龙州、百色、靖西。生于海拔300～800 m的山谷、林中、灌丛、水旁，少见。分布于中国广东、广西、云南、四川。越南、印度尼西亚、尼泊尔也有分布。

酸叶胶藤

Urceola rosea (Hook. & Arn.) D. J. Middleton

Ecdysanthera rosea Hook. & Arn.

藤本。花期4～12月；果期6～12月。产于玉林、陆川、博白、北流、防城、上思、宁明、龙州、靖西。生于山谷、沟旁，常见。分布于中国海南、广东、广西、湖南、福建、台湾、贵州、云南、四川。越南、泰国、印度尼西亚也有分布。

倒吊笔

Wrightia pubescens R. Br.

Wrightia kwangtungensis Tsiang

　　乔木。花期 4 ~ 8 月；果期 8 月至翌年 2 月。产于陆川、博白、北流、钦州、浦北、防城、上思、东兴、南宁、龙州、百色。生于山地林中，常见。分布于中国海南、广东、广西、贵州、云南。越南、老挝、泰国、柬埔寨、马来西亚、印度尼西亚、菲律宾、澳大利亚也有分布。

个溥

Wrightia sikkimensis Gamble

　　乔木。花期 4 ~ 6 月；果期 6 ~ 12 月。产于防城、上思、横县、龙州、平果、那坡。生于海拔 500 ~ 1500 m 的山坡林中、路旁、山谷，常见。分布于中国广西、贵州、云南。印度也有分布。

231. 萝藦科
ASCLEPIADACEAE

马利筋属 Asclepias L.

马利筋

Asclepias curassavica L.

　　草本。花期全年；果期 8 ~ 12 月。产于博白、合浦、南宁、横县、宁明、龙州、大新、天等、百色、平果，逸为野生。生于村旁、旷野，很常见。分布于中国海南、广东、广西、湖南、江西、福建、台湾、贵州、云南、四川，栽培或逸为野生。原产于美洲热带地区。

牛角瓜属 Calotropis R. Br.

牛角瓜

Calotropis gigantea (L.) W. T. Aiton

　　灌木。花、果期 6 ~ 12 月。产于宁明、龙州。生于低海拔山坡、旷野、海边，少见。分布于中国海南、广东、广西、云南、四川。越南、老挝、泰国、缅甸、马来西亚、印度尼西亚、印度、尼泊尔、斯里兰卡、巴基斯坦以及非洲热带地区也有分布。

白花牛角瓜

Calotropis procera (Aiton) W. T. Aiton

灌木或小乔木。花期 5 ~ 12 月。北海、南宁有栽培。中国广东、广西、云南有栽培。分布于越南、泰国、缅甸、印度、尼泊尔、巴基斯坦、阿富汗以及非洲。

吊灯花属 Ceropegia L.

吊灯花

Ceropegia trichantha Hemsl.

藤本。花期 7 ~ 12 月；果期冬季至翌年春季。产于容县、陆川、北流、防城、龙州。生于海拔 400 ~ 500 m 的山谷疏林中或溪旁，少见。分布于中国海南、广东、广西、湖南、台湾、云南、四川。泰国也有分布。

刺瓜

Cynanchum corymbosum Wight

　　藤本。花期 5 ~ 10 月；果期 8 月至翌年 1 月。产于容县、北流、宁明。生于海拔 100 ~ 1200 m 的山地疏林下、溪边或灌丛中，少见。分布于中国海南、广东、广西、湖南、云南、四川。越南、老挝、柬埔寨、缅甸、马来西亚、印度也有分布。

柳叶白前

Cynanchum stauntonii (Decne.) Schltr. ex Lévl.

　　直立半灌木。花期 5 ~ 8 月；果期 9 ~ 12 月。产于防城。生于山谷潮湿地或水旁，很少见。分布于中国广东、广西、湖南、江西、福建、浙江、江苏、安徽、贵州、甘肃。

尖叶眼树莲

Dischidia australis Tsiang & P. T. Li

　　藤本。花期 3 月。产于北流、防城、南宁、隆安、龙州、大新、平果。生于海拔 500 ~ 800 m 的疏林中，常见。分布于中国广西、云南。

眼树莲

Dischidia chinensis Champ. ex Benth.

　　藤本。花期 4 ~ 5 月；果期 5 ~ 6 月。产于陆川、博白、防城、上思、南宁、龙州、靖西、那坡。生于山地林中、山谷、溪边，附生于树上或石上，常见。分布于中国海南、广东、广西。越南也有分布。

滴锡眼树莲（滴锡藤）

Dischidia tonkinensis Cost.

Dischidia alboflava Cost.

　　草本。花期 3 ~ 5 月；果期 7 ~ 12 月。产于防城、上思、南宁、龙州、靖西。生于海拔 300 ~ 1500 m 的林中或岩石上，少见。分布于中国海南、广西、贵州、云南。越南也有分布。

南山藤属 Dregea E. Mey.

南山藤

Dregea volubilis (L. f.) Benth. ex Hook. f.

　　藤本。花期 4 ~ 9 月；果期 7 ~ 12 月。产于南宁、横县、宁明、龙州、大新、百色、平果、那坡。生于海拔 500 m 以下的山地树上，少见。分布于中国海南、广东、广西、台湾、贵州、云南。越南、泰国、马来西亚、印度尼西亚、菲律宾、印度也有分布。

钉头果（气球果）

Gomphocarpus fruticosus (L.) W. T. Aiton

灌木。花期夏季；果期秋季。玉林市、北海市、
钦州市、防城港市、南宁市、崇左市、百色市有栽培。
中国南方有栽培。原产于非洲，现世界各地有栽培。

匙羹藤属 Gymnema R. Br.

匙羹藤

Gymnema sylvestre (Retz.) Schult.

藤本。花期 5 ~ 9 月；果期 10 月至翌年 1 月。产
于容县、博白、北流、北海、合浦、钦州、浦北、防城、
上思、南宁、横县、崇左、宁明、龙州、平果。生于海
拔 500 m 以下的山坡林中或灌丛，常见。分布于中国海南、
广东、广西、福建、台湾、浙江、云南。越南、印度尼
西亚、印度、澳大利亚、非洲热带地区也有分布。

灵山醉魂藤（广西醉魂藤）

Heterostemma tsoongii Tsiang

Heterostemma renchangii Tsiang

　　藤本。花期 7 月。产于灵山、龙州、平果。生于山地疏林或灌丛，常见。分布于中国海南、广西、福建。

长毛醉魂藤

Heterostemma villosum Cost.

　　藤本。花期 7 月；果期 10 月。产于龙州。生于山地疏林或灌丛，很少见。分布于中国广西、云南。越南、老挝、柬埔寨也有分布。

护耳草

Hoya fungii Merr.

攀援灌木。花期 4 ~ 9 月。产于上思、南宁、扶绥、宁明、龙州、凭祥、平果、那坡。生于海拔 300 ~ 700 m 的山地疏林，少见。分布于中国海南、广东、广西、云南。

荷秋藤

Hoya griffithii Hook. f.

Hoya lancilimba Merr.

攀援灌木。花期 8 月。产于防城、上思、龙州、百色、靖西。生于海拔 300 ~ 800 m 的林中，少见。分布于中国海南、广东、广西、贵州、云南。印度也有分布。

凸脉球兰

Hoya nervosa Tsiang & P. T. Li

藤状半灌木。花期 8 月。产于南宁、龙州、大新、靖西。生于林中树上，少见。分布于中国广西、云南。

铁草鞋（三脉球兰）

Hoya pottsii Traill

Hoya pottsii Traill var. *angustifolia* (Traill) Tsiang & P. L. Li

攀援灌木。花期 4 ~ 5 月；果期 8 ~ 10 月。产于陆川、博白。生于海拔 500 m 以下的密林中，少见。分布于中国海南、广东、广西、台湾、云南。

毛球兰

Hoya villosa Cost.

　　藤本。花期 4 ~ 6 月；果期 9 月至翌年 3 月。产于防城、隆安、宁明、龙州、大新、平果、靖西、那坡。生于海拔 400 ~ 600 m 的山谷或疏林下，常见。分布于中国广西、贵州、云南。越南、老挝、柬埔寨也有分布。

尖槐藤属 Oxystelma R. Br.

尖槐藤

Oxystelma esculentum (L. f.) Smith

　　藤本。花期 7 ~ 9 月；果期冬季。产于南宁、隆安、龙州、田东、平果。生于丘陵山地、溪边潮湿的灌丛或岩石上，少见。分布于中国广东、广西、云南。越南、老挝、泰国、柬埔寨、印度尼西亚、印度、斯里兰卡也有分布。

鲫鱼藤

Secamone elliptica R. Br.

Secamone lanceolata Blume

　　藤状灌木。花期 7 ~ 8 月；果期 9 ~ 12 月。产于合浦、钦州、浦北、东兴、龙州、百色、平果、德保。生于海拔 100 ~ 600 m 的疏林或灌丛中，常见。分布于中国海南、广东、广西、台湾、云南。越南、柬埔寨、马来西亚、印度尼西亚也有分布。

吊山桃

Secamone sinica Hand.-Mazz.

　　藤状灌木。花期 5 ~ 6 月；果期 9 ~ 10 月。产于南宁、横县、扶绥、龙州、大新、田阳、田东。生于丘陵山地疏林或灌丛中，常见。分布于中国广东、广西、贵州、云南。

暗消藤（马莲鞍）

Streptocaulon juventas (Lour.) Merr.

藤本。花期5～10月；果期8～12月。产于北海、防城、南宁、横县、宁明、龙州、百色、平果、靖西、那坡。生于海拔300～1000 m的山地林中或灌丛中，常附生于树上，很常见。分布于中国广西、贵州、云南。越南、老挝、泰国、柬埔寨、缅甸、印度尼西亚、印度也有分布。

弓果藤属 Toxocarpus Wight & Arn.

弓果藤

Toxocarpus wightianus Hook. & Arn.

藤本。花期6～9月；果期8月至翌年1月。产于陆川、博白、北海、合浦、防城。生于丘陵山地灌丛中，常见。分布于中国海南、广东、广西、贵州、云南。越南、印度也有分布。

人参娃儿藤

Tylophora kerrii Craib

攀援灌木。花期 5 ~ 8 月；果期 8 ~ 12 月。产于防城、上思、南宁、隆安、龙州、大新、天等、百色、田东、平果、那坡。生于海拔 800 m 以下的草地、山谷、溪旁或灌丛中，少见。分布于中国广东、广西、福建、贵州、云南、四川。越南、泰国、柬埔寨也有分布。

娃儿藤

Tylophora ovata (Lindl.) Hook. ex Steud.

Tylophora atrofolliculata F. P. Metcalf

Tylophora mollissima Wall. ex Wight

攀援灌木。花期 4 ~ 8 月；果期 8 ~ 12 月。产于玉林、容县、陆川、博白、北流、上思、南宁、隆安、扶绥、宁明、龙州、大新、天等、田阳、平果、德保、靖西、那坡。生于海拔 200 ~ 1000 m 的山地林中、旷野或灌丛中，常见。分布于中国海南、广东、广西、湖南、福建、台湾、贵州、云南、四川。越南、缅甸、印度、尼泊尔、巴基斯坦也有分布。

231A. 杠柳科
PERIPLOCACEAE

白叶藤属 Cryptolepis R. Br.

古钩藤

Cryptolepis buchananii Roem. & Schult.

藤本。花期 3 ~ 8 月；果期 6 ~ 12 月。产于上思、南宁、宁明、龙州、大新、百色、田阳、平果、靖西、那坡。生于海拔 500 ~ 1500 m 的山地林中，很常见。分布于中国广东、广西、贵州、云南。越南、老挝、泰国、缅甸、印度、尼泊尔、斯里兰卡、巴基斯坦也有分布。

白叶藤

Cryptolepis sinensis (Lour.) Merr.

藤本。花期 4 ~ 9 月；果期 6 ~ 12 月。产于玉林、容县、陆川、博白、北流、合浦、防城、上思、横县、龙州、靖西。生于海拔 100 ~ 800 m 的丘陵或灌丛中，常见。分布于中国海南、广东、广西、台湾、贵州、云南。越南、柬埔寨、马来西亚、印度尼西亚、印度也有分布。

232. 茜草科
RUBIACEAE

水团花属 Adina Salisb.

水团花
Adina pilulifera (Lam.) Franch. ex Drake

　　灌木或小乔木。花期6～9月；果期7～12月。产于玉林、陆川、博白、北流、合浦、钦州、浦北、防城、上思、东兴、南宁、隆安、横县、宁明、平果、德保、那坡。生于海拔200～400 m的山谷疏林下或溪边，常见。分布于中国海南、广东、广西、湖南、江西、福建、台湾、浙江、江苏、贵州、云南。越南、日本也有分布。

细叶水团花

Adina rubella Hance

　　小灌木。花、果期5～12月。产于钦州、南宁、崇左、龙州、平果。生于海拔100～600 m的溪旁、河边、沙滩等湿润地区，很常见。分布于中国广东、广西、湖南、江西、福建、浙江、江苏、陕西。朝鲜也有分布。

茜树属 Aidia Lour.

香楠

Aidia canthioides (Champ. ex Benth.) Masam.

　　灌木或小乔木。花期4～6月；果期5月至翌年2月。产于防城、上思、南宁、横县。生于海拔200～1500 m的山坡、山谷、丘陵、溪边的灌丛或林中，常见。分布于中国海南、广东、广西、福建、台湾、云南。越南、琉球群岛也有分布。

茜树

Aidia cochinchinensis Lour.

　　灌木或乔木。花期 3～6 月；果期 5 月至翌年 2 月。产于防城、上思、横县、龙州、平果。生于海拔 1500 m 以下的丘陵、山坡、山谷林下或溪边灌丛，常见。分布于中国海南、广西、云南。越南也有分布。

尖萼茜树（尖萼山黄皮）

Aidia oxyodonta (Drake) Yamazaki

Randia oxyodonta Drake

　　灌木或小乔木。花期 4～9 月；果期 5～10 月。产于合浦、灵山、防城、东兴、横县。生于海拔 100～1300 m 的林中或灌丛，少见。分布于中国海南、广东、广西。越南也有分布。

多毛茜草树

Aidia pycnantha (Drake) Tirveng.

Randia acuminatissima Merr.

灌木或乔木。花期 3 ~ 9 月；果期 4 ~ 12 月。产于钦州、浦北、南宁、扶绥、宁明、那坡。生于海拔 1200 m 以下的山坡、山谷、丘陵、旷野、溪边的灌丛或林中，常见。分布于中国海南、广东、广西、福建、云南。越南也有分布。

雪花属 Argostemma Wall.

岩雪花

Argostemma saxatile Chun & F. C. How ex W. C. Ko

草本。花期 3 月。产于防城、上思。生于海拔 600 m 的密林下潮湿处，很少见。分布于中国广西。

浓子茉莉

Benkara scandens (Thunb.) Ridsdale

Fagerlindia scandens (Thunb.) Tirveng.

　　灌木。花期 3～5 月；果期 5～12 月。产于博白、北海、防城、龙州、百色。生于低海拔丘陵或旷野灌丛中，少见。分布于中国海南、广东、广西、云南。越南也有分布。

鸡爪簕（簕茜）

Benkara sinensis (Lour.) Ridsdale

Oxyceros sinensis Lour.

　　灌木或小乔木。花期 3～12 月；果期 5 月至翌年 2 月。产于博白、上思、南宁、崇左、扶绥、宁明、龙州、大新。生于海拔 1200 m 以下的丘陵或山地林中、林缘或旷野，常见。分布于中国海南、广东、广西、湖南、福建、台湾、云南。越南、泰国、日本也有分布。

穴果木

Caelospermum truncatum (Wall.) Baill. ex K. Schum.

攀援灌木。花期 4 ~ 5 月；果期 7 ~ 9 月。产于北海、
合浦、防城、上思、德保。生于山地灌丛或疏林下，少
见。分布于中国海南、广东、广西。越南、泰国、柬埔寨、
马来西亚、印度尼西亚也有分布。

鱼骨木属 Canthium Lam.

鱼骨木

Canthium dicoccum (Gaertn.) Merr.

灌木或乔木。花期 1 ~ 8 月。产于上思、隆安、崇左、
扶绥、龙州、大新、平果、靖西、那坡。生于低海拔至
中海拔山坡林下或石灰岩山顶，很常见。分布于中国海
南、广东、广西、云南、西藏。马来西亚、印度尼西亚、
菲律宾、印度、斯里兰卡、澳大利亚也有分布。

猪肚木

Canthium horridum Blume

　　灌木。花期 4 ~ 6 月。产于博白、防城、龙州。生于海拔 500 m 以下的灌丛或林下，常见。分布于中国海南、广东、广西、云南。泰国、马来西亚、印度尼西亚、菲律宾、印度也有分布。

山石榴属 Catunaregam Wolf

山石榴

Catunaregam spinosa (Thunb.) Tirveng.

　　灌木或小乔木。花期 3 ~ 6 月；果期 5 月至翌年 1 月。产于容县、北流、钦州、防城、东兴、南宁、隆安、横县、宁明、龙州、大新、凭祥、百色、平果、德保、靖西、那坡。生于海拔 1600 m 以下的山坡、山谷、丘陵、旷野沟边的灌丛或林中，很常见。分布于中国海南、广东、广西、台湾、云南。越南、老挝、泰国、柬埔寨、缅甸、马来西亚、印度尼西亚、印度、尼泊尔、斯里兰卡、巴基斯坦以及非洲也有分布。

风箱树

Cephalanthus tetrandrus (Roxb.) Ridsd. & Bakh. f.

灌木或小乔木。花期春、夏季。产于横县、崇左、宁明、田阳、平果。生于略阴蔽的溪流河边，常见。分布于中国海南、广东、广西、湖南、江西、福建、台湾、浙江。越南、老挝、泰国、缅甸、印度、孟加拉国也有分布。

弯管花属 Chassalia Comm. ex Poir.

弯管花

Chassalia curviflora Thwaites

灌木。花期 4 ~ 6 月；果期 4 月至翌年 1 月。产于上思、龙州、百色、德保。生于低海拔林中潮湿地，常见。分布于中国海南、广东、广西、云南、西藏。越南、泰国、柬埔寨、马来西亚、印度尼西亚、新加坡、菲律宾、印度、不丹、孟加拉国、斯里兰卡也有分布。

岩上珠

Clarkella nana (Edgew.) Hook. f.

矮小草本。花、果期8月。产于隆安、大新、平果、靖西、那坡。生于潮湿岩石上，很少见。分布于中国广东、广西、贵州、云南。泰国、缅甸、印度也有分布。

咖啡属 Coffea L.

小粒咖啡

Coffea arabica L.

灌木或小乔木。花期3~4月；果期10月至翌年1月。灵山、宁明有栽培。中国海南、广东、广西、福建、台湾、贵州、云南、四川有栽培。原产于埃塞俄比亚和阿拉伯半岛。

中粒咖啡

Coffea canephora Pierre ex Froehn.

灌木或小乔木。花期 4 ~ 6 月；果期 10 ~ 12 月。北海、合浦、南宁、龙州有栽培。中国海南、广东、广西、福建、云南有栽培。原产于非洲。

流苏子属 Coptosapelta Korth.

流苏子

Coptosapelta diffusa (Champ. ex Benth.) Steenis

藤本或攀援灌木。花期 5 ~ 7 月；果期 6 ~ 12 月。产于容县、防城、上思、横县、龙州、德保。生于海拔 100 ~ 1450 m 的山地、丘陵林下或灌丛中，少见。分布于中国广东、广西、湖南、江西、福建、台湾、浙江、安徽、湖北、贵州、云南、四川。琉球群岛也有分布。

狗骨柴

Diplospora dubia (Lindl.) Masam.

灌木或乔木。花期 4 ~ 8 月；
果期 5 月至翌年 2 月。产于容县、
陆川、博白、北海、合浦、上思。
生于林中或灌丛，常见。分布于中
国海南、广东、广西、湖南、江西、
福建、台湾、浙江、江苏、安徽、云南、
四川。越南、日本也有分布。

毛狗骨柴

Diplospora fruticosa Hemsl.

灌木或乔木。花期 3 ~ 5 月；果期 6 月至翌年 2 月。产于横县、宁明、龙州、那坡。生于山坡或山谷溪边，
少见。分布于中国广东、广西、湖南、江西、湖北、贵州、云南、四川、西藏。越南也有分布。

长柱山丹

Duperrea pavettifolia (Kurz) Pit.

灌木或小乔木。花期 4 ~ 6 月；果期 9 ~ 12 月。产于东兴、宁明、龙州、靖西、那坡。生于低海拔林中，常见。分布于中国海南、广西、云南。越南、老挝、泰国、柬埔寨、缅甸也有分布。

香果树属 Emmenopterys Oliv.

香果树

Emmenopterys henryi Oliv.

乔木。花期 6 ~ 8 月；果期 8 ~ 11 月。产于大新、那坡。生于海拔 400 ~ 1600 m 的山坡、山谷林中，少见。分布于中国广西、湖南、江西、福建、浙江、江苏、安徽、湖北、贵州、云南、四川、陕西、河南、甘肃。

猪殃殃

Galium spurium L.

Galium aparine L. var.
echinospermum (Wallr.) Cuf.

藤本。花期 3～7 月；果期 4～11 月。产于钦州、那坡。生于海拔 1500 m 以下的山坡、林缘、沟边、河滩、田野、草地，少见。分布于中国各地。印度、尼泊尔、巴基斯坦、日本、朝鲜、俄罗斯以及欧洲、非洲、美洲也有分布。

栀子属 Gardenia J. Ellis

栀子

Gardenia jasminoides J. Ellis

灌木。花期 3～7 月；果期 5 月至翌年 2 月。产于玉林、容县、陆川、博白、北流、钦州、浦北、防城、上思、南宁、横县、宁明、田阳、那坡。生于海拔 1500 m 以下的山坡、山谷、丘陵、旷野、溪边的灌丛或林中，常见。分布于中国海南、广东、广西、湖南、江西、福建、台湾、浙江、江苏、安徽、湖北、贵州、云南、四川、山东、河北。越南、老挝、泰国、柬埔寨、印度、尼泊尔、不丹、巴基斯坦、日本、朝鲜也有分布。

狭叶栀子

Gardenia stenophylla Merr.

灌木。花期 4 ~ 8 月；果期 5 月至翌年 1 月。产于钦州、防城、上思、宁明。生于海拔 800 m 以下的山谷、溪边，少见。分布于中国海南、广东、广西、浙江、安徽。越南也有分布。

长隔木属 Hamelia Jacq.

长隔木

Hamelia patens Jacq.

灌木。花期 5 ~ 10 月。玉林市、北海市、钦州市、防城港市、南宁市、崇左市、百色市有栽培。中国南部、西南部有栽培。原产于中美洲、南美洲。

耳草

Hedyotis auricularia L.

草本。花、果期 3 ~ 9 月。产于玉林、容县、钦州、南宁、横县、宁明、龙州、平果。生于海拔 100 ~ 1300 m 的林缘、灌丛或草地上，常见。分布于中国海南、广东、广西、贵州、云南。越南、泰国、缅甸、马来西亚、菲律宾、印度、尼泊尔、斯里兰卡、日本、澳大利亚也有分布。

细叶亚婆潮

Hedyotis auricularia L. var. **mina** W. C. Ko

平卧草本。花期几全年。产于北海、防城、东兴。生于海拔 200 m 以下的湿润旷地、溪旁、海滨，少见。分布于中国海南、广东、广西。

剑叶耳草

Hedyotis caudatifolia Merr.
& F. P. Metcalf

灌木。花期 5 ~ 6 月。产于玉林、容县、博白、钦州、上思、东兴。生于林下草地或悬崖石壁上，常见。分布于中国广东、广西、湖南、江西、福建、浙江。

金毛耳草

Hedyotis chrysotricha (Palib.) Merr.

草本。花期几全年。产于玉林、博白、崇左、大新。生于海拔 100 ~ 900 m 的山谷林下或山坡灌丛中，常见。分布于中国海南、广东、广西、湖南、江西、福建、台湾、浙江、江苏、安徽、湖北、贵州、云南。菲律宾、日本也有分布。

伞房花耳草

Hedyotis corymbosa (L.) Lam.

    披散草本。花、果期几全年。产于北海、合浦、防城、南宁。生于湿润草地上，少见。分布于中国海南、广东、广西、福建、浙江、贵州、四川。亚洲热带地区以及非洲、美洲也有分布。

白花蛇舌草

Hedyotis diffusa Willd.

    披散草本。花、果期 5 ~ 10 月。产于玉林、上思、南宁、横县。生于海拔 900 m 以下的田野、湿润旷地上，常见。分布于中国海南、广东、广西、福建、台湾、安徽、云南。泰国、马来西亚、印度尼西亚、菲律宾、尼泊尔、不丹、孟加拉国、斯里兰卡、日本也有分布。

牛白藤

Hedyotis hedyotidea (DC.) Merr.

　　藤状灌木。花、果期 4 ~ 12 月。产于玉林市、北海市、钦州市、防城港市、南宁市、崇左市、百色市。生于海拔 200 ~ 1000 m 的丘陵坡地或沟谷灌丛，很常见。分布于中国海南、广东、广西、福建、台湾、贵州、云南。越南、泰国、柬埔寨也有分布。

松叶耳草

Hedyotis pinifolia Wall. ex G. Don

　　草本。花期 5 ~ 11 月；果期 4 ~ 11 月。产于玉林、陆川、钦州、那坡。生于海拔 400 m 以下丘陵旷地或海滨沙地上，少见。分布于中国海南、广东、广西、福建、台湾、云南。越南、泰国、缅甸、马来西亚、印度、尼泊尔也有分布。

阔托叶耳草

Hedyotis platystipula Merr.

草本。花期 5 ~ 8 月；果期 9 月。产于防城、上思。生于山谷密林下、溪旁岩石上，很少见。分布于中国广东、广西。

翅果耳草

Hedyotis pterita Blume

草本。花期 7 ~ 10 月。产于南宁、崇左、扶绥、龙州、大新、平果。生于灌丛或荒地上，少见。分布于中国广东、广西。越南、泰国、马来西亚、菲律宾、印度也有分布。

长节耳草

Hedyotis uncinella Hook. & Arn.

草本。花、果期4~9月。产于玉林、防城、南宁、龙州、大新、平果。生于海拔200~1200 m的干旱旷地,常见。分布于中国海南、广东、广西、湖南、福建、台湾、贵州、云南。缅甸、印度也有分布。

粗叶耳草

Hedyotis verticillata (L.) Lam.

草本。花、果期3~11月。产于防城、龙州、百色、平果。生于海拔200~1500 m的丘陵疏林下、路旁、草丛,常见。分布于中国海南、广东、广西、福建、台湾、浙江、贵州、云南。越南、泰国、缅甸、马来西亚、印度尼西亚、新加坡、菲律宾、印度、尼泊尔、不丹、孟加拉国、日本也有分布。

龙船花

Ixora chinensis Lam.

　　灌木。花期 5 ~ 7 月或 12 月；果期 9 ~ 10 月。产于博白、合浦、防城、东兴、南宁。生于海拔 200 ~ 800 m 的山地疏林下、灌丛、山坡、旷野，少见。分布于中国海南、广东、广西、福建、台湾。越南、马来西亚、印度尼西亚、菲律宾也有分布。

海南龙船花

Ixora hainanensis Merr.

　　灌木。花期 5 ~ 11 月。产于北海。生于低海拔密林下或山谷湿润处，很少见。分布于中国海南、广东，广西首次记录。

白花龙船花

Ixora henryi Lévl.

灌木。花期 4 ～ 12 月；果期 5 ～ 7 月。产于防城、上思、横县、宁明、龙州、德保。生于海拔 500 ～ 1500 m 的阔叶林下、林缘或溪旁潮湿岩石上，常见。分布于中国海南、广东、广西、贵州、云南。越南、泰国也有分布。

红芽大戟属 Knoxia L.

假红芽大戟（红芽大戟）

Knoxia sumatrensis (Retz.) DC.

Knoxia corymbosa Willd.

草本。花期 7 ～ 8 月；果期 10 ～ 11 月。产于上思、南宁、龙州、大新、田东、平果。生于低海拔旷野草丛中，常见。分布于中国海南、广东、广西、福建、台湾、贵州。越南、泰国、缅甸、马来西亚、印度尼西亚、菲律宾、印度、尼泊尔、澳大利亚、新几内亚、琉球群岛也有分布。

粗叶木

Lasianthus chinensis (Champ. ex Benth.) Benth.

灌木。花期 5 ~ 6 月；果期 9 ~ 10 月。产于陆川、合浦、防城、上思、南宁、宁明、龙州。生于海拔 100 ~ 900 m 的密林下湿润处或林缘，常见。分布于中国海南、广东、广西、福建、台湾。越南、老挝、泰国、柬埔寨、马来西亚、菲律宾也有分布。

长梗粗叶木

Lasianthus filipes Chun ex H. S. Lo

灌木。花期 4 月。产于防城、那坡。生于海拔 500 ~ 1500 m 的山地林下或灌丛中，少见。分布于中国海南、广东、广西、福建、云南。越南也有分布。

罗浮粗叶木

Lasianthus fordii Hance

灌木。花期春季；果期秋季。产于浦北、上思、宁明、龙州、靖西。生于海拔200～1000 m的林缘或密林下，常见。分布于中国海南、广东、广西、福建、台湾、云南。越南、泰国、柬埔寨、印度尼西亚、菲律宾、日本、巴布亚新几内亚也有分布。

台湾粗叶木

Lasianthus formosensis Matsum.

灌木。花期10～12月；果期翌年4月。产于钦州、上思、宁明、龙州、田阳。生于海拔500～1000 m的密林下或林缘，常见。分布于中国海南、广东、广西、台湾、云南。越南、泰国、日本也有分布。

文山粗叶木

Lasianthus hispidulus (Drake) Pit.
Lasianthus bunzanensis Simizu

　　灌木。产于那坡。生于海拔 300～600 m 的阔叶林下，少见。分布于中国海南、广东、广西、台湾、云南。越南、泰国、马来西亚、印度尼西亚、日本也有分布。

日本粗叶木

Lasianthus japonicus Miq.

　　灌木。花期 4～6 月；果期 6～10 月。产于容县、龙州。生于海拔 200～1000 m 的林下，少见。分布于中国广东、广西、湖南、江西、福建、台湾、浙江、安徽、湖北、贵州、云南、四川、西藏。越南、老挝、印度、日本也有分布。

斜脉粗叶木

Lasianthus verticillatus (Lour.) Merr.
Lasianthus obliquinervis Merr.

灌木。花期 4 ~ 5 月；果期 10 ~ 11 月。产于上思。生于海拔 100 ~ 1000 m 的密林下，少见。分布于中国海南、广东、广西、台湾、云南。越南、老挝、泰国、柬埔寨、缅甸、马来西亚、印度尼西亚、菲律宾、印度、琉球群岛也有分布。

野丁香属 Leptodermis Wall.

卵叶野丁香

Leptodermis ovata H. Winkl.

灌木。花期 6 ~ 12 月；果期 8 月至翌年 1 月。产于龙州、平果。生于海拔 300 ~ 500 m 的山坡旷地或疏林下，少见。分布于中国广东、广西、云南。

滇丁香

Luculia pinceana Hook.

灌木或乔木。花、果期3～12月。产于田阳、平果、德保、靖西、那坡。生于海拔400～1600 m的山坡、山谷、溪畔的林下或灌丛中，常见。分布于中国广西、贵州、云南、西藏。越南、缅甸、印度、尼泊尔也有分布。

盖裂果属 Mitracarpus Zucc.

盖裂果

Mitracarpus hirtus (L.) DC.

草本。花、果期4～11月。产于北海、合浦、百色。生于路边荒地，很少见。分布于中国海南、广东、广西、云南。原产于安的列斯群岛和美洲，归化于亚洲、澳大利亚、太平洋岛屿和非洲热带地区。

巴戟天

Morinda officinalis F. C. How

藤本。花期 5 ~ 7 月；果期 10 ~ 11 月。产于上思、宁明、德保。生于海拔 200 ~ 800 m 的林下、山谷潮湿处，很少见。分布于中国海南、广东、广西、福建。

鸡眼藤（细叶巴戟天）

Morinda parvifolia Bartl. ex DC.

攀援灌木。花期 4 ~ 6 月；果期 6 ~ 8 月。产于北海、合浦、钦州、防城。生于海拔 400 m 以下的疏林或灌丛中，常见。分布于中国海南、广东、广西、江西、福建、台湾。越南、菲律宾也有分布。

羊角藤

Morinda umbellata L. subsp. **obovata** Y. Z. Ruan

　　攀援灌木。花期 6 ~ 7 月；果期 10 ~ 11 月。产于容县、博白、防城、上思、南宁、龙州。生于海拔 300 ~ 1200 m 的山地林下、林缘、溪畔或灌丛中，常见。分布于中国海南、广东、广西、湖南、江西、福建、台湾、浙江、江苏、安徽。

玉叶金花属 Mussaenda L.

展枝玉叶金花

Mussaenda divaricata Hutch.

　　攀援灌木。花期 5 ~ 9 月；果期 9 ~ 10 月。产于南宁、龙州、平果。生于河岸灌丛或荒野，少见。分布于中国广东、广西、湖北、贵州、云南、四川。越南也有分布。

楠藤

Mussaenda erosa Champ.

攀援灌木。花期 4 ~ 7 月；果期 9 ~ 12 月。
产于博白、防城、上思、横县、龙州、凭祥、田阳、
那坡。生于海拔 300 ~ 800 m 的疏林或灌丛中，
常见。分布于中国海南、广东、香港、广西、福建、
台湾、贵州、云南、四川。越南以及琉球群岛也
有分布。

粗毛玉叶金花

Mussaenda hirsutula Miq.

攀援灌木。花期 4 ~ 6 月；果期 7 月至翌年
1 月。产于龙州、平果。生于海拔 300 ~ 800 m
的山谷、溪边或灌丛中，少见。分布于中国海南、
广东、广西、湖南、贵州、云南。

广西玉叶金花

Mussaenda kwangsiensis Li

攀援灌木。花期 9 月至翌年 1 月。产于平果。生于山谷溪畔疏林下,少见。分布于中国广西。

玉叶金花

Mussaenda pubescens
W. T. Aiton

攀援灌木。花期
4~7 月;果期 7~12 月。
产于玉林市、北海市、钦
州市、防城港市、南宁市、
崇左市、百色市。生于海
拔 100~900 m 的山坡、
溪谷、灌丛、村旁,很
常见。分布于中国海南、
广东、广西、湖南、江
西、福建、台湾、浙江。
越南也有分布。

大叶白纸扇

Mussaenda shikokiana Makino

Mussaenda esquirolii Lévl.

灌木。花期 5 ~ 7 月；果期 7 ~ 10 月。产于容县、北流、龙州、百色、那坡。生于海拔 400 m 的山地疏林下或路旁，少见。分布于中国广东、广西、湖南、江西、福建、浙江、安徽、湖北、贵州、四川。

腺萼木属 Mycetia Reinw.

华腺萼木

Mycetia sinensis (Hemsl.) Craib

灌木。花期 7 ~ 8 月；果期 9 ~ 11 月。产于容县、防城、龙州、那坡。生于海拔 200 ~ 1000 m 的沟谷、溪边或路旁，少见。分布于中国海南、广东、广西、湖南、江西、福建、云南。

密脉木

Myrioneuron faberi Hemsl.

草本或灌木状。花期 8 月；果期 10 ~ 12 月。产于百色、德保、那坡。生于海拔 500 ~ 1500 m 的林下或山谷溪边，少见。分布于中国广西、湖南、湖北、贵州、云南、四川。

越南密脉木

Myrioneuron tonkinense Pit.

草本或半灌木。花期 6 ~ 8 月；果期 10 ~ 12 月。产于防城、宁明、龙州、那坡。生于海拔 1400 m 以下的密林下，少见。分布于中国海南、广东、广西、云南。越南也有分布。

团花（黄梁木）

Neolamarckia cadamba (Roxb.) Bosser

　　大乔木。花、果期 6～11 月。产于东兴、宁明、龙州。生于山谷溪边或阔叶林中，少见。分布于中国广东、广西、云南。越南、泰国、缅甸、马来西亚、印度、不丹、斯里兰卡也有分布。

蛇根草属 Ophiorrhiza L.

广州蛇根草

Ophiorrhiza cantonensis Hance

　　草本或半灌木。花期冬、春季；果期春、夏季。产于防城、上思、扶绥、宁明、龙州、那坡。生于山谷密林下湿润处，常见。分布于中国海南、广东、广西、贵州、云南、四川。

日本蛇根草

Ophiorrhiza japonica Blume

　　草本。花期冬季；果期春、夏季。产于防城、龙州、百色、那坡。生于林下沟谷沃土上，常见。分布于中国海南、广东、广西、湖南、江西、福建、台湾、浙江、安徽、湖北、贵州、云南、四川。越南、日本也有分布。

变黑蛇根草

Ophiorrhiza nigricans H. S. Lo

　　草本。花期 8 月。产于龙州、百色。生于林下，常见。分布于中国广西、云南。

鸡矢藤

Paederia foetida L.

Paederia scandens (Lour.) Merr.

Paederia scandens (Lour.) Merr. var. *tomentosa* (Blume) Hand.-Mazz.

藤本。花期 5 ~ 7 月；果期 7 ~ 12 月。产于容县、博白、合浦、钦州、防城、东兴、南宁、宁明、龙州、平果、那坡。生于海拔 200 ~ 1600 m 的林下、林缘或灌丛，常见。分布于中国海南、广东、广西、江西、福建、台湾、浙江、江苏、安徽、湖北、贵州、云南、四川、甘肃、山西、河南、山东。越南、老挝、泰国、柬埔寨、缅甸、马来西亚、印度尼西亚、菲律宾、印度、尼泊尔、不丹、孟加拉国、日本、朝鲜也有分布。

云桂鸡矢藤

Paederia spectatissima H. Li ex C. Puff

藤本。花、果期 6 ~ 10 月。产于防城、东兴、靖西。生于海拔 600 ~ 1000 m 的疏林下，少见。分布于中国广西、云南。越南也有分布。

云南鸡矢藤

Paederia yunnanensis (Lévl.) Rehd.

　　藤本。花期 6 ~ 10 月；果期 7 ~ 12 月。产于龙州、田阳、平果。生于海拔 300 ~ 1200 m 的山谷林缘，少见。分布于中国广西、贵州、云南、四川。越南也有分布。

大沙叶属 Pavetta L.

大沙叶

Pavetta arenosa Lour.

　　灌木。花期 4 ~ 5 月；果期 10 ~ 11 月。产于博白、合浦、灵山。生于低海拔疏林中，常见。分布于中国海南、广东、广西。越南也有分布。

香港大沙叶（广东大沙叶）

Pavetta hongkongensis Bremek.

灌木或小乔木。花期 3 ~ 7 月；果期 7 ~ 11 月。产于北海、防城、龙州、凭祥。生于海拔 200 ~ 1300 m 的灌丛中，常见。分布于中国海南、广东、广西、云南。越南也有分布。

五星花属 Pentas Benth.

五星花

Pentas lanceolata (Forssk.) K. Schum.

亚灌木。花期夏、秋季。玉林市、北海市、钦州市、防城港市、南宁市、崇左市、百色市有栽培。中国海南、广东、广西有栽培。原产于阿拉伯半岛以及非洲。

绢冠茜

Porterandia sericantha (W. C. Chen) W. C. Chen

　　灌木或乔木。花期5～6月；果期8月至翌年1月。产于龙州、大新、百色、平果、德保、靖西、那坡。生于海拔300～1500 m的山坡、山谷溪边林中或灌丛中，少见。分布于中国广西、云南。

南山花属 Prismatomeris Thwaites

四蕊三角瓣花

Prismatomeris tetrandra (Roxb.) K. Schum.

Prismatomeris connata Y. Z. Ruan

Prismatomeris tetrandra (Roxb.) K. Schum.

subsp. *multiflora* (Ridley) Y. Z. Ruan

　　灌木或小乔木。花期5～9月；果期9～12月。产于陆川、博白、北海、合浦、钦州、灵山、浦北、防城、上思、东兴、南宁、横县、宁明、百色。生于海拔300～1400 m的林下或灌丛中，常见。分布于中国海南、广东、广西、福建、云南。越南、泰国、柬埔寨、印度也有分布。

九节

Psychotria asiatica L.

Psychotria rubra (Lour.) Poir.

　　灌木或小乔木。花、果期几全年。产于博白、钦州、灵山、防城、上思、横县、扶绥、宁明、龙州、大新、百色、平果、靖西、那坡。生于海拔 1500 m 以下的平地、丘陵、山坡、山谷溪边的林下或灌丛中，很常见。分布于中国海南、广东、广西、湖南、福建、台湾、浙江、贵州、云南。越南、老挝、泰国、柬埔寨、马来西亚、印度、日本也有分布。

驳骨九节

Psychotria prainii Lévl.

Psychotria siamica (Craib) Hutch.

　　灌木。花期 5 ~ 8 月；果期 7 ~ 11 月。产于龙州、大新、百色、平果、德保、靖西、那坡。生于海拔 200 ~ 1600 m 的山坡、山谷溪边林下或灌丛中，常见。分布于中国广东、广西、贵州、云南。越南、老挝、泰国也有分布。

蔓九节（匍匐九节）

Psychotria serpens L.

匍匐草本。花期 4～6 月；果期全年。产于陆川、博白、北海、合浦、钦州、防城、上思、东兴、龙州。生于海拔 1400 m 以下的平地、丘陵、山地、山谷溪边的林下或灌丛中，常见。分布于中国海南、广东、广西、福建、台湾、浙江。越南、老挝、泰国、柬埔寨、日本、朝鲜也有分布。

假九节

Psychotria tutcheri Dunn

灌木。花期 4～7 月；果期 6～12 月。产于防城、上思、宁明、龙州。生于海拔 200～1000 m 的山坡、山谷溪边的林下或灌丛中，少见。分布于中国海南、广东、广西、福建、云南。越南也有分布。

墨苜蓿

Richardia scabra L.

匍匐草本。花期 2 ~ 11 月。产于北海、合浦，逸为野生。生于海拔 200 m 以下的潮湿沙质土上或海边草地上，少见。分布于中国海南、广东，广西首次记录，逸为野生。原产于中美洲、南美洲。

茜草属 Rubia L.

金剑草

Rubia alata Roxb.

藤本。花期 5 ~ 8 月；果期 8 ~ 11 月。产于玉林、龙州、百色、田阳、平果、靖西、那坡。生于海拔 1500 m 以下的山坡林缘、灌丛、村边、路旁，常见。分布于中国广东、广西、江西、福建、浙江、安徽、湖北、贵州、云南、四川、甘肃、陕西、山西、河南。尼泊尔也有分布。

东南茜草

Rubia argyi (Lévl. & Vant.) H. Hara ex Lauener

　　藤本。花期 7 ~ 10 月；果期 8 ~ 11 月。产于容县、南宁。生于林缘或灌丛，少见。分布于中国广东、广西、湖南、江西、福建、台湾、浙江、江苏、安徽、湖北、四川、陕西、河南。日本、朝鲜也有分布。

多花茜草

Rubia wallichiana Decne.

　　藤本。花期 8 ~ 10 月；果期 8 ~ 12 月。产于浦北。生于海拔 300 ~ 1100 m 的林下、林缘或灌丛，少见。分布于中国海南、广东、广西、湖南、江西、云南、四川、西藏。印度、尼泊尔、不丹也有分布。

弄岗越南茜

Rubovietnamia nonggangensis F. J. Mou & D. X. Zhang

灌木或小乔木。花期 4 ~ 5 月；果期 6 ~ 8 月。产于龙州。生于海拔 200 ~ 400 m 的石灰岩密林下，很少见。分布于中国广西。

裂果金花属 Schizomussaenda Li

裂果金花

Schizomussaenda henryi (Hutch.) X. F. Deng & D. X. Zhang
Schizomussaenda dehiscens (Craib) Li

灌木。花期 5 ~ 10 月；果期 7 ~ 12 月。产于防城、上思、东兴、扶绥、宁明、龙州、大新、平果、靖西、那坡。生于海拔 100 ~ 1000 m 的山坡林下或林缘，常见。分布于中国广东、广西、云南。越南、老挝、泰国、缅甸也有分布。

六月雪

Serissa japonica (Thunb.) Thunb.

灌木。花期4~10月；果期6~11月。产于合浦。生于丘陵疏林或河边，少见。分布于中国广东、广西、江西、福建、台湾、浙江、江苏、安徽、云南、四川。越南、日本也有分布。

白马骨

Serissa serissoides (DC.) Druce

灌木。花期4~6月。产于北海、南宁、龙州。生于荒地或草坪，很少见。分布于中国广东、广西、江西、福建、台湾、浙江、江苏、安徽、湖北。日本也有分布。

鸡仔木

Sinoadina racemosa (Sieb. & Zucc.) Ridsdals

灌木或小乔木。花、果期 5 ~ 12 月。产于龙州、百色、平果、靖西。生于海拔 300 ~ 1000 m 的石灰岩疏林中，常见。分布于中国海南、广东、广西、湖南、江西、台湾、浙江、江苏、安徽、贵州、云南、四川。泰国、缅甸、日本也有分布。

丰花草属 Spermacoce L.

阔叶丰花草

Spermacoce alata Aubl.

Borreria latifolia (Aubl.) K. Schum.

草本。花、果期 5 ~ 7 月。产于玉林市、北海市、钦州市、防城港市、南宁市、崇左市、百色市，逸为野生。生于低海拔山地路旁，很常见。分布于中国海南、广东、广西，逸为野生。原产于南美洲。

糙叶丰花草

Spermacoce hispida L.

Borreria hispida (L.) K. Schum.

    草本。花、果期 3 ~ 12 月。产于北海。生于低海拔的空旷沙地上，少见。分布于中国海南、广东、广西、福建、台湾。越南、马来西亚、印度尼西亚、菲律宾、印度、斯里兰卡、澳大利亚也有分布。

螺序草属 Spiradiclis Blume

焕镛螺序草

Spiradiclis chuniana R. J. Wang

    草本。花、果期 8 ~ 9 月。产于龙州。生于海拔 400 m 的石灰岩山坡阴湿处，很少见。分布于中国广西。

红花螺序草

Spiradiclis coccinea H. S. Lo

草本。花期8月。产于龙州、凭祥。生于密林下岩石上，很少见。分布于中国广西。

匙叶螺序草

Spiradiclis spathulata X. X. Chen & C. C. Huang

草本。花期4~6月；果期6~8月。产于宁明、龙州。生于阴处岩石上，很少见。分布于中国广西。

毛螺序草

Spiradiclis villosa X. X. Chen & W. L. Sha

草本。花期 2 ~ 4 月；果期 4 ~ 7 月。产于龙州、大新。生于石灰岩林下，很少见。分布于中国广西。

乌口树属 Tarenna Gaertn.

假桂乌口树

Tarenna attenuata (Hook. f.) Hutch.

灌木或小乔木。花期 4 ~ 11 月；果期 5 月至翌年 1 月。产于容县、防城、扶绥、宁明、龙州、大新、凭祥、田阳、平果、德保、靖西。生于海拔 1200 m 以下的丘陵、山地、旷野、沟边的林下或灌丛，很常见。分布于中国海南、广东、广西、云南。越南、泰国、柬埔寨、印度也有分布。

白皮乌口树

Tarenna depauperata Hutch.

灌木或小乔木。花期 4~11 月；果期 4 月至翌年 1 月。产于钦州、防城、扶绥、龙州、平果、靖西。生于海拔 200~1500 m 的丘陵、山地、溪边的林下或灌丛，少见。分布于中国广东、广西、江苏、贵州、云南。越南也有分布。

披针叶乌口树

Tarenna lancilimba W. C. Chen

灌木或乔木。花期 4~6 月；果期 6 月至翌年 1 月。产于上思、南宁。生于海拔 100~1000 m 的山地林下或灌丛，少见。分布于中国海南、广西。越南也有分布。

白花苦灯笼（密毛乌口树）

Tarenna mollissima (Hook. & Arn.) B. L. Rob.

　　灌木或小乔木。花期 5 ~ 7 月；果期 5 月至翌年 2 月。产于容县、上思、横县、龙州、凭祥。生于海拔 200 ~ 1100 m 的山地、丘陵、沟边的林中或灌丛中，少见。分布于中国海南、广东、广西、湖南、江西、福建、浙江、贵州。越南也有分布。

岭罗麦属 Tarennoidea Tirveng. & Sastre

岭罗麦

Tarennoidea wallichii (Hook. f.) Tirveng. & Sastre

　　乔木。花期 3 ~ 6 月；果期 7 月至翌年 2 月。产于崇左、龙州、那坡。生于海拔 300 ~ 1500 m 的丘陵、山坡、山谷溪边的林下或灌丛，很少见。分布于中国海南、广东、广西、贵州、云南。越南、泰国、柬埔寨、缅甸、马来西亚、印度尼西亚、菲律宾、印度、尼泊尔、不丹、孟加拉国也有分布。

毛钩藤

Uncaria hirsuta Havil.

藤本。花、果期 1 ~ 12 月。产于容县、龙州、那坡。生于海拔 100 ~ 500 m 的山谷林下溪畔或灌丛中，少见。分布于中国海南、广东、广西、福建、台湾、贵州。

大叶钩藤

Uncaria macrophylla Wall.

木质藤本。花期 7 ~ 12 月；果期 3 ~ 4 月或 9 ~ 11 月。产于博白、上思、龙州、大新、百色、靖西。生于疏林或灌丛中，常见。分布于中国海南、广东、广西、云南。越南、老挝、泰国、缅甸、印度、不丹、孟加拉国也有分布。

钩藤

Uncaria rhynchophylla (Miq.) Miq. ex Havil.

藤本。花、果期 5 ~ 12 月。产于容县、北流、合浦、钦州、上思、南宁、宁明、龙州、大新、百色、德保、那坡。生于山谷溪边的疏林或灌丛中，常见。分布于中国海南、广东、广西、湖南、江西、福建、贵州。日本也有分布。

侯钩藤

Uncaria rhynchophylloides F. C. How

藤本。花、果期 5 ~ 12 月。产于博白、上思。生于海拔 500 ~ 800 m 的林中或林缘，少见。分布于中国广东、广西。

白钩藤

Uncaria sessilifructus Roxb.

大藤本。花、果期 3 ~ 12 月。产于防城、扶绥、龙州、那坡。生于海拔 300 ~ 1500 m 的密林下或山谷灌丛中，少见。分布于中国广西、云南。越南、老挝、缅甸、印度、尼泊尔、不丹、孟加拉国也有分布。

尖叶木属 Urophyllum Jack ex Wall.

尖叶木

Urophyllum chinense Merr. & Chun

灌木或小乔木。花期 6 ~ 8 月；果期 8 ~ 10 月。产于博白、钦州、防城、上思、东兴、宁明、龙州。生于海拔 400 ~ 900 m 的山地丛林中，常见。分布于中国广东、广西、云南。越南也有分布。

龙州水锦树

Wendlandia oligantha W. C. Chen

灌木或乔木。花期 7 ~ 8 月；果期 8 ~ 12 月。产于龙州、平果、德保、靖西。生于海拔 300 ~ 1000 m 的山谷林中或灌丛，少见。分布于中国广西。

水锦树

Wendlandia uvariifolia Hance

灌木或乔木。花期 1 ~ 5 月；果期 4 ~ 10 月。产于玉林市、北海市、钦州市、防城港市、南宁市、崇左市、百色市。生于海拔 100 ~ 1200 m 的山地林中、林缘、溪边、灌丛，很常见。分布于中国海南、广东、广西、台湾、贵州、云南。越南也有分布。

长梗岩黄树

Xanthophytum balansae (Ritard) H. S. Lo

灌木。花、果期 7 ~ 10 月。产于防城、上思。生于溪边密林下，很少见。分布于中国广西。越南也有分布。

岩黄树

Xanthophytum kwangtungense (Chun & F. C. How) H. S. Lo

灌木。花期 5 月；果期 7 ~ 10 月。产于钦州、防城、上思、东兴。生于林下潮湿处，少见。分布于中国广西、云南。越南也有分布。

233. 忍冬科
CAPRIFOLIACEAE

忍冬属 Lonicera L.

华南忍冬

Lonicera confusa DC.

藤本。花期 4 ~ 5 月或 9 ~ 10 月；果期 10 月。产于陆川、博白、北流、防城、上思、南宁、横县、龙州。生于海拔 800 m 以下的丘陵、山坡、旷野，常见。分布于中国海南、广东、广西。越南、印度尼西亚、尼泊尔也有分布。

菰腺忍冬

Lonicera hypoglauca Miq.

藤本。花期 4 ~ 6 月；果期 10 ~ 11 月。产于玉林、容县、南宁、隆安、横县、崇左、龙州、大新、凭祥、田阳、平果、德保、靖西。生于海拔 150 ~ 1600 m 的疏林下或灌丛中，常见。分布于中国广东、广西、湖南、江西、福建、台湾、浙江、安徽、湖北、贵州、云南、四川。日本也有分布。

接骨木属 Sambucus L.

接骨草

Sambucus javanica Blume

Sambucus chinensis Lindl

Sambucus javanica Reinw. ex Blume

草本或半灌木。花期 4 ~ 7 月；果期 9 ~ 11 月。产于容县、博白、钦州、防城、东兴、南宁、扶绥、宁明、龙州、大新、凭祥、百色、平果、靖西、那坡。生于海拔 100 ~ 1600 m 的山坡林下、沟边或草丛，常见。分布于中国广东、广西、湖南、江西、福建、台湾、浙江、江苏、安徽、湖北、贵州、云南、四川、西藏、甘肃、陕西、河南。日本也有分布。

水红木

Viburnum cylindricum Buch.-Ham. ex D. Don

灌木或小乔木。花期 6 ~ 7 月；果期 8 ~ 10 月。产于龙州、平果、德保、靖西、那坡。生于海拔 500 ~ 1600 m 的疏林或灌丛中，常见。分布于中国广东、广西、湖南、湖北、贵州、云南、四川、西藏、甘肃。越南、泰国、缅甸、印度尼西亚、印度、尼泊尔、不丹、巴基斯坦也有分布。

南方荚蒾

Viburnum fordiae Hance

灌木或小乔木。花期 4 ~ 5 月；果期 10 ~ 11 月。产于玉林、容县、陆川、博白、北流、合浦、钦州、防城、上思、东兴、南宁、隆安、横县、扶绥、宁明、龙州、大新、凭祥、百色、田阳、田东、平果、德保、靖西、那坡。生于海拔 1300 m 以下的山谷林下、灌丛或旷野，常见。分布于中国广东、广西、湖南、江西、福建、浙江、安徽、贵州、云南。

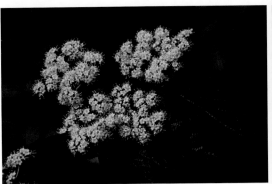

珊瑚树

Viburnum odoratissimum Ker-Gawl.

　　灌木或小乔木。花期 4 ~ 5 月；果期 7 ~ 9 月。产于容县、陆川、博白、合浦、防城、上思。生于海拔 200 ~ 1300 m 的山谷林下、溪边或灌丛中，常见。分布于中国海南、广东、广西、湖南、福建。越南、泰国、缅甸、印度也有分布。

三脉叶荚蒾

Viburnum triplinerve Hand.-Mazz.

　　灌木。花期 4 ~ 5 月；果期 6 ~ 10 月。产于隆安、崇左、扶绥、宁明、龙州、大新、天等、凭祥、百色、田阳、田东、平果、德保、靖西、那坡。生于海拔 1000 m 以下的石灰岩灌丛中，常见。分布于中国广西。

238. 菊科
ASTERACEAE

金钮扣属 Acmella Rich. ex Pers.

金钮扣

Acmella paniculata (Wall. ex DC.) R. K. Jansen
Spilanthes paniculata Wall. ex DC.

  草本。花、果期 4 ~ 11 月。产于南宁、隆安、龙州、大新、天等、百色、靖西、那坡。生于旷野、荒地、田边、溪旁潮湿地、路旁或林缘，很常见。分布于中国海南、广东、广西、台湾、云南。越南、老挝、泰国、缅甸、马来西亚、印度尼西亚、菲律宾、印度、尼泊尔、斯里兰卡也有分布。

下田菊

Adenostemma lavenia (L.) Kuntze

Verbesina lavenia L.

草本。花、果期8～10月。产于北流、南宁、横县、宁明、龙州、大新、凭祥、百色、平果、靖西、那坡。生于海拔400～1600 m的山坡林下、水边、路旁、沼泽地、灌丛，常见。分布于中国海南、广东、广西、湖南、江西、福建、台湾、浙江、江苏、安徽、湖北、贵州、云南、四川、西藏、甘肃、陕西、河南以及南海诸岛。泰国、菲律宾、印度、尼泊尔、日本、朝鲜、澳大利亚也有分布。

紫茎泽兰属 Ageratina Spach

紫茎泽兰

Ageratina adenophora (Spreng.)
R. M. King & H. Rob.

Eupatorium adenophora Spreng.

草本或灌木。花、果期4～10月。产于百色，逸为野生。生于山坡路旁或林缘，常见。分布于中国海南、广东、广西、湖南、台湾、湖北、重庆、贵州、云南、四川、西藏以及南海诸岛。原产于墨西哥，现分布于泛热带地区。

藿香蓟（胜红蓟）

Ageratum conyzoides L.

　　草本。花、果期全年。产于玉林市、北海市、钦州市、防城港市、南宁市、崇左市、百色市。生于海拔 1500 m 以下的山谷、山坡林下、林缘、河边、草地、田野，很常见。分布于中国海南、广东、广西、江西、福建、台湾、江苏、安徽、贵州、云南、四川、陕西、河南以及南海诸岛。原产于热带美洲，现印度、尼泊尔、东南亚以及非洲广泛分布。

兔儿风属 Ainsliaea DC.

杏香兔儿风

Ainsliaea fragrans Champ.

　　草本。花期 11～12 月。产于防城、上思。生于海拔 850 m 以下的山坡林下、路旁、沟边、灌草丛，少见。分布于中国广东、广西、湖南、江西、福建、台湾、浙江、江苏、安徽、湖北、四川。日本也有分布。

华南兔儿风

Ainsliaea walkeri Hook. f.

草本。花期 10～12 月。产于防城、上思。生于海拔 700 m 以下的溪旁石上或密林下湿润处，少见。分布于中国广东、广西、福建。

蒿属 Artemisia L.

黄花蒿

Artemisia annua L.

草本。花、果期 8～10 月。产于玉林、容县、博白、北海、合浦、防城、南宁、隆安、宁明、龙州、大新、凭祥、百色、平果。生于路旁、荒地、山坡、林缘，常见。分布于中国各地。亚洲、非洲北部、欧洲、北美洲也有分布。

五月艾

Artemisia indica Willd.

Artemisia dubia L. ex B. D. Jacks. var. *acuminata* Pamp.

　　草本。花、果期 7 ~ 10 月。产于龙州、百色、平果。生于低海拔至中海拔的湿润地区的坡地、林缘、路旁、灌丛，常见。分布于中国各地（青海、新疆除外）。亚洲热带至温带地区也有分布。

牡蒿

Artemisia japonica Thunb.

　　草本。花、果期 7 ~ 10 月。产于玉林、容县、陆川、博白、北流、浦北、上思、南宁、龙州、百色、田东、平果。生于海拔 1500 m 以下的丘陵、山坡疏林下、林缘、旷野、灌丛、路旁，常见。分布于中国广东、广西、湖南、江西、福建、台湾、浙江、江苏、安徽、湖北、贵州、云南、四川、西藏、甘肃、陕西、山西、河南、山东、河北、辽宁。越南、老挝、泰国、缅甸、菲律宾、印度、尼泊尔、不丹、克什米尔地区、阿富汗、日本、朝鲜、俄罗斯也有分布。

白苞蒿（白花蒿）

Artemisia lactiflora Wall. ex DC.

草本。花、果期 8 ~ 11 月。产于陆川、博白、北流、合浦、钦州、防城、上思、南宁、宁明、龙州、那坡。生于旷野荒地，常见。分布于中国海南、广东、广西、湖南、江西、福建、台湾、浙江、江苏、安徽、湖北、贵州、云南、四川、甘肃、陕西、河南。越南、老挝、柬埔寨、印度尼西亚、新加坡、印度也有分布。

紫菀属 Aster L.

马兰（路边菊）

Aster indicus L.

Kalimeris indica (L.) Sch.-Bip.

草本。花期 5 ~ 8 月；果期 9 ~ 10 月。产于玉林、容县、博白、北海、钦州、防城、上思、南宁、隆安、龙州、大新、凭祥、平果、德保、靖西、那坡。生于低山荒地、旷野草丛，常见。分布于中国南、北各地。越南、泰国、缅甸、马来西亚、印度尼西亚、印度、日本、朝鲜也有分布。

钻叶紫菀（钻形紫菀）

Aster subulatus Michx.

　　草本。花、果期 9 ~ 11 月。产于横县、平果。生于山坡灌丛、草地，常见。分布于中国广东、广西、江西、福建、台湾、浙江、江苏、安徽、湖北、重庆、贵州、云南、四川、河南。原产于北美洲。

三脉紫菀

Aster trinervius Roxb. ex D. Don subsp. **ageratoides** (Turcz.) Grierson

Aster agerratoides Turcz.

　　草本。花、果期 7 ~ 12 月。产于容县、陆川、博白、北流、上思、南宁。生于海拔 100 ~ 1500 m 的林下、林缘、灌丛或山谷湿地，少见。分布于中国东北部、北部、东部、南部至西部、西南部以及西藏南部。日本、朝鲜、俄罗斯也有分布。

雏菊

Bellis perennis L.

草本。花期 4 ~ 6 月。南宁有栽培。中国各地庭园栽培为花坛观赏植物。原产于西亚、北非、欧洲。

鬼针草属 Bidens L.

鬼针草（白花鬼针草）

Bidens pilosa L.

Bidens alba (L.) DC.

Bidens pilosa L. var. *radiata* (Sch.-Bip.) Sch.-Bip.

草本。花、果期 6 ~ 11 月。产于玉林市、北海市、钦州市、防城港市、南宁市、崇左市、百色市。生于村旁、路边或荒地上，很常见。分布于中国大部分省区。亚洲和美洲的热带、亚热带地区也有分布。

狼杷草

Bidens tripartita L.

　　草本。花、果期 6～10 月。产于百色、那坡。生于路旁、荒野、水边，少见。分布于中国广西、湖南、江西、福建、台湾、浙江、江苏、安徽、湖北、贵州、云南、四川、西藏、青海、甘肃、宁夏、陕西、河南、山东、河北、内蒙古、新疆、辽宁、吉林、黑龙江。亚洲、欧洲、非洲、大洋洲也有分布。

百能葳属 Blainvillea Cass.

百能葳

Blainvillea acmella (L.) Philipson

　　草本。花期 4～6 月。产于北海、钦州、东兴、隆安、宁明、龙州、平果。生于疏林中或山坡草地上，常见。分布于中国海南、广东、广西、云南、四川。亚洲热带地区以及大洋洲、非洲、美洲也有分布。

柔毛艾纳香

Blumea axillaris (Lam.) DC.
Blumea mollis (D. Don) Merr.

　　草本。花期几全年。产于南宁、隆安、横县、扶绥、宁明、大新、平果、那坡。生于海拔400～900 m的田野、草地,常见。分布于中国海南、广东、广西、湖南、江西、福建、台湾、浙江、贵州、云南、四川。东亚、南亚、东南亚、非洲以及大西洋也有分布。

艾纳香

Blumea balsamifera (L.) DC.
　　草本或亚灌木。花期几全年。产于容县、南宁、横县、龙州、百色、平果、德保、那坡。生于海拔600～1000 m的林下、林缘、沟谷、草地,常见。分布于中国海南、广东、广西、福建、台湾、贵州、云南。越南、老挝、泰国、柬埔寨、缅甸、马来西亚、印度尼西亚、菲律宾、印度、尼泊尔、不丹、巴基斯坦也有分布。

千头艾纳香

Blumea lanceolaria (Roxb.) Druce

　　草本或亚灌木。花期1～4月。产于南宁、隆安、扶绥、龙州、那坡。生于海拔400～1500 m的山坡、林缘、溪边、路旁、草地，少见。分布于中国海南、广东、广西、台湾、贵州、云南。越南、泰国、缅甸、印度尼西亚、菲律宾、印度、不丹、斯里兰卡、巴基斯坦、日本也有分布。

东风草

Blumea megacephala (Randeria)
C. C. Chang & Y. Q. Tseng

　　攀援藤本。花期8月至翌年4月。产于容县、博白、北流、合浦、钦州、灵山、浦北、防城、上思、东兴、南宁、隆安、宁明、龙州、大新、天等、凭祥、百色、平果、德保、靖西、那坡。生于丘陵、山坡、林缘、灌丛，常见。分布于中国海南、广东、广西、湖南、江西、福建、台湾、浙江、贵州、云南、四川。越南、泰国、日本也有分布。

六耳铃

Blumea sinuata (Lour.) Merr.

Blumea laciniata (Roxb.) DC.

　　草本。花期10月至翌年5月。产于容县、上思、隆安、靖西、那坡。生于海拔400～800 m的山坡、林缘、河边、草地、田野，少见。分布于中国海南、广东、广西、福建、台湾、贵州、云南。越南、缅甸、马来西亚、印度尼西亚、菲律宾、印度、尼泊尔、不丹、斯里兰卡、巴基斯坦、新几内亚以及太平洋岛屿也有分布。

天名精属 Carpesium L.

天名精

Carpesium abrotanoides L.

Carpesium thunbergianum Sieb. & Zucc.

　　草本。花、果期8～12月。产于南宁、隆安、宁明、龙州、大新、靖西、那坡。生于海拔1500 m以下的路旁、溪畔或林缘，少见。分布于中国大部分省区。越南、缅甸、尼泊尔、不丹、阿富汗、伊朗、日本、朝鲜以及欧洲也有分布。

石胡荽

Centipeda minima (L.) A. Br. & Aschers.

匍匐草本。花、果期 6 ～ 10 月。产于玉林、陆川、博白、北流、北海、合浦、防城、上思、南宁、扶绥、宁明、龙州、大新、百色、靖西。生于路旁、荒野阴湿地，常见。分布于中国各地。泰国、马来西亚、印度尼西亚、菲律宾、印度、日本、朝鲜、俄罗斯、澳大利亚、巴布亚新几内亚以及太平洋岛屿也有分布。

飞机草属 Chromolaena DC.

飞机草

Chromolaena odorata (L.) R. M. King & H. Rob.

Eupatorium odoratum L.

草本。花、果期 4 ～ 12 月。产于防城、崇左、扶绥、宁明、龙州、大新、天等、凭祥、百色、平果、那坡，逸为野生。生于低海拔的丘陵、荒地、路旁、田野，很常见。分布于中国海南、广东、广西、湖南、江西、福建、台湾、贵州、云南、四川，逸为野生。原产于美洲。

野菊

Chrysanthemum indicum L.

Dendranthema indicum (L.) Des Moul.

草本。花期 10 ~ 12 月；果期 11 月至翌年 1 月。产于北流、钦州、上思、隆安。生于山坡草地、灌丛、河边、田野，少见。分布于中国各地（新疆除外）。印度、尼泊尔、不丹、乌兹别克斯坦、俄罗斯、日本、朝鲜也有分布。

菊花

Chrysanthemum morifolium Ramat.

Dendranthema morifolium (Ramat.) Tzvel.

草本。花期 9 ~ 11 月。玉林市、北海市、钦州市、防城港市、南宁市、崇左市、百色市有栽培。中国各地有栽培或野生。世界各地有栽培。

蓟（大蓟）

Cirsium japonicum DC.

草本。花、果期 3 ~ 11 月。产于玉林、北海、合浦、钦州、防城、上思、东兴、南宁、隆安、横县、扶绥、大新、平果、靖西、那坡。生于海拔 400 ~ 1600 m 的山坡林中、林缘、灌丛、草地、田野、路旁，常见。分布于中国大部分省区。越南、日本、朝鲜、俄罗斯也有分布。

金鸡菊属 Coreopsis L.

金鸡菊

Coreopsis basalis (A. Dietr.) S. F. Blake

Coreopsis drummondii Torr. & Gray

草本。花期 7 ~ 9 月。南宁有栽培。中国各地有栽培。原产于北美洲。

秋英

Cosmos bipinnata Cav.

　　草本。花期6～8月；果期9～10月。北海有栽培。中国大部分省区有栽培。原产于墨西哥至巴西。

黄秋英

Cosmos sulphureus Cav.

　　草本。花期7～8月。北海、南宁有栽培。中国海南、广东、广西等地有栽培。原产于墨西哥至巴西。

野茼蒿（革命菜）

Crassocephalum crepidioides (Benth.) S. Moore

草本。花、果期几全年。产于玉林市、北海市、钦州市、防城港市、南宁市、崇左市、百色市。生于海拔 300～1600 m 的山坡路旁、水边、灌丛，很常见。分布于中国海南、广东、广西、湖南、江西、福建、湖北、贵州、云南、四川、西藏。南亚、东南亚、澳大利亚、非洲、美洲以及太平洋岛屿也有分布。

假还阳参属 Crepidiastrum Nakai

黄瓜假还阳参（黄瓜菜）

Crepidiastrum denticulatum (Houtt.) Pak & Kawano

Paraixeris denticulata (Houtt.) Nakai

草本。花、果期 5～11 月。产于大新、平果、靖西、那坡。生于山坡林下、林缘、岩石缝隙、田边，少见。分布于中国广东、广西、江西、浙江、江苏、安徽、湖北、贵州、四川、甘肃、山西、河南、河北、辽宁、吉林、黑龙江。日本、朝鲜、蒙古、俄罗斯也有分布。

杯菊

Cyathocline purpurea (Buch.
-Ham. ex D. Don) Kuntze

　　草本。花、果期几全年。产
于大新、平果、靖西。生于海拔
150～1000 m的山坡林下、草地、
路旁、田野、河滩，少见。分布
于中国广东、广西、贵州、云南、
四川。越南、老挝、泰国、柬埔
寨、缅甸、印度、尼泊尔、不丹、
孟加拉国也有分布。

大丽花属 Dahlia Cav.

大丽花

Dahlia pinnata Cav.

　　草本。花期6～12月；果期9～10月。玉林市、北海市、钦州市、防城港市、南宁市、崇左市、
百色市有栽培。中国各地有栽培。原产于墨西哥。

鱼眼草

Dichrocephala integrifolia (L. f.) Kuntze

Dichrocephala auriculata (Thunb.) Druce

　　草本。花、果期全年。产于容县、上思、大新。生于海拔 200 ~ 800 m 的山坡林下、山谷、荒地、沟边，少见。分布于中国海南、广东、广西、湖南、江西、福建、台湾、浙江、湖北、贵州、云南、四川、西藏、陕西。越南、老挝、泰国、柬埔寨、缅甸、马来西亚、印度尼西亚、菲律宾、印度、尼泊尔、新几内亚以及西亚、热带非洲也有分布。

羊耳菊属 Duhaldea DC.

羊耳菊

Duhaldea cappa (Buch.-Ham. ex D. Don) Pruski & Anderb.

Inula cappa (Buch.-Ham. ex D. Don) DC.

Inula intermedia C. C. Chang & Y. Q. Tseng

　　亚灌木。花期 6 ~ 10 月；果期 8 ~ 12 月。产于容县、陆川、博白、北流、钦州、灵山、防城、上思、南宁、隆安、扶绥、宁明、龙州、凭祥、百色、田东、平果、靖西、那坡。生于海拔 1600 m 以下的低山、丘陵灌丛或草地，常见。分布于中国海南、广东、广西、江西、福建、浙江、贵州、云南、四川。越南、泰国、缅甸、马来西亚、印度、尼泊尔、不丹、巴基斯坦也有分布。

鳢肠

Eclipta prostrata (L.) L.

　　草本。花期 6 ~ 9 月。产于玉林市、北海市、钦州市、防城港市、南宁市、崇左市、百色市。生于河边、田野、草地、路旁，很常见。分布于中国广西、湖南、江西、福建、台湾、浙江、江苏、安徽、湖北、贵州、云南、四川、甘肃、陕西、山西、河南、山东、河北、辽宁、吉林。世界热带、亚热带地区均有分布。

地胆草属 Elephantopus L.

地胆草

Elephantopus scaber L.

　　草本。花期 7 ~ 11 月。产于玉林、容县、北海、防城、南宁、龙州、百色、平果。生于山坡、林缘、路旁，常见。分布于中国海南、广东、广西、湖南、江西、福建、台湾、浙江、贵州、云南。亚洲、非洲以及美洲热带地区也有分布。

白花地胆草

Elephantopus tomentosus L.

　　草本。花期 8 月至翌年 5 月。产于防城、东兴、南宁、大新。生于山坡旷野、路边、灌丛，少见。分布于中国海南、广东、广西、福建、台湾。世界热带地区广泛分布。

一点红属 Emilia Cass.

小一点红

Emilia prenanthoidea DC.

　　草本。花、果期 5 ~ 10 月。产于容县、博白、北流、东兴、南宁。生于山坡路旁、疏林或林中潮湿处，少见。分布于中国广东、广西、福建、浙江、贵州、云南。越南、泰国、马来西亚、印度尼西亚、菲律宾、印度、新几内亚也有分布。

一点红

Emilia sonchifolia (L.) DC.

草本。花、果期 7 ~ 10 月。产于玉林市、北海市、钦州市、防城港市、南宁市、崇左市、百色市。生于海拔 1600 m 以下的山坡荒地、田野或路边，很常见。分布于中国海南、广东、广西、湖南、福建、台湾、浙江、江苏、安徽、湖北、贵州、云南、四川、陕西、河南、河北。世界泛热带地区广泛分布。

菊芹属 Erechtites Raf.

败酱叶菊芹

Erechtites valerianifolius (Link ex Spreng.) DC.

草本。花期全年。产于防城、上思，逸为野生。生于海拔 600 m 的田边、路旁，常见。分布于中国海南、广东、广西、台湾。原产于美洲热带地区，现亚洲热带地区广泛分布。

一年蓬

Erigeron annuus (L.) Pers.

　　草本。花期 6 ~ 9 月。产于玉林市、北海市、钦州市、防城港市、南宁市、崇左市、百色市，逸为野生。生于路边旷野或山坡荒地，很常见。分布于中国大部分省区，逸为野生。原产于北美洲，现世界各地广泛分布。

香丝草

Erigeron bonariensis L.

Conyza bonariensis (L.) Cronquist

　　草本。花期 5 ~ 10 月。产于北海、崇左、大新、百色，逸为野生。生于荒地、田边或路旁，常见。分布于中国大部分省区，逸为野生。原产于南美洲，现热带、亚热带地区广泛分布。

小蓬草

Erigeron canadensis L.

Conyza canadensis (L.) Cronquist

　　草本。花期 5 ~ 9 月；果期 9 ~ 10 月。产于玉林市、北海市、钦州市、防城港市、南宁市、崇左市、百色市，逸为野生。生于荒地、田边或路旁，常见。分布于中国南、北各地，逸为野生。原产于北美洲，现世界各地广泛分布。

泽兰属 Eupatorium L.

假蒿（丝叶泽兰）

Eupatorium capillifolium (Lam.) Small

　　草本。北海有栽培。中国华南地区有栽培。原产于拉丁美洲。

多须公（华泽兰）

Eupatorium chinense L.

　　草本或半灌木。花、果期 8 ~ 12 月。产于容县、博白、北流、钦州、防城、南宁、宁明、龙州、凭祥、田东、靖西、那坡。生于海拔 200 ~ 1600 m 的山谷、山坡林下、林缘、灌丛，常见。分布于中国海南、广东、广西、湖南、江西、福建、台湾、浙江、江苏、安徽、湖北、贵州、云南、四川、甘肃、陕西、河南。印度、尼泊尔、日本、朝鲜也有分布。

佩兰（兰草）

Eupatorium fortunei Turcz.

　　草本。花、果期 7 ~ 12 月。产于陆川、博白、北流、合浦、钦州、防城、上思、南宁、宁明、靖西、那坡。生于沟谷、路边、灌丛，常见。分布于中国海南、广东、广西、湖南、江西、浙江、江苏、湖北、贵州、云南、四川、陕西、河南、山东。越南、泰国、日本、朝鲜也有分布。

林泽兰

Eupatorium lindleyanum DC.

草本。花、果期 5 ~ 12 月。产于南宁、宁明、龙州。生于海拔 200 ~ 1300 m 的草坡、路旁、田野、旷地，少见。分布于中国各地（新疆除外）。日本、朝鲜、俄罗斯（西伯利亚）也有分布。

合冠鼠麴草属 Gamochaeta Wedd.

匙叶合冠鼠麴草（匙叶鼠麴草）

Gamochaeta pensylvanica (Willd.) Cabrera

Gnaphalium pensylvanicum Willd.

草本。花期 11 月至翌年 5 月。产于容县、北海、上思、横县。生于田野或路旁荒地，耐旱性强，常见。分布于中国海南、广东、广西、湖南、江西、福建、台湾、浙江、贵州、云南、四川、西藏。亚洲、澳大利亚、非洲、欧洲、美洲也有分布。

南茼蒿

Glebionis segetum (L.) Fourr.

Chrysanthemum segetum L.

　　草本。花、果期 3 ~ 6 月。玉林市、北海市、钦州市、防城港市、南宁市、崇左市、百色市有栽培。中国南方有栽培。原产于地中海地区，现普遍栽培于亚热带和温带地区。

鼠麹草属 Gnaphalium L.

多茎鼠麹草

Gnaphalium polycaulon Pers.

　　草本。花期 11 月至翌年 5 月。产于北流、北海、南宁、宁明。生于沙土草地或田野，常见。分布于中国海南、广东、广西、福建、台湾、浙江、贵州、云南。泰国、印度、巴基斯坦、日本、澳大利亚以及非洲、美洲热带地区也有分布。

田基黄

Grangea maderaspatana (L.) Poir.

草本。花、果期 3 ~ 8 月。产于北海、合浦、钦州、南宁、龙州、百色、田阳。生于海拔 1000 m 以下的林下、荒地、河边、灌丛，常见。分布于中国海南、广东、广西、台湾、云南。亚洲热带、亚热带以及非洲热带地区也有分布。

菊三七属 Gynura Cass.

红凤菜（两色三七草）

Gynura bicolor (Roxb. ex Willd.) DC.
Cacalia bicolor Roxb. ex Willd.

草本。花、果期 5 ~ 10 月。产于北流、灵山、浦北、上思、东兴、南宁、龙州、那坡。生于海拔 500 ~ 1500 m 的山坡林下、河边、岩石上，少见。分布于中国海南、广东、广西、福建、台湾、浙江、贵州、云南、四川。泰国、缅甸也有分布。

白子菜

Gynura divaricata (L.) DC.

　　草本。花、果期 8 ~ 10 月。产于陆川、博白、北海、灵山、防城、东兴、南宁、扶绥、龙州、大新、靖西。生于荒地草坡或田边，常见。分布于中国海南、广东、广西、云南、四川。越南也有分布。

平卧菊三七

Gynura procumbens (Lour.) Merr.

　　攀援草本。花期 3 ~ 4 月。产于南宁、隆安、龙州、百色、平果、靖西、那坡。生于林下溪旁或林缘岩缝，常见。分布于中国海南、广东、广西、贵州、云南、四川。越南、泰国、缅甸、马来西亚、印度尼西亚以及非洲也有分布。

狗头七

Gynura pseudochina (L.) DC.

草本。花期 4 ~ 11 月。产于北流、北海、南宁、横县、扶绥、宁明、百色、平果。生于海拔 200 ~ 800 m 的山坡草地、林缘或路旁，常见。分布于中国海南、广东、广西、贵州、云南。泰国、缅甸、印度、尼泊尔、不丹、斯里兰卡以及非洲也有分布。

向日葵属 Helianthus L.

向日葵

Helianthus annuus L.

草本。花期 7 ~ 9 月；果期 8 ~ 9 月。玉林市、北海市、钦州市、防城港市、南宁市、崇左市、百色市有栽培。中国各地有栽培。原产于北美洲。

泥胡菜

Hemisteptia lyrata (Bunge) Fisch. & C. A. Mey.

Hemistepta lyrata (Bunge) Bunge

草本。花、果期 3 ~ 10 月。产于东兴、南宁、龙州、大新、田阳、平果、德保、那坡。生于海拔 1600 m 以下的林下、荒地或田野，很常见。分布于中国各地（西藏、新疆除外）。越南、老挝、泰国、缅甸、印度、尼泊尔、不丹、孟加拉国、日本、朝鲜、澳大利亚也有分布。

莴苣属 Lactuca L.

翅果菊（野莴苣）

Lactuca indica L.

Pterocypsela indica (L.) C. Shih

草本。花、果期 4 ~ 11 月。产于玉林市、北海市、钦州市、防城港市、南宁市、崇左市、百色市。生于山坡林下、山谷沟边、林缘、灌丛、田野，常见。分布于中国南、北各地。越南、泰国、印度尼西亚、菲律宾、印度、不丹、日本、朝鲜、俄罗斯以及亚洲热带、亚热带和非洲热带地区均有分布。

莴苣

Lactuca sativa L.

草本。花、果期 2 ~ 9 月。玉林市、北海市、钦州市、防城港市、南宁市、崇左市、百色市有栽培。中国各地有栽培。原产于地中海沿岸，现世界各地广为栽培。

黑足菊属 Melampodium L.

黄帝菊

Melampodium divaricatum (Rich.) DC.

草本。花期春、夏季。南宁有栽培。中国华南地区有栽培。原产于中美洲，现世界各地有栽培。

银胶菊

Parthenium hysterophorus L.

　　草本。花期 4～10 月。产
于北海、合浦、南宁、扶绥、宁明、
龙州、凭祥，逸为野生。生于
海拔 1300 m 以下的山坡、旷地、
河边、路旁，很常见。分布于
中国海南、广东、广西、贵州、
云南，逸为野生。原产于北美洲。

瓜叶菊属 Pericallis D. Don

瓜叶菊

Pericallis hybrida B. Nord.

Senecio cruentus Roth

　　草本。花、果期 3～7 月。玉林市、北海市、钦州市、防城港市、南宁市、崇左市、百色市有栽培。
中国各地公园或庭院广泛栽培。原产于大西洋加那利群岛。

长叶阔苞菊

Pluchea eupatorioides Kurz

草本或亚灌木。花期 4 ~ 6 月。产于南宁、龙州、大新、平果。生于旷野、路旁，少见。分布于中国广西、云南。越南、老挝、泰国、柬埔寨、缅甸也有分布。

阔苞菊

Pluchea indica (L.) Less.

Baccharis indica L.

灌木。花期全年。产于北海、合浦、防城、东兴。生于海滨沙地或近潮水的空旷地，常见。分布于中国海南、广东、广西、台湾。越南、老挝、泰国、柬埔寨、马来西亚、新加坡、菲律宾、印度也有分布。

假臭草

Praxelis clematidea R. M. King & H. Rob.

Eupatorium catarium Veldk.

草本或半灌木。花、果期全年。产于玉林市、北海市、钦州市、防城港市、南宁市、崇左市、百色市，逸为野生。生于山坡、林缘、荒地、滩涂、路旁，常见。分布于中国海南、广东、广西、台湾，逸为野生。原产于南美洲，现东半球热带地区广泛分布。

拟鼠麴草属 Pseudognaphalium Kirp.

拟鼠麴草（鼠麴草）

Pseudognaphalium affine (D. Don) Anderb.

Gnaphalium affine D. Don

草本。花期 1 ~ 4 月；果期 8 ~ 11 月。产于上思、南宁、龙州、百色。生于海拔 1000 m 以下的田野、草地、路旁，常见。分布于中国华南、华中、华东、西南、华北、西北。越南、缅甸、印度尼西亚、菲律宾、印度、不丹、巴基斯坦、阿富汗、日本、朝鲜、澳大利亚以及亚洲西南部也有分布。

千里光

Senecio scandens Buch.-Ham. ex D. Don

攀援草本。花期8月至翌年4月。产于玉林市、北海市、钦州市、防城港市、南宁市、崇左市、百色市。生于海拔1600 m以下的林下、溪边、灌丛，很常见。分布于中国长江以南。越南、老挝、泰国、柬埔寨、缅甸、菲律宾、印度、尼泊尔、不丹、斯里兰卡、日本也有分布。

豨莶属 Sigesbeckia L.

豨莶

Sigesbeckia orientalis L.

草本。花期4～9月；果期6～11月。产于博白、北流、钦州、防城、南宁、隆安、横县、崇左、宁明、龙州、大新、天等、百色、平果、德保、靖西、那坡。生于海拔1500 m以下的林下、林缘、荒地、灌丛、田野，很常见。分布于中国大部分省区。世界热带、亚热带以及温带地区也有分布。

腺梗稀莶

Sigesbeckia pubescens (Makino) Makino

Siegesbeckia pubescens Makino

草本。花期5～8月；果期6～10月。产于容县、龙州、平果。生于海拔150～1000 m的山坡林缘、灌丛、溪边、旷野，常见。分布于中国广西、江西、浙江、江苏、安徽、湖北、贵州、云南、四川、西藏、甘肃、陕西、山西、河南、河北、辽宁、吉林。印度、日本、朝鲜也有分布。

蒲儿根属 Sinosenecio B. Nord.

蒲儿根

Sinosenecio oldhamianus (Maxim.) B. Nord.

草本。花期1～12月。产于龙州、天等。生于海拔300～1000 m的林缘、溪畔、田边、草坡，少见。分布于中国广东、广西、湖南、江西、福建、浙江、江苏、安徽、湖北、重庆、贵州、云南、四川、甘肃、陕西、山西、河南。越南、泰国、缅甸也有分布。

加拿大一枝黄花

Solidago canadensis L.

草本。花、果期 9 ~ 11 月。南宁有栽培。中国公园以及植物园引种栽培。原产于北美洲。

一枝黄花（蛇头王）

Solidago decurrens Lour.

草本。花、果期 4 ~ 11 月。产于玉林、陆川、博白、北流、合浦、灵山、南宁、龙州、百色、德保、那坡。生于海拔 500 ~ 1000 m 的阔叶林下、林缘、灌丛以及山坡草地上，少见。分布于中国广东、广西、湖南、江西、福建、台湾、浙江、江苏、安徽、湖北、贵州、云南、四川、陕西、山东。越南、老挝、菲律宾、印度、尼泊尔、日本、朝鲜也有分布。

裸柱菊

Soliva anthemifolia (Juss.) R. Br.

　　草本。花、果期全年。产于北海、扶绥，逸为野生。生于荒地、田野较湿润的肥沃土地上，少见。分布于中国海南、广东、广西、江西、福建、台湾、浙江，逸为野生。原产于南美洲。

苦苣菜属 Sonchus L.

苦苣菜

Sonchus oleraceus L.

Sonchus lingianus C. Shih.

　　草本。花、果期 5 ~ 12 月。产于玉林市、北海市、钦州市、防城港市、南宁市、崇左市、百色市。生于海拔 1600 m 以下的山坡或山谷林下、林缘、田野，常见。分布于中国各地。原产于欧洲或中亚地区，现世界各地广泛分布。

苣荬菜

Sonchus wightianus DC.

Sonchus arvensis L.

草本。花、果期 1～10 月。产于宁明、龙州、百色、平果、靖西、那坡。生于海拔 300～1600 m 的山坡草地、路旁，常见。分布于中国南、北各地。越南、老挝、泰国、缅甸、马来西亚、印度尼西亚、菲律宾、印度、尼泊尔、不丹、斯里兰卡、巴基斯坦、克什米尔地区、阿富汗也有分布。

蟛蜞菊属 Sphagneticola O. Hoffm.

南美蟛蜞菊

Sphagneticola trilobata (L.) Pruski

Wedelia trilobata (L.) Hitchc.

草本。花期几全年。产于玉林市、北海市、钦州市、防城港市、南宁市、崇左市、百色市，栽培或逸为野生。海南、广东、广西广泛栽培。原产于南美洲。

金腰箭

Synedrella nodiflora (L.) Gaertn.

　　草本。花期 6 ~ 10 月。产于容县、北海、合浦、南宁、宁明、龙州、百色、平果。生于旷野、耕地、路旁，常见。分布于中国海南、广东、广西、台湾、云南。原产于美洲，现世界热带、亚热带地区广泛分布。

合耳菊属 Synotis (C. B. Clarke) C. Jeffrey & Y. L. Chen

锯叶合耳菊

Synotis nagensium (C. B. Clarke) C. Jeffrey & Y. L. Chen

　　草本或亚灌木。花期 8 月至翌年 3 月。产于防城、南宁、那坡。生于海拔 100 ~ 1600 m 的林缘、灌丛、草地，少见。分布于中国广东、广西、湖南、湖北、贵州、云南、四川、西藏、甘肃。泰国、缅甸、印度也有分布。

万寿菊

Tagetes erecta L.

　　草本。花期 6 ~ 10 月。南宁有栽培。中国各地有栽培。原产于墨西哥。

蒲公英属 Taraxacum F. H. Wigg.

蒲公英

Taraxacum mongolicum Hand. -Mazz.

　　草本。花期 4 ~ 9 月；果期 5 ~ 10 月。
产于那坡。生于低海拔的山坡草地、路边、
田野、河滩，很少见。分布于中国广东、
广西、湖南、福建、台湾、浙江、江苏、
安徽、湖北、贵州、云南、四川、青海、
甘肃、陕西、山西、河南、山东、河北、
内蒙古、辽宁、吉林、黑龙江。朝鲜、蒙古、
俄罗斯也有分布。

肿柄菊

Tithonia diversifolia A. Gray

　　草本。花、果期 9 月至翌年 1 月。产于北流、北海、钦州、崇左、龙州、大新、天等、百色、平果、德保，逸为野生。分布于中国海南、广东、广西、云南，栽培或逸为野生。原产于墨西哥。

羽芒菊属 Tridax L.

羽芒菊

Tridax procumbens L.

　　铺地草本。花期 11 月至翌年 3 月。产于北海、防城、扶绥。生于低海拔旷野、荒地、坡地或路旁阳处，少见。分布于中国海南、广西、福建、台湾。原产于热带美洲，现热带地区广泛分布。

树斑鸠菊
Vernonia arborea Buch.-Ham.

乔木。花期7～10月；果期8～11月。产于防城、龙州、那坡。生于海拔800～1200 m的山谷、山坡或疏林中，少见。分布于中国广西、云南。越南、老挝、泰国、马来西亚、印度尼西亚、印度、尼泊尔、斯里兰卡也有分布。

夜香牛
Vernonia cinerea (L.) Less.

草本。花、果期全年。产于玉林、容县、陆川、北流、北海、合浦、钦州、浦北、防城、上思、南宁、隆安、横县、宁明、龙州、天等、百色、田东、平果、德保、那坡。生于山坡、荒地、田野、路旁，很常见。分布于中国海南、广东、广西、湖南、江西、福建、台湾、浙江、湖北、云南、四川。越南、老挝、泰国、柬埔寨、缅甸、菲律宾、印度、日本、澳大利亚以及非洲也有分布。

毒根斑鸠菊
Vernonia cumingiana Benth.

攀援灌木。花期10月至翌年4月。产于博白、北流、灵山、防城、上思、东兴、南宁、宁明、龙州、百色、平果、德保、靖西、那坡。生于海拔200～1500 m的山谷疏林下、河边、灌丛，常见。分布于中国海南、广东、广西、福建、台湾、贵州、云南、四川。越南、老挝、泰国、柬埔寨也有分布。

咸虾花

Vernonia patula (Dryand.) Merr.

　　草本。花期 7 月至翌年 5 月。产于玉林、南宁、扶绥、龙州、大新、百色、田阳、平果。生于荒坡、旷野、田边、路旁，常见。分布于中国海南、广东、广西、福建、台湾、贵州、云南。越南、老挝、泰国、缅甸、马来西亚、印度尼西亚、菲律宾、印度、巴布亚新几内亚、马达加斯加也有分布。

茄叶斑鸠菊（斑鸠菊）

Vernonia solanifolia Benth.

　　攀援灌木。产于博白、北流、灵山、防城、上思、南宁、横县、扶绥、宁明。生于海拔 500 ~ 1000 m 的山谷、山坡灌丛或疏林中，常见。分布于中国海南、广东、广西、福建、云南。越南、老挝、泰国、柬埔寨、缅甸、印度也有分布。

山蟛蜞菊

Wollastonia montana (Blume) DC.

Wedelia wallichii Less.

　　草本。花期 4 ~ 11 月。产于北海、南宁、龙州、大新、平果、靖西。生于海拔 500 ~ 1500 m 的溪边、路旁、沟谷，常见。分布于中国海南、广东、广西、贵州、云南、四川。泰国、缅甸、印度、尼泊尔、不丹也有分布。

苍耳属 Xanthium L.

苍耳

Xanthium strumarium L.

Xanthium sibiricum Patrin ex Widder

　　草本。花期 7 ~ 8 月；果期 9 ~ 10 月。产于玉林、北海、钦州、浦北、南宁、隆安、崇左、宁明、龙州、百色、田东、平果、靖西、那坡。生于丘陵、低山、荒野、路边，很常见。分布于中国华南、西南、西北、华东、华北、东北。亚洲、澳大利亚、非洲、美洲也有分布。

黄鹌菜

Youngia japonica (L.) DC.

　　草本。花、果期 4 ~ 10 月。产于博白、北海、防城、崇左、扶绥、龙州、大新、百色、平果、靖西、那坡。生于山坡林下、山谷、林缘、田野、路边，很常见。分布于中国各地（西北、东北除外）。越南、马来西亚、菲律宾、印度、日本、朝鲜也有分布。

百日菊属 Zinnia L.

百日菊

Zinnia elegans Jacq.

　　草本。花期 6 ~ 9 月；果期 7 ~ 10 月。南宁有栽培。中国各地有栽培。原产于墨西哥。

239. 龙胆科
GENTIANACEAE

穿心草属 Canscora Lam.

罗星草（条萼田草）

Canscora andrographioides Griff. ex C. B. Clarke
Canscora melastomacea Hand. -Mazz.

　　草本。花期 8 月至翌年 3 月。产于陆川、博白、北流、北海、合浦、钦州、灵山、防城、上思、宁明。生于海拔 200 ~ 1400 m 的山谷或荒地上，少见。分布于中国海南、广东、广西、云南。

穿心草

Canscora lucidissima (Lévl. & Vant.) Hand.-Mazz.

　　草本。花、果期 8 月至翌年 2 月。产于南宁、龙州、大新、天等、田东、平果。生于石灰岩山坡的岩壁、石缝中，少见。分布于中国广西、贵州。

双蝴蝶属 Tripterospermum Blume

香港双蝴蝶

Tripterospermum nienkui (C. Marquand) C. J. Wu

　　草本。花、果期 8 月至翌年 1 月。产于容县、北流、防城、上思。生于海拔 500 ~ 1300 m 的山坡或山谷林中，少见。分布于中国海南、广东、广西、湖南、福建、浙江。越南也有分布。

240. 报春花科
PRIMULACEAE

珍珠菜属 Lysimachia L.

短枝香草

Lysimachia aspera Hand.-Mazz.

草本。产于平果。生于海拔 500 m 的灌草丛，很少见。分布于中国广西。

泽珍珠菜

Lysimachia candida Lindl.

草本。花期 3 ~ 6 月；果期 4 ~ 7 月。产于百色、平果。生于海拔 1300 m 以下的田野、溪边或路旁潮湿处，少见。分布于中国海南、广东、广西、湖南、福建、浙江、江苏、湖北、贵州、云南、四川、陕西、山东。越南、缅甸、日本也有分布。

石山细梗香草

Lysimachia capillipes Hemsl. var.
cavaleriei (Lévl.) Hand.-Mazz.

　　草本。花期6～7月；果期10月。产于上思、崇左、扶绥、田阳、平果、靖西、那坡。生于海拔300～1200 m的石灰岩灌草丛，很少见。分布于中国广东、广西、贵州、云南。

临时救（聚花过路黄）

Lysimachia congestiflora Hemsl.

　　草本。花期5～6月；果期7～10月。产于容县、平果。生于海拔200～1000 m的山坡林缘、沟边、田野、草地，少见。分布于中国海南、广东、广西、湖南、江西、福建、台湾、浙江、江苏、安徽、湖北、贵州、云南、四川、西藏、青海、甘肃、陕西。越南、泰国、缅甸、印度、尼泊尔、不丹也有分布。

延叶珍珠菜

Lysimachia decurrens G. Forst.

草本。花期 4 ~ 5 月；果期 6 ~ 7 月。产于横县、扶绥、龙州、大新。生于山谷溪边林下、村旁、路边、荒野，少见。分布于中国海南、广东、广西、湖南、江西、福建、台湾、贵州、云南、四川。越南、老挝、泰国、印度尼西亚、菲律宾、印度、不丹、日本以及太平洋岛屿也有分布。

星宿菜（大田基黄）

Lysimachia fortunei Maxim.

草本。花期 6 ~ 8 月；果期 8 ~ 11 月。产于玉林、容县、博白、钦州、灵山、浦北、南宁、横县、平果、靖西。生于海拔 1500 m 以下的沟谷、水旁等阴湿处，常见。分布于中国海南、广东、广西、湖南、江西、福建、台湾、浙江、江苏。越南、日本、韩国也有分布。

三叶香草

Lysimachia insignis Hemsl.

　　草本。花期 4 ~ 5 月；果期 10 ~ 11 月。产于防城、隆安、崇左、宁明、龙州、大新、天等、百色、德保、那坡。生于海拔 300 ~ 1600 m 的山谷溪边或林下，常见。分布于中国广西、贵州、云南。越南也有分布。

水茴草属 Samolus L.

水茴草

Samolus valerandi L.

　　草本。产于大新、德保、靖西、那坡。生于海拔 100 ~ 1300 m 的河岸、溪边，少见。分布于中国广东、广西、湖南、贵州、云南。

241. 白花丹科
PLUMBAGINACEAE

白花丹属 Plumbago L.

白花丹（白雪花）

Plumbago zeylanica L.

半灌木。花期10月至翌年3月；果期12月至翌年4月。产于陆川、博白、钦州、龙州、那坡。生于路旁、草丛，少见。分布于中国海南、广东、广西、福建、台湾、贵州、云南、四川。亚洲、非洲、大洋洲热带地区以及美国（夏威夷）也有分布。

242. 车前科
PLANTAGINACEAE

车前属 Plantago L.

车前

Plantago asiatica L.

草本。花期 4 ~ 10 月；果期 6 ~ 11 月。产于玉林、陆川、博白、北流、钦州、防城、南宁、隆安、崇左、大新、百色、平果、那坡。生于海拔 1600 m 以下的河岸湿地、草丛、沟边、田野、路旁，很常见。分布于中国大部分省区。马来西亚、印度尼西亚、印度、尼泊尔、不丹、孟加拉国、斯里兰卡、日本、韩国也有分布。

243. 桔梗科
CAMPANULACEAE

牧根草属 Asyneuma Griseb. & Schenk

球果牧根草
Asyneuma chinense D. Y. Hong

草本。花、果期 4 ~ 9 月。产于德保、那坡。生于海拔 1600 m 以下的山坡林中、林缘或草地，很少见。分布于中国广西、湖北、贵州、云南、四川。

金钱豹属 Campanumoea Blume

金钱豹
Campanumoea javanica Blume

草质缠绕藤本。花期 7 ~ 11 月。产于玉林、容县、陆川、博白、防城、隆安、宁明、龙州、百色、平果、德保、靖西、那坡。生于疏林下或灌丛中，常见。分布于中国海南、广东、广西、湖南、江西、福建、台湾、浙江、安徽、湖北、贵州、云南、四川、甘肃。日本也有分布。

轮钟花（长叶轮钟花）

Cyclocodon lancifolius (Roxb.) Kurz

Campanumoea lancifolia (Roxb.) Merr.

　　草本。花期 7～10 月。产于北流、浦北、防城、隆安、宁明、龙州、天等、田东、平果、靖西、那坡。生于海拔 1500 m 以下的林下、草地或灌丛中，常见。分布于中国海南、广东、广西、湖南、江西、福建、台湾、湖北、重庆、贵州、云南、四川。越南、老挝、柬埔寨、印度尼西亚、菲律宾、印度、孟加拉国、日本也有分布。

桔梗属 Platycodon A. DC.

桔梗

Platycodon grandiflorus (Jacq.) A. DC.

　　草本。花期 7～9 月。产于北流、灵山、南宁。生于海拔 1000 m 以下的山坡阳处、灌丛、草地，少见。分布于中国广东、广西、湖南、江西、福建、浙江、江苏、安徽、湖北、重庆、贵州、云南、四川、陕西、山西、河南、山东、河北、内蒙古、辽宁、吉林、黑龙江。日本、朝鲜、俄罗斯也有分布。

243A. 五膜草科
PENTAPHRAGMATACEAE

五膜草属 Pentaphragma Wall. ex G. Don

直序五膜草

Pentaphragma spicatum Merr.

草本。花期 5 ~ 7 月；果期 10 ~ 11 月。产于博白、钦州、防城、上思、东兴、隆安、宁明、龙州、大新、那坡。生于山谷林下、沟边或湿润石壁上，常见。分布于中国海南、广东、广西。

243B. 尖瓣花科
SPHENOCLEACEAE

尖瓣花属 Sphenoclea Gaertn.

尖瓣花

Sphenoclea zeylanica Gaertn.

　　草本。花、果期全年。产于玉林、北海、防城、百色。生于稻田或潮湿处，少见。分布于中国海南、广东、广西、江西、福建、台湾、云南。美洲热带以及东半球热带地区也有分布。

244. 半边莲科
LOBELIACEAE

半边莲属 Lobelia L.

半边莲

Lobelia chinensis Lour.

草本。花期 5 ~ 12 月。产于容县、北流、合浦、钦州、上思、龙州。生于田野、沟边、湿润草地上，常见。分布于中国长江以南。越南、老挝、泰国、柬埔寨、马来西亚、印度、尼泊尔、孟加拉国、斯里兰卡、日本、朝鲜也有分布。

铜锤玉带草

Lobelia nummularia Lam.

Pratia nummularia (Lam.) A. Br. & Aschers.

草本。花期 3 ~ 10 月。产于北流、钦州、防城、隆安、横县、崇左、宁明、龙州、大新、百色、德保、靖西、那坡。生于海拔 1300 m 以下的丘陵疏林、草坡、田野、路旁，常见。分布于中国广西、湖南、台湾、湖北、西藏。越南、老挝、泰国、缅甸、马来西亚、印度尼西亚、菲律宾、印度、尼泊尔、不丹、孟加拉国、斯里兰卡、新几内亚也有分布。

245. 草海桐科
GOODENIACEAE

草海桐属 Scaevola L.

草海桐

Scaevola taccada (Gaertn.) Roxb.

Scaevola sericea Vahl

　　灌木或小乔木。花、果期 4 ~ 12 月。产于北海、钦州、防城。生于海滩砾石砂地上或海岸岩石缝中，常见。分布于中国海南、广东、广西、福建、台湾。越南、泰国、缅甸、马来西亚、印度尼西亚、菲律宾、印度、斯里兰卡、巴基斯坦、日本、澳大利亚、巴布亚新几内亚以及太平洋岛屿、印度洋岛屿、非洲东部也有分布。

249. 紫草科
BORAGINACEAE

斑种草属 Bothriospermum Bunge

柔弱斑种草

Bothriospermum zeylanicum (J. Jacq.) Druce

Bothriospermum tenellum (Hornem.) Fisch. & C. A. Mey.

　　草本。花、果期 2~10 月。产于合浦、隆安、横县、扶绥、百色。生于海拔 300~1500 m 的山坡路边、溪边、草地、田野，常见。分布于中国海南、广东、广西、湖南、江西、福建、台湾、浙江、贵州、云南、四川、宁夏、陕西、山西、山东、河北、内蒙古、辽宁、吉林、黑龙江。越南、印度尼西亚、印度、巴基斯坦、塔吉克斯坦、土库曼斯坦、乌兹别克斯坦、俄罗斯、日本、朝鲜也有分布。

基及树（福建茶）

Carmona microphylla (Lam.) G. Don

灌木。花期 1～4 月。产于北海（涠洲岛）。生于低海拔灌丛中，很少见。分布于中国海南、广东、广西、台湾。印度尼西亚、日本、澳大利亚也有分布。

破布木属 Cordia L.

破布木

Cordia dichotoma G. Forst.

乔木。花期 2～4 月；果期 6～8 月。产于北海、龙州。生于山坡疏林或山谷溪边，少见。分布于中国海南、广东、广西、福建、台湾、贵州、云南、西藏。越南、老挝、泰国、柬埔寨、缅甸、马来西亚、印度尼西亚、印度、巴基斯坦、日本、澳大利亚以及太平洋岛屿也有分布。

二叉破布木

Cordia furcans Johnst.

　　乔木。花期 11 月；果期翌年 1 月。产于隆安、崇左、龙州、大新、百色、田阳、那坡。生于海拔 100 ~ 1200 m 的山坡疏林、林缘、路旁，常见。分布于中国海南、广西、云南。越南、泰国、缅甸、印度也有分布。

琉璃草属 Cynoglossum L.

小花琉璃草

Cynoglossum lanceolatum Forsskål

　　草本。花、果期 4 ~ 9 月。产于平果、靖西。生于丘陵、山坡草地以及路旁，少见。分布于中国海南、广东、广西、湖南、江西、福建、台湾、浙江、江苏、贵州、云南、甘肃。老挝、泰国、柬埔寨、缅甸、马来西亚、菲律宾、印度、尼泊尔、斯里兰卡、巴基斯坦以及亚洲西部、西南部和非洲也有分布。

厚壳树

Ehretia acuminata (DC.) R. Br.

Ehretia thyrsiflora (Sieb. & Zucc.) Nakai

　　乔木。花、果期 5 ~ 10 月。产于陆川、南宁、横县、龙州、靖西。生于海拔1300 m 以下的山坡、丘陵、平地灌丛或山谷密林中，少见。分布于中国广东、广西、湖南、江西、台湾、浙江、江苏、贵州、云南、四川、河南、山东。越南、印度尼西亚、印度、不丹、日本、澳大利亚也有分布。

粗糠树

Ehretia dicksonii Hance

Ehretia macrophylla Wall.

　　乔木。花期 3 ~ 5 月；果期 6 ~ 8 月。产于容县、扶绥、田阳、平果。生于海拔1200 m 以下的山坡疏林或旷野阴湿处，少见。分布于中国海南、广东、广西、湖南、江西、福建、台湾、浙江、江苏、贵州、云南、四川、青海、甘肃、陕西、河南。越南、尼泊尔、不丹、日本也有分布。

长花厚壳树

Ehretia longiflora Champ. ex Benth.

乔木。花期 4 月；果期 6 ~ 7 月。产于北流、防城、横县、扶绥、龙州、百色、田阳、靖西。生于海拔 300 ~ 900 m 的山坡路边或山谷密林，少见。分布于中国海南、广东、广西、福建、台湾。越南也有分布。

上思厚壳树

Ehretia tsangii Johnst.

小乔木。花期 3 月；果期 4 ~ 5 月。产于上思、崇左、扶绥、龙州、田东、平果。生于海拔 200 ~ 500 m 的山地或山谷林中，常见。分布于中国广西、贵州、云南。

大尾摇

Heliotropium indicum L.

草本。花、果期 4 ~ 10 月。产于博白、北海、南宁、横县、宁明、龙州、大新、平果。生于海拔 700 m 以下的丘陵、路边或旷野，常见。分布于中国海南、广西、福建、台湾、云南以及南海诸岛。越南、老挝、泰国、柬埔寨、缅甸、马来西亚、印度尼西亚、印度、日本以及太平洋岛屿、非洲、美洲也有分布。

盾果草属 Thyrocarpus Hance

盾果草

Thyrocarpus sampsonii Hance

草本。花、果期 5 ~ 7 月。产于平果。生于山坡草丛或灌丛中，少见。分布于中国广东、广西、湖南、江西、台湾、江苏、安徽、湖北、贵州、云南、四川、陕西、河南。越南也有分布。

250. 茄科
SOLANACEAE

木曼陀罗属 Brugmansia Pers.

黄花木曼陀罗
Brugmansia aurea Lagerh.

　　小乔木。南宁有栽培。原产于美洲热带地区。

鸳鸯茉莉

Brunfelsia brasiliensis (Spreng.) L. B. Smith & Downs

灌木。花期 5 ~ 6 月或 10 ~ 11 月。玉林市、北海市、钦州市、防城港市、南宁市、崇左市、百色市有栽培。中国华南地区有栽培。原产于美洲，现世界热带、亚热带地区广泛栽培。

夜香树属 Cestrum L.

夜香树

Cestrum nocturnum L.

灌木。花、果期 5 ~ 9 月。北海、南宁、龙州有栽培。中国海南、广东、广西、福建、云南有栽培。原产于南美洲，现世界热带地区广泛栽培。

双色木番茄

Cyphomandra crassifolia Kuntze

小乔木。南宁有栽培。中国南方有栽培。原产于南美洲，现世界各地广泛栽培。

曼陀罗属 Datura L.

毛曼陀罗

Datura inoxia Mill.

草本或半灌木状。花、果期6~9月。产于南宁、宁明，栽培或逸为野生。分布于中国江苏、湖北、河南、山东、河北、新疆。原产于美洲。

曼陀罗

Datura stramonium L.

　　草本或亚灌木。花期 6 ~ 10 月；果期 7 ~ 11 月。产于玉林市、北海市、钦州市、防城港市、南宁市、崇左市、百色市，栽培或逸为野生。中国各地有栽培。原产于墨西哥，现世界各地广为栽培。

红丝线属 Lycianthes (Dunal) Hassl.

红丝线

Lycianthes biflora (Lour.) Bitter

　　草本或亚灌木。花期 5 ~ 8 月；果期 7 ~ 11 月。产于容县、博白、灵山、南宁、隆安、横县、扶绥、宁明、龙州、大新、田东、平果、德保、靖西、那坡。生于海拔 150 ~ 1600 m 的山谷林下、水边、荒野、路旁，常见。分布于中国海南、广东、广西、湖南、江西、福建、台湾、贵州、云南、四川。马来西亚、印度尼西亚、菲律宾、印度、日本、新几内亚也有分布。

枸杞

Lycium chinense Mill.

灌木。花期 5 ~ 9 月；果期 8 ~ 11 月。玉林市、北海市、钦州市、防城港市、南宁市、崇左市、百色市有栽培。分布于中国各地。尼泊尔、巴基斯坦、日本、朝鲜以及欧洲有栽培或逸为野生。

蕃茄属 Lycopersicon Mill.

番茄（西红柿）

Lycopersicon esculentum Mill.

草本。花、果期夏、秋季。玉林市、北海市、钦州市、防城港市、南宁市、崇左市、百色市有栽培。中国各地广泛栽培。原产于南美洲和墨西哥。

烟草

Nicotiana tabacum L.

草本。花期春、夏季；果期夏、秋季。玉林市、北海市、钦州市、防城港市、南宁市、崇左市、百色市有栽培。中国各地有栽培。原产于南美洲，现世界热带至温带地区广泛栽培。

碧冬茄属 Petunia Juss.

碧冬茄（矮牵牛）

Petunia hybrid Vilm.

草本。花期夏季。玉林市、北海市、钦州市、防城港市、南宁市、崇左市、百色市有栽培。中国各地有栽培。原产于南美洲。

苦蘵

Physalis angulata L.

草本。花期 5 ~ 7 月；果期 7 ~ 12 月。产于北海、合浦、龙州、靖西。生于村旁、路边、林下，常见。分布于中国海南、广东、广西、湖南、江西、福建、台湾、浙江、江苏、安徽、湖北、河南。世界各地广泛分布。

茄属 Solanum L.

喀西茄

Solanum aculeatissimum Jacqu.

Solanum khasianum C. B. Clarke

草本至亚灌木。花期 3 ~ 8 月；果期 11 ~ 12 月。产于博白、北海、南宁、宁明、龙州、百色、田阳、田东、平果、那坡。生于沟边、路旁、荒野灌丛或疏林下，很常见。分布于中国广西、湖南、江西、福建、浙江、贵州、云南、四川、西藏。原产于巴西，现非洲和亚洲热带地区广泛分布。

少花龙葵

Solanum americanum Mill.
Solanum photeinocarpum
Nakam. & Odash.

草本。花、果期全年。产于北流、合浦、上思、东兴、南宁、崇左、宁明、龙州、凭祥、百色。生于路旁、溪边或林缘荒地潮湿处，常见。分布于中国海南、广东、广西、湖南、江西、福建、台湾、云南、四川。世界热带、温带地区广泛分布。

牛茄子

Solanum capsicoides All.

草本或亚灌木。花期 6 ~ 8 月；果期 8 ~ 10 月。产于玉林、南宁、龙州、平果。生于海拔 200 ~ 1000 m 的路旁荒地、疏林或灌丛中，常见。分布于中国海南、广东、广西、湖南、江西、福建、台湾、浙江、江苏、贵州、云南、四川。原产于巴西，现温带地区广泛分布。

假烟叶树

Solanum erianthum D. Don

　　灌木或小乔木。花、果期几全年。产于玉林市、北海市、钦州市、防城港市、南宁市、崇左市、百色市。生于山坡、荒地灌丛中，很常见。分布于中国海南、广东、广西、福建、台湾、贵州、云南、四川、西藏。原产于美洲南部，现热带亚洲以及大洋洲广泛分布。

膜萼茄

Solanum griffithii (Prain) C. Y. Wu & S. C. Huang

　　草本至亚灌木。花、果期 4～10 月。产于防城、隆安、龙州、百色、平果。生于海拔 260～900 m 的林下、灌丛、路旁，少见。分布于中国广西、云南。缅甸、印度也有分布。

毛茄（大叶毛刺茄）

Solanum lasiocarpum Dunal

Solanum ferox L.

　　草本或亚灌木。花期 6 ~ 10 月；果期 11 ~ 12 月。产于北海、龙州。生于海拔 200 ~ 1000 m 的山谷、路旁或灌丛中，少见。分布于中国海南、广东、广西、台湾、云南。越南、老挝、泰国、柬埔寨、印度尼西亚、菲律宾、印度、斯里兰卡也有分布。

白英

Solanum lyratum Thunb.

　　藤本。花期 6 ~ 10 月；果期 10 ~ 12 月。产于北流、灵山、隆安、宁明、龙州、大新、平果、德保、靖西。生于海拔 600 ~ 1500 m 的山谷草地、路旁、田野，少见。分布于中国海南、广东、广西、湖南、江西、福建、台湾、浙江、江苏、安徽、湖北、贵州、云南、四川、西藏、甘肃、陕西、山西、河南、山东。越南、老挝、泰国、柬埔寨、缅甸、日本、朝鲜也有分布。

乳茄

Solanum mammosum L.

草本或亚灌木。花、果期夏、秋季。玉林市、北海市、钦州市、防城港市、南宁市、崇左市、百色市有栽培。中国海南、广东、广西、云南有栽培。原产于南美洲。

茄

Solanum melongena L.

草本或亚灌木。花、果期夏、秋季。玉林市、北海市、钦州市、防城港市、南宁市、崇左市、百色市有栽培。中国各地有栽培。原产于亚洲热带地区。

疏刺茄

Solanum nienkui Merr. & Chun

　　灌木。花、果期 5 ~ 12 月。产于北海。生于海拔 100 ~ 300 m 的林下、灌丛，少见。分布于中国海南、广西。

龙葵

Solanum nigrum L.

　　草本。花期 5 ~ 8 月；果期 7 ~ 11 月。产于玉林市、北海市、钦州市、防城港市、南宁市、崇左市、百色市。生于旷野或荒坡，常见。分布于中国海南、广西、湖南、福建、台湾、江苏、四川、西藏。印度、日本以及亚洲西南部和欧洲也有分布。

海南茄

Solanum procumbens Lour.

攀援灌木。花期 4 ~ 9 月；果期 9 ~ 12 月。产于北海、合浦。生于海拔 300 m 以下的灌丛或林下，少见。分布于中国海南、广东、广西。越南、老挝也有分布。

珊瑚樱

Solanum pseudocapsicum L.

小灌木。花期夏季；果期秋季。南宁有栽培。中国广东、广西、江西、安徽、湖北等地有栽培。原产于南美洲。

水茄

Solanum torvum Swartz

　　灌木。花、果期几全年。产于玉林、南宁、宁明、龙州、田东、平果、那坡。生于海拔 200 ~ 1500 m 的路边、荒地、灌丛、村旁，很常见。分布于中国海南、广东、广西、福建、台湾、云南、西藏。泰国、缅甸、马来西亚、菲律宾、印度以及热带美洲也有分布。

马铃薯（洋芋）

Solanum tuberosum L.

　　草本。花、果期夏、秋季。玉林市、北海市、钦州市、防城港市、南宁市、崇左市、百色市有栽培。中国各地有栽培。原产于美洲热带山地，现广泛栽培于世界温带地区。

刺天茄

Solanum violaceum Ortega

Solanum indicum L.

灌木。花、果期几全年。产于北海、钦州、上思、东兴、南宁、崇左、宁明、龙州、天等、田阳、平果、德保、靖西、那坡。生于海拔 100 ~ 1500 m 的林下、路边、荒地、灌丛，常见。分布于中国广东、广西、福建、台湾、贵州、云南、四川。亚洲热带地区广泛分布。

黄果茄

Solanum virginianum L.

Solanum xanthocarpum Schrad. & Wendl

草本。花期 11 月至翌年 5 月；果期 6 ~ 9 月。南宁有栽培。分布于中国海南、台湾、湖北、云南、四川。越南、泰国、马来西亚、印度、尼泊尔、斯里兰卡、阿富汗、日本以及亚洲西南部、太平洋岛屿、非洲也有分布。

251. 旋花科
CONVOLVULACEAE

银背藤属 Argyreia Lour.

白鹤藤（绸缎藤）

Argyreia acuta Lour.

攀援灌木。花期 8～10 月；果期 10 月至翌年 1 月。产于博白、北流、北海、合浦、钦州、灵山、上思、南宁、宁明、龙州、大新、百色、靖西。生于低海拔河边、灌丛或疏林中，少见。分布于中国海南、广东、广西。越南、老挝也有分布。

头花银背藤（硬毛白鹤藤）

Argyreia capitiformis (Poir.) Ooststr.

Argyreia capitata (Vahl) Arn. ex Choisy

藤本。花期 9～12 月；果期翌年 2 月。产于防城、扶绥、龙州、大新、百色、靖西、那坡。生于低海拔沟谷林下或灌丛中，常见。分布于中国海南、广西、贵州、云南。越南、老挝、泰国、柬埔寨、缅甸、马来西亚、印度尼西亚、印度也有分布。

东京银背藤

Argyreia pierreana Bois

藤本。花期 7 ~ 10 月；果期 10 月至翌年 2 月。产于南宁、扶绥、宁明、龙州、百色、平果、靖西、那坡。生于海拔 200 ~ 1400 m 的路边灌丛中，常见。分布于中国广西、贵州、云南。越南、老挝也有分布。

菟丝子属 Cuscuta L.

菟丝子

Cuscuta chinensis Lam.

藤本。花期 6 ~ 9 月；果期 8 ~ 10 月。产于南宁、龙州、百色。生于海拔 200 ~ 1000 m 的田野、山坡、路旁灌丛或沿海沙丘，常见。分布于中国各地。亚洲以及澳大利亚也有分布。

马蹄金

Dichondra micrantha Urb.

草本。花期 5 ~ 6 月；果期 8 ~ 9 月。产于隆安、扶绥、龙州、平果、靖西。生于山坡草地、路旁、沟边，少见。分布于中国海南、广东、广西、湖南、江西、福建、台湾、浙江、江苏、安徽、湖北、贵州、云南、四川、西藏。世界热带、亚热带地区也有分布。

飞蛾藤属 Dinetus Buch.-Ham. ex Sweet

飞蛾藤

Dinetus racemosus (Wall.) Sweet

Porana racemosa Wall.

草质藤本。花期夏、秋季；果期秋、冬季。产于宁明、龙州、天等、百色、平果、那坡。生于海拔 700 ~ 1200 m 的山地灌丛中，常见。分布于中国海南、广东、广西、湖南、江西、福建、浙江、江苏、安徽、湖北、贵州、云南、四川、西藏、甘肃、陕西、河南。越南、泰国、印度尼西亚、印度、尼泊尔也有分布。

蕹菜

Ipomoea aquatica Forssk.

　　草本。花、果期 9 ~ 12 月。玉林市、北海市、钦州市、防城港市、南宁市、崇左市、百色市有栽培。中国南方常见栽培或逸为野生。热带亚洲以及非洲、大洋洲也有分布。

番薯（地瓜）

Ipomoea batatas (L.) Lam.

　　藤本。花期 9 ~ 12 月。玉林市、北海市、钦州市、防城港市、南宁市、崇左市、百色市有栽培。中国各地有栽培。原产于美洲热带地区，现世界热带、亚热带地区广泛栽培。

毛牵牛

Ipomoea biflora (L.) Pers.

Ipomoea sinensis (Desr.) Choisy

Aniseia biflora (L.) Choisy

　　攀援或缠绕草本。花、果期秋、冬季。产于北海、防城、宁明、平果、那坡。生于海拔 150 ~ 1000 m 的山坡林下、山谷路旁，常见。分布于中国广东、广西、湖南、江西、福建、台湾、贵州、云南。越南、缅甸、印度尼西亚、印度、澳大利亚、琉球群岛、非洲东部也有分布。

五爪金龙

Ipomoea cairica (L.) Sweet

　　藤本。花期几全年。产于玉林、容县、博白、北流、合浦、防城、南宁、宁明、百色。生于海拔 600 m 以下的平地或山地路边、灌丛，很常见。分布于中国海南、广东、广西、福建、台湾、云南。原产于热带亚洲、非洲。

七爪龙

Ipomoea mauritiana Jacq.

藤本。花期 5 ~ 9 月；果期 9 ~ 11 月。产于玉林、陆川、博白、北流、北海、防城、南宁、扶绥、龙州。生于海拔 200 ~ 1000 m 的山地疏林、溪边灌丛或海滩边矮林，少见。分布于中国海南、广东、广西、台湾、云南。越南、老挝、泰国、柬埔寨、缅甸、马来西亚、印度尼西亚、菲律宾、斯里兰卡、日本、新几内亚以及太平洋岛屿也有分布。

牵牛（喇叭花）

Ipomoea nil (L.) Roth

Pharbitis nil (L.) Choisy

藤本。花、果期 6 ~ 9 月。产于玉林市、北海市、钦州市、防城港市、南宁市、崇左市、百色市，栽培或逸为野生。生于山坡灌丛、路旁，常见。分布于中国大部分地区（西北、东北部分省区除外）。原产于热带美洲，现世界热带、亚热带地区广泛栽培。

小心叶薯（紫心牵牛）

Ipomoea obscura (L.) Ker-Gawl.

　　缠绕草本。花期 6 ~ 12 月。产于北海。生于海拔 100 ~ 500 m 的旷野沙地或海边灌丛，常见。分布于中国海南、广东、广西、台湾、云南。越南、老挝、泰国、柬埔寨、缅甸、马来西亚、印度尼西亚、菲律宾、印度、斯里兰卡、澳大利亚、新几内亚以及太平洋岛屿、非洲东部也有分布。

厚藤（马鞍藤）

Ipomoea pes-caprae (L.) R. Br.

　　藤本。花期几全年，夏、秋季最盛。产于合浦、钦州、防城。生于海滨沙滩上，常见。分布于中国海南、广东、广西、福建、台湾、浙江。世界热带沿海地区也有分布。

圆叶牵牛

Ipomoea purpurea (L.) Roth

Pharbitis purpurea (L.) Voisgt

　　草本。花期 6 ~ 10 月；果期 7 ~ 11 月。产于玉林市、北海市、钦州市、防城港市、南宁市、崇左市、百色市，栽培或逸为野生。生于山谷林下、路旁或田边，常见。中国大部分省区有栽培。原产于热带美洲，现世界各地广泛栽培。

茑萝（茑萝松）

Ipomoea quamoclit L.

Quamoclit pennata (Desr.) Bojer

　　缠绕草本。花期 7 ~ 9 月；果期 8 ~ 10 月。南宁有栽培。中国各地有栽培。原产于热带美洲。

金钟藤（多花山猪菜）

Merremia boisiana (Gagnep.) Ooststr.

藤本。花期 4 ~ 11 月；果期 11 月至翌年 1 月。产于防城、隆安、扶绥、宁明、龙州、大新、凭祥、靖西、那坡。生于海拔 100 ~ 700 m 的疏林湿润处或次生林中，常见。分布于中国海南、广西、云南。越南、老挝、印度尼西亚也有分布。

篱栏网（鱼黄草）

Merremia hederacea (Burm. f.) Hall. f.

藤本。花期 11 月至翌年 3 月。产于南宁、宁明、龙州、百色、田阳、田东、平果。生于海拔 100 ~ 800 m 的灌草丛、路旁，很常见。分布于中国海南、广东、广西、江西、台湾、云南。亚洲东南部、热带非洲以及太平洋岛屿也有分布。

山猪菜

Merremia umbellata (L.) Hall. f. subsp. **orientalis** (Hall. f.) Ooststr.

　　草本。花期几全年。产于玉林、浦北、防城、上思、南宁、龙州、百色、那坡。生于海拔 1500 m 以下的山谷疏林、路旁、灌丛，常见。分布于中国海南、广东、广西、台湾、云南。东南亚、南亚至澳大利亚以及非洲东部也有分布。

掌叶鱼黄草（掌叶山猪菜）

Merremia vitifolia (Burm. f.) Hall. f.

　　缠绕草本。花期 1 ~ 4 月；果期 5 ~ 10 月。产于百色、田阳、那坡。生于海拔 1600 m 以下的林下、路旁、灌丛，少见。分布于中国海南、广东、广西、云南。越南、缅甸、马来西亚、印度尼西亚、印度、斯里兰卡也有分布。

盒果藤

Operculina turpethum (L.) S. Manso

　　草本。花期 10 月至翌年 4 月。产于南宁、宁明、龙州、百色。生于低海拔山谷、路旁、灌丛、溪边，少见。分布于中国海南、广东、广西、台湾、云南。越南、泰国、柬埔寨、缅甸、马来西亚、印度尼西亚、菲律宾、印度、尼泊尔、斯里兰卡、日本、澳大利亚、新几内亚以及非洲东部也有分布。

三翅藤属 Tridynamia Gagnep.

大花三翅藤

Tridynamia megalantha (Merr.) Staples
Porana spectabilis Kurz var. *megalantha* (Merr.) F. C. How ex H. S. Kiu

　　藤本。花、果期全年。产于南宁、隆安、宁明、龙州、天等、田东、平果、德保、靖西。生于山地疏林或灌丛中，常见。分布于中国海南、广东、广西、云南。越南、老挝、泰国、缅甸、马来西亚、印度也有分布。

大果三翅藤

Tridynamia sinensis (Hemsl.) Staples

　　藤本。花期4～9月；果期5～12月。产于平果。生于海拔500 m左右的林下、灌丛，少见。分布于中国广东、广西、湖南、贵州。越南也有分布。

地旋花属 Xenostegia D. F. Austin & Staples

地旋花

Xenostegia tridentata (L.) D. F. Austin & Staples

　　缠绕草本。花、果期全年。产于玉林、北海、合浦、防城。生于海拔300 m以下的旷野沙地、路边、荒地，少见。分布于中国海南、广东、广西、台湾、云南。越南、老挝、泰国、柬埔寨、缅甸、马来西亚、印度尼西亚、新加坡、菲律宾、印度、孟加拉国、澳大利亚、新几内亚以及非洲也有分布。

252. 玄参科
SCROPHULARIACEAE

毛麝香属 Adenosma R. Br.

毛麝香

Adenosma glutinosum (L.) Druce

　　草本。花、果期 7~10 月。产于玉林、容县、博白、北流、北海、合浦、钦州、防城、上思、东兴、南宁、宁明、龙州、靖西、那坡。生于海拔 1500 m 以下的疏林、山坡、路边，很常见。分布于中国海南、广东、广西、江西、福建、云南。南亚、东南亚以及大洋洲也有分布。

香彩雀

Angelonia angustifolia Benth.

　　草本。南宁有栽培。中国海南、广西等地有栽培。原产于美洲热带地区。

金鱼草属 Antirrhinum L.

金鱼草

Antirrhinum majus L.

　　草本。花期全年。玉林市、北海市、钦州市、防城港市、南宁市、崇左市、百色市有栽培。中国各地有栽培。原产于地中海沿岸，现世界各地广泛栽培。

假马齿苋

Bacopa monnieri (L.) Wettst.

匍匐草本。花期 5 ~ 10 月。产于北海、防城、东兴。生于水边、沙滩或旷野草地上，少见。分布于中国海南、广东、广西、福建、台湾、云南。世界热带地区广泛分布。

来江藤属 Brandisia Hook. f. & Thomson

茎花来江藤

Brandisia cauliflora Tsoong & L. T. Lu

灌木。花期 6 ~ 7 月；果期秋季。产于龙州、大新、天等、平果、德保、靖西、那坡。生于低山林下或灌丛中，很少见。分布于中国广西。

来江藤

Brandisia hancei Hook. f.

灌木。花期 11 月至翌年 2 月；果期 3 ~ 4 月。产于那坡。生于海拔 600 ~ 1500 m 的林中或林缘，少见。分布于中国广东、广西、湖北、贵州、云南、四川、陕西。

岭南来江藤

Brandisia swinglei Merr.

灌木。花期 6 ~ 11 月；果期 12 月至翌年 6 月。产于防城、那坡。生于海拔 500 ~ 1000 m 的坡地，少见。分布于中国广东、广西、湖南。

毛地黄

Digitalis purpurea L.

草本。花期 4 ~ 6 月。南宁有栽培。中国各地有栽培。原产于欧洲。

石龙尾属 Limnophila R. Br.

中华石龙尾

Limnophila chinensis (Osbeck) Merr.

草本。花、果期 10 月至翌年 5 月。产于玉林、上思、南宁。生于水旁或田边湿地，常见。分布于中国海南、广东、广西、云南。越南、老挝、泰国、柬埔寨、马来西亚、印度尼西亚、印度、澳大利亚也有分布。

大叶石龙尾（水八角）

Limnophila rugosa (Roth) Merr.

草本。花、果期 8 ~ 11 月。产于玉林、防城。生于山谷、水旁、草地，少见。分布于中国海南、广东、广西、湖南、福建、台湾、云南。越南、老挝、泰国、缅甸、马来西亚、印度尼西亚、菲律宾、印度、尼泊尔、不丹、日本以及太平洋岛屿也有分布。

钟萼草属 Lindenbergia Lehm.

野地钟萼草

Lindenbergia muraria (Roxb. ex D. Don) Brühl

草本。花期 7 ~ 9 月；果期 10 月。产于容县、扶绥、宁明、龙州、平果、靖西、那坡。生于海拔 500 ~ 1500 m 的山坡、路旁、河边，少见。分布于中国广东、广西、湖北、贵州、云南、四川、西藏。越南、缅甸、斯里兰卡、阿富汗也有分布。

钟萼草

Lindenbergia philippensis
(Cham.) Benth.

草本。花、果期11月至翌年3月。产于隆安、天等、平果、靖西、那坡。生于海拔500～1600 m的山坡、岩壁、墙缝中，少见。分布于中国广东、广西、湖南、湖北、贵州、云南。泰国、缅甸、菲律宾、印度也有分布。

母草属 Lindernia All.

长蒴母草

Lindernia anagallis (Burm. f.) Pennell

草本。花期4～9月；果期6～11月。产于玉林、容县、陆川、博白、合浦、灵山、浦北、上思、南宁、隆安、龙州、百色。生于海拔1500 m以下的林缘、溪旁、田野，常见。分布于中国海南、广东、广西、湖南、江西、福建、台湾、贵州、云南、四川。越南、老挝、泰国、柬埔寨、缅甸、马来西亚、菲律宾、印度、不丹、日本、澳大利亚也有分布。

泥花草

Lindernia antipoda (L.) Alston

草本。花、果期春季至秋季。产于玉林、北流、龙州、百色。生于田边或潮湿草地，常见。分布于中国海南、广东、广西、湖南、江西、福建、台湾、浙江、江苏、安徽、湖北、贵州、云南、四川。越南、老挝、泰国、柬埔寨、缅甸、马来西亚、菲律宾、印度、尼泊尔、不丹、斯里兰卡、日本、澳大利亚以及太平洋岛屿也有分布。

母草

Lindernia crustacea (L.) F. Muell.

草本。花、果期全年。产于玉林、博白、北流、北海、合浦、防城、南宁、龙州、平果。生于田野、溪旁、路边等低湿处，常见。分布于中国海南、广东、广西、湖南、江西、福建、台湾、浙江、江苏、安徽、湖北、贵州、云南、四川、西藏、河南。世界热带、亚热带地区广泛分布。

陌上菜

Lindernia procumbens (Krock.) Philcox

　　草本。花期 7 ~ 10 月；果期 9 ~ 11 月。产于北流、北海、扶绥。生于田野、水边，少见。分布于中国广东、广西、湖南、江西、台湾、浙江、江苏、安徽、湖北、贵州、云南、四川、吉林、黑龙江。越南、老挝、泰国、印度尼西亚、印度、尼泊尔、巴基斯坦、阿富汗、哈萨克斯坦、塔吉克斯坦、俄罗斯、日本以及欧洲南部也有分布。

圆叶母草

Lindernia rotundifolia (L.) Alston

　　草本。花、果期夏、秋季。产于北海，逸为野生。生于田边或荒地，少见。分布于中国海南、广东，广西首次记录。原产于南美洲。

旱田草

Lindernia ruellioides (Colsm.) Pennell

　　草本。花期 6 ~ 9 月；果期 7 ~ 11 月。产于玉林、博白、北流、上思、南宁、宁明、龙州、平果、那坡。生于林下、山谷、草地，常见。分布于中国海南、广东、广西、湖南、江西、福建、台湾、湖北、贵州、云南、四川、西藏。越南、柬埔寨、缅甸、马来西亚、印度尼西亚、菲律宾、印度、日本、新几内亚也有分布。

通泉草属 Mazus Lour.

通泉草

Mazus pumilus (Burm. f.) Steenis

Mazus japonicus (Thunb.) Kuntze

　　草本。花、果期 4 ~ 10 月。产于上思、南宁、龙州、百色、平果、靖西。生于林缘、沟边、草坡、路旁，常见。分布于中国各地（青海、宁夏、内蒙古、新疆除外）。越南、泰国、印度尼西亚、菲律宾、不丹、日本、朝鲜、俄罗斯、新几内亚也有分布。

苦玄参

Picria felterrae Lour.

　　草本。花、果期3~10月。产于龙州、平果。生于海拔600~1000 m的疏林下或田野中，少见。分布于中国广东、广西、贵州、云南。越南、老挝、泰国、缅甸、马来西亚、印度尼西亚、菲律宾、印度也有分布。

爆仗竹属 Russelia Jacq.

爆仗竹

Russelia equisetiformis Schlecht. & Cham.

　　草本。花期春季至秋季。南宁有栽培。中国广东、广西、福建等地有栽培。原产于墨西哥。

野甘草（土甘草）

Scoparia dulcis L.

　　草本。花、果期春季至秋季。产于博白、北流、北海、合浦、钦州、南宁，逸为野生。生于山坡、荒地、路旁，常见。分布于中国海南、广东、广西、福建、云南，逸为野生。原产于美洲热带地区，现世界热带地区广泛分布。

独脚金属 Striga Lour.

独脚金

Striga asiatica (L.) Kuntze

　　草本。花期 4～10 月。产于北海、防城、南宁、隆安、崇左、龙州、百色、平果、德保、靖西、那坡。生于海拔 800 m 以下的荒草地，少见。分布于中国海南、广东、广西、湖南、江西、福建、台湾、贵州、云南。越南、泰国、柬埔寨、菲律宾、印度、尼泊尔、不丹、斯里兰卡以及非洲、美洲也有分布。

光叶蝴蝶草（长叶蝴蝶草）

Torenia asiatica L.

Torenia glabra Osbeck

　　草本。花、果期 6 ~ 9 月。产于龙州、那坡。生于海拔 300 ~ 1500 m 的沟边湿润处，少见。分布于中国海南、广东、广西、湖南、江西、福建、浙江、湖北、贵州、云南、四川、西藏。越南、日本也有分布。

二花蝴蝶草

Torenia biniflora T. L. Chin & D. Y. Hong

　　草本。花、果期 7 ~ 10 月。产于上思、靖西。生于密林下或路旁阴湿处，少见。分布于中国海南、广东、广西。

单色蝴蝶草

Torenia concolor Lindl.

　　草本。花、果期 5 ~ 11 月。产于南宁、隆安、扶绥、龙州、大新、百色、田东、平果。生于林下、山谷、路旁，常见。分布于中国海南、广东、广西、台湾、贵州、云南。越南、老挝、日本也有分布。

黄花蝴蝶草

Torenia flava Buch.-Ham. ex Benth.

　　草本。花、果期 5 ~ 12 月。产于防城、东兴、龙州。生于林下、溪旁、旷野，少见。分布于中国海南、广东、广西、台湾。越南、老挝、柬埔寨、缅甸、马来西亚、印度尼西亚、印度也有分布。

蓝猪耳

Torenia fournieri Linden. ex Fourn.

　　草本。花、果期 6 ~ 12 月。玉林市、北海市、钦州市、防城港市、南宁市、崇左市、百色市有栽培。分布于中国广东、广西、福建、台湾、浙江、云南，栽培或逸为野生。越南、老挝、泰国、柬埔寨也有分布。

婆婆纳属 Veronica L.

阿拉伯婆婆纳

Veronica persica Poir.

　　草本。花期 3 ~ 5 月。产于北海。生于路边或荒野，少见。分布于中国广西、湖南、江西、福建、台湾、浙江、江苏、安徽、湖北、贵州、云南、西藏、新疆。原产于亚洲西部以及欧洲。

水苦荬

Veronica undulata Wall. ex Jack

草本。花期 4 ~ 9 月。产于隆安、横县、田阳、德保、那坡。生于水边或沼地,常见。分布于中国各地(西藏、青海、宁夏、内蒙古除外)。越南、老挝、泰国、印度、尼泊尔、巴基斯坦、阿富汗、日本、朝鲜也有分布。

腹水草属 Veronicastrum Heist. ex Farbic.

四方麻

Veronicastrum caulopterum (Hance) Yamazaki

草本。花期 8 ~ 11 月。产于南宁、那坡。生于海拔 1600 m 以下的山谷草丛或疏林下,少见。分布于中国广东、广西、湖南、江西、湖北、贵州、云南。

253. 列当科
OROBANCHACEAE

野菰属 Aeginetia L.

野菰

Aeginetia indica L.

　　寄生草本。花期4～9月；果期8～10月。产于北流、上思、平果。生于海拔200～1500 m的土层深厚、湿润的地方，少见。分布于中国海南、广东、广西、湖南、江西、福建、台湾、浙江、江苏、安徽、贵州、云南、四川。越南、缅甸、马来西亚、菲律宾、印度、斯里兰卡、日本也有分布。

254. 狸藻科
LENTIBULARIACEAE

狸藻属 Utricularia L.

挖耳草

Utricularia bifida L.

　　草本。花期 6 ~ 12 月；果期 7 月
至翌年 1 月。产于容县、北海、钦州、
灵山、防城、上思、东兴、南宁。生
于海拔 1300 m 以下的沼泽地、田野或
沟边湿地，少见。分布于中国海南、
广东、广西、湖南、江西、福建、台湾、
浙江、江苏、安徽、湖北、重庆、贵州、
云南、河南、山东。东南亚、南亚、
东亚以及澳大利亚也有分布。

圆叶挖耳草（圆叶狸藻）

Utricularia striatula J. Smith
Utricularia orbiculata Wall. ex A.
DC.

　　草本。花期 6 ~ 10 月；果期
7 ~ 11 月。产于上思、平果。生于海
拔 400 ~ 1300 m 的潮湿岩石或树上，
少见。分布于中国海南、广东、广西、
湖南、江西、福建、台湾、浙江、安
徽、贵州、云南、四川、西藏。越南、
泰国、缅甸、马来西亚、印度尼西亚、
菲律宾、印度、尼泊尔、不丹、斯里
兰卡、巴布亚新几内亚以及热带非洲、
印度洋岛屿也有分布。

256. 苦苣苔科
GESNERIACEAE

横蒴苣苔属 Beccarinda Kuntze

横蒴苣苔

Beccarinda tonkinensis (Pellegr.) B. L. Burtt

Beccarinda sinensis (Chun) B. L. Burtt

　　草本。花期 4 ~ 6 月；果期 5 ~ 9 月。产于钦州、防城、上思、南宁、那坡。生于海拔 600 ~ 1500 m 的山谷或山坡林下岩石上，少见。分布于中国广西、贵州、云南、四川。越南也有分布。

多痕奇柱苣苔（多痕唇柱苣苔）

Deinostigma cicatricosa (W. T. Wang) D. J. Middleton & Mich. Möller

Chirita cicatricosa W. T. Wang

Chirita minutihamata Wood

草本。花期 10 月。产于防城、东兴。生于山地疏林中，少见。分布于中国广西。越南也有分布。

圆唇苣苔属 Gyrocheilos W. T. Wang

圆唇苣苔

Gyrocheilos chorisepalus W. T. Wang

Gyrocheilos chorisepalum W. T. Wang

草本。花期 4～5 月；果期 7 月。产于宁明。生于海拔 600～700 m 的山谷溪边石上或陡崖阴湿处，少见。分布于中国广西。

红苞半蒴苣苔

Hemiboea rubribracteata Z. Y. Li & Yan Liu

　　草本。花期 6 ~ 10 月；果期 9 ~ 12 月。产于隆安、龙州、大新、田阳、平果、靖西。生于海拔 300 ~ 600 m 的石灰岩山坡林下，少见。分布于中国广西。

降龙草（半蒴苣苔）

Hemiboea subcapitata C. B. Clarke

Hemiboea henryi C. B. Clarke

　　草本。花期 8 ~ 10 月；果期 10 ~ 12 月。产于那坡。生于海拔 350 ~ 1500 m 的山谷林下石上或沟边阴湿处，少见。分布于中国广东、广西、湖南、江西、福建、浙江、江苏、安徽、湖北、贵州、云南、四川、甘肃、陕西、河南。

光萼汉克苣苔（光萼唇柱苣苔）

Henckelia anachoreta (Hance) D. J. Middleton & Mich. Möller

Chirita anachoreta Hance

　　草本。花期 7 ~ 10 月；果期 9 ~ 12 月。产于防城、东兴、横县、宁明、那坡。生于海拔 600 ~ 1000 m 的山谷林下石上或溪边石上，常见。分布于中国广东、广西、湖南、台湾、云南。越南、老挝、泰国、缅甸也有分布。

角萼汉克苣苔（角萼唇柱苣苔）

Henckelia ceratoscyphus (B. L. Burtt) D. J. Middleton & Mich. Möller

Chirita ceratoscyphus B. L. Burtt

Chirita corniculata Pellegr.

　　草本。花期 4 ~ 6 月。产于上思、宁明。生于海拔 600 m 的山谷溪边阴处，少见。分布于中国广西。越南也有分布。

长梗吊石苣苔

Lysionotus longipedunculatus
(W. T. Wang) W. T. Wang

　　半灌木。花期 9 ~ 10 月。产于靖西。生于海拔 600 ~ 800 m 的石灰岩山坡林下，很少见。分布于中国广西、云南。

长圆吊石苣苔

Lysionotus oblongifolius W. T. Wang

　　半灌木。花期 9 ~ 10 月；果期 10 ~ 12 月。产于隆安、龙州、大新、平果、靖西、那坡。生于海拔 300 ~ 900 m 的石灰岩林下，常见。分布于中国广西。

吊石苣苔

Lysionotus pauciflorus Maxim.

Lysionotus pauciflorus Maxim. var. *linearis* Rehd.

Lysionotus pauciflorus Maxim. var. *latifolius* W. T. Wang

Lysionotus pauciflorus Maxim. var. *lancifolius* W. T. Wang

　　小灌木。花期 6 ~ 12 月；果期 8 月至翌年 1 月。产于容县、北流、防城、龙州、百色、平果、德保、靖西、那坡。生于海拔 100 ~ 1500 m 的山地林中、阴处石崖或树上，很常见。分布于中国海南、广东、广西、湖南、江西、福建、台湾、浙江、江苏、安徽、湖北、贵州、云南、四川、陕西。越南、日本也有分布。

钩序苣苔属 Microchirita (C. B. Clarke) Y. Z. Wang

钩序苣苔（钩序唇柱苣苔）

Microchirita hamosa (R. Br.) Y. Z. Wang

Chirita hamosa R. Br.

　　草本。花期 7 ~ 10 月。产于北流、南宁、龙州、大新、天等、百色、平果、靖西、那坡。生于海拔 300 ~ 750 m 的林中石上、沟边或陡崖上，常见。分布于中国广西、云南。越南、老挝、泰国、缅甸、马来西亚、印度、孟加拉国也有分布。

紫花马铃苣苔

Oreocharis argyreia Chun ex K. Y. Pan

　　草本。花期 6 ~ 10 月；果期 10 ~ 12 月。产于防城、上思、靖西。生于海拔 500 ~ 1100 m 的山坡林下岩石上，少见。分布于中国广东、广西。

窄叶马铃苣苔

Oreocharis argyreia Chun ex K. Y. Pan var. **angustifolia** K. Y. Pan

　　草本。花期 6 ~ 10 月。产于上思。生于海拔 600 m 的山地岩石上，少见。分布于中国广西。

大叶石上莲

Oreocharis benthamii C. B. Clarke

Didymocarpus oreocharis Hance

　　草本。花期 7 ~ 8 月；果期 8 ~ 10 月。产于陆川、博白、横县。生于海拔 200 ~ 800 m 的山坡溪边岩石上，少见。分布于中国广东、香港、广西、湖南、江西、福建。

蛛毛苣苔属 Paraboea (C. B. Clarke) Ridley

锈色蛛毛苣苔

Paraboea rufescens (Franch.) B. L. Burtt

　　草本。花期 6 ~ 9 月；果期 7 ~ 10 月。产于灵山、崇左、扶绥、龙州、大新、百色、田东、平果、那坡。生于海拔 200 ~ 1500 m 的山顶岩石上或疏林中，很常见。分布于中国广西、贵州、云南。越南、泰国也有分布。

蛛毛苣苔

Paraboea sinensis (Oliv.) B. L. Burtt

小灌木。花期5～7月；果期6～8月。产于龙州、那坡。生于海拔500～1400 m的山坡林下石缝中或陡崖上，少见。分布于中国广西、湖北、贵州、云南、四川。越南、泰国、缅甸也有分布。

锥序蛛毛苣苔

Paraboea swinhoei (Hance) B. L. Burtt

Boea swinhoei Hance

小灌木。花期6～7月；果期7～9月。产于龙州、大新、天等、平果、德保、靖西。生于海拔300～800 m的山坡林下岩石上，常见。分布于中国广西、台湾、贵州。越南、泰国、菲律宾也有分布。

弄岗石山苣苔

Petrocodon longgangensis W. H. Wu & W. B. Xu

　　草本。花期 10 ~ 11 月；果期 11 ~ 12 月。产于龙州。生于海拔 300 ~ 400 m 的石灰岩山坡林下潮湿石壁上，很少见。分布于中国广西。

报春苣苔属 Primulina Hance

肥牛草

Primulina hedyotidea (Chun) Y. Z. Wang

Chirita hedyotidea (Chun) W. T. Wang

Didymocarpus hedyotideus Chun

　　草本。花期 9 ~ 10 月。产于宁明、龙州、凭祥。生于海拔 160 ~ 300 m 的石灰岩阴处岩石或陡崖上，少见。分布于中国广西。

弄岗唇柱苣苔（红药）

Primulina longgangensis (W. T. Wang) Yan Liu & Y. Z. Wang

Chirita longgangensis W. T. Wang

Chirita longgangensis W. T. Wang var. *hongyao* S. Z. Huang

　　草本。花期 10 ~ 12 月。产于龙州、大新、天等、靖西。生于海拔 250 ~ 320 m 的石灰岩阴处石缝中，少见。分布于中国广西。

微斑唇柱苣苔

Primulina minutimaculata (D. Fang & W. T. Wang) Y. Z. Wang

Chirita minutimaculata D. Fang & W. T. Wang

　　草本。花期 4 ~ 5 月。产于龙州、天等。生于石灰岩林中石上，少见。分布于中国广西。越南也有分布。

宁明唇柱苣苔

Primulina ningming (Yan Liu & W. H. Wu) W. B. Xu & K. F. Chung

Chirita ningmingensis Yan Liu & W. H. Wu

草本。花期8～9月。产于宁明、龙州。生于海拔200～300 m的石灰岩洞口或山坡林下石壁上,很少见。分布于中国广西。

条叶唇柱苣苔

Primulina ophiopogoides (D. Fang & W. T. Wang) Y. Z. Wang

Chirita ophiopogoides D. Fang & W. T. Wang

草本。花期3～4月。产于扶绥。生于海拔160～400 m的石灰岩陡崖石缝中,少见。分布于中国广西。

中越报春苣苔

Primulina sinovietnamica W. H. Wu & Q. Zhang

　　草本。花期 9 ~ 10 月；果期 10 ~ 12 月。产于龙州。生于海拔 200 ~ 600 m 的石灰岩山坡或山顶林下石缝中，很少见。分布于中国广西。越南也有分布。

刺齿唇柱苣苔

Primulina spinulosa (D. Fang & W. T. Wang) Y. Z. Wang

Chirita spinulosa D. Fang & W. T. Wang

　　草本。花期 11 月。产于崇左、扶绥。生于海拔 100 ~ 300 m 的石灰岩峭壁石缝中，少见。分布于中国广西。

粉绿异裂苣苔

Pseudochirita guangxiensis (S. Z. Huang) W. T. Wang var. **glauca** Y. G. Wei & Yan Liu

　　草本。花期8～9月。产于龙州、大新、天等、平果、靖西。生于海拔200～550 m的石灰岩山坡林下，常见。分布于中国广西。

漏斗苣苔属 Raphiocarpus Chun

无毛漏斗苣苔

Raphiocarpus sinicus Chun

Didissandra sinica (Chun) W. T. Wang

　　灌木。花期7～8月；果期9～10月。产于防城、上思、东兴、宁明、龙州。生于海拔400～1300 m的山地密林中或山坡、山谷潮湿地，少见。分布于中国广西。越南也有分布。

257. 紫葳科
BIGNONIACEAE

梓属 Catalpa Scop.

灰楸
Catalpa fargesii Bureau

　　乔木。花期 3 ~ 5 月；果期 6 ~ 11
月。钦州、防城、南宁有栽培。分布于
中国广东、广西、湖南、湖北、贵州、
云南、四川、陕西、河南、山东、河北。

风铃木属 Handroanthus Mattos

黄花风铃木
Handroanthus chrysanthus (Jacq.) S. O. Grose
Tabebuia chrysantha (Jacq.) Nichols.

　　乔木。花期 1 ~ 3 月；果期 7 ~ 8 月。玉林市、北海市、钦州市、防城港市、南宁市、崇左市、百
色市有栽培。中国南方有栽培。原产于南美洲热带地区。

蓝花楹

Jacaranda mimosifolia D. Don

乔木。花期 4～6 月；果期 6～10 月。合浦、钦州、南宁、宁明有栽培。中国海南、广东、广西、福建、云南有栽培。原产于南美洲。

吊瓜树属 Kigelia DC.

吊瓜树（吊灯树）

Kigelia africana (Lam.) Benth.

乔木。花期夏、秋季。北海、钦州、南宁有栽培。中国海南、广东、广西、福建、台湾、云南有栽培。原产于热带非洲。

蒜香藤

Mansoa alliacea (Lam.) A. H. Gentry

攀援藤本。花期夏、秋季。北海、南宁有栽培。中国海南、广东、广西有栽培。原产于西印度群岛至南美洲。

猫尾木属 Markhamia Seem. ex Baill.

西南猫尾木

Markhamia stipulata (Wall.) Seem.
Dolichandrone stipulata (Wall.)
Benth. & Hook. f.

乔木。花期 9 ~ 12 月；果期翌年 2 ~ 3 月。产于龙州、靖西、那坡。生于海拔 280 ~ 500 m 的山谷林中，少见。分布于中国海南、广东、广西、云南。越南、老挝、泰国、柬埔寨、缅甸也有分布。

毛叶猫尾木

Markhamia stipulata (Wall.) Seem. var. **kerrii** Sprague

Markhamia cauda-felina (Hance) Sprague

Dolichandrone cauda-felina (Hance) Benth. & Hook. f.

　　乔木。花期秋季至冬初。产于宁明、龙州。生于海拔200～300 m的山地林缘，少见。分布于中国海南、广东、广西、福建、云南。越南、老挝、泰国、缅甸也有分布。

火烧花属 Mayodendron Kurz

火烧花

Mayodendron igneum (Kurz) Kurz

　　乔木。花期2～5月；果期5～9月。产于宁明、龙州、田阳、靖西。生于低山林中，很少见。分布于中国海南、广东、广西、台湾、云南。越南、老挝、泰国、缅甸也有分布。

木蝴蝶

Oroxylum indicum (L.) Benth. ex Kurz

　　乔木。花期 6 ~ 8 月；果期 9 ~ 11 月。产于隆安、崇左、扶绥、宁明、龙州、大新、天等、凭祥、百色、田阳、田东、平果、德保、靖西、那坡。生于海拔 1000 m 以下的低丘、河谷或疏林中，很常见。分布于中国海南、广东、广西、福建、台湾、贵州、云南、四川。越南、老挝、泰国、柬埔寨、缅甸、马来西亚、印度尼西亚、菲律宾、印度也有分布。

非洲凌霄属 Podranea Sprague

非洲凌霄

Podranea ricasoliana (Tanf.) Sprague

　　灌木。花期 8 ~ 9 月。南宁有栽培。中国华南地区有栽培。原产于非洲。

炮仗花
Pyrostegia venusta (Ker-Gawl.) Miers

　　藤本。花期 1 ~ 3 月。南宁有栽培。中国海南、广东、广西、福建、台湾、云南有栽培。原产于巴西。

菜豆树属 Radermachera Zoll. & Mor.

美叶菜豆树
Radermachera frondosa Chun & F. C. How

　　乔木。花期几全年。产于龙州、大新。生于疏林或灌丛中，少见。分布于中国海南、广东、广西。

海南菜豆树

Radermachera hainanensis Merr.

乔木。花期6月或11月至翌年1月；果期8～9月或翌年2～3月。产于龙州、靖西。生于海拔200～550 m的山坡林中，少见。分布于中国海南、广东、广西、云南。

菜豆树

Radermachera sinica (Hance) Hemsl.

乔木。花期5～9月；果期10～12月。产于防城、南宁、隆安、崇左、扶绥、宁明、龙州、大新、天等、凭祥、百色、田阳、田东、平果、德保、靖西、那坡。生于海拔300～750 m的山谷或平地疏林中，很常见。分布于中国海南、广东、广西、台湾、贵州、云南。越南、缅甸、印度、不丹也有分布。

火焰树

Spathodea campanulata P. Beauv.

　　乔木。花期 4 ~ 5 月。玉林市、北海市、钦州市、防城港市、南宁市、崇左市、百色市有栽培。中国海南、广东、广西、福建、台湾、云南有栽培。原产于非洲。

羽叶楸属 Stereospermum Cham.

羽叶楸

Stereospermum colais (Buch.-Ham. ex Dillwyn) Mabberley

　　乔木。花期 5 ~ 7 月；果期 9 ~ 11 月。产于南宁、龙州、百色、平果、那坡。生于海拔 350 ~ 600 m 的石灰岩林中，常见。分布于中国广西、贵州、云南。越南、老挝、泰国、柬埔寨、缅甸、马来西亚、印度尼西亚、印度、斯里兰卡也有分布。

黄钟树

Tecoma stans (L.) Juss. ex Kunth

Stenolobium stans (L.) Seem.

灌木或小乔木。花期7月至翌年1月；果期翌年2～7月。北海、南宁有栽培。中国华南地区有栽培。原产于美洲大陆和西印度群岛。

硬骨凌霄属 Tecomaria Spach

硬骨凌霄

Tecomaria capensis (Thunb.) Spach

灌木。花期8～12月。北海、南宁有栽培。中国海南、广东、广西、云南有栽培。原产于南非。

258. 胡麻科

PEDALIACEAE

胡麻属 Sesamum L.

芝麻

Sesamum indicum L.

草本。花期 6 ~ 8 月；果期 9 ~ 10 月。玉林市、北海市、钦州市、防城港市、南宁市、崇左市、百色市有栽培。中国各地有栽培。世界各地广泛种植。

259. 爵床科
ACANTHACEAE

老鼠簕属 Acanthus L.

老鼠簕

Acanthus ilicifolius L.

　　灌木。花期 2 ～ 3 月；果期 8 ～ 9 月。产于北海、合浦、钦州、防城、东兴。生于海岸或潮汐可达的滨海滩涂，常见。分布于中国海南、广东、广西、福建。越南、泰国、柬埔寨、缅甸、马来西亚、印度尼西亚、菲律宾、印度、斯里兰卡、澳大利亚、巴布亚新几内亚以及太平洋岛屿也有分布。

穿心莲

Andrographis paniculata (Burm. f.) Wall. ex Nees

草本。花、果期全年。北海、南宁有栽培。中国海南、广东、广西、福建、云南有栽培。原产于印度和斯里兰卡。

十万错属 Asystasia Blume

宽叶十万错

Asystasia gangetica (L.) T. Anders.

草本。花期 9 ~ 12 月；果期 12 月至翌年 3 月。产于龙州，逸为野生。分布于中国广东、广西、台湾、云南。原产于印度。

白接骨

Asystasiella neesiana (Wall.) Lindau

Asystasia neesiana (Wall.) Nees

    草本。花期 7 ~ 9 月；果期 10 月至翌年 1 月。产于防城、南宁、崇左、靖西、那坡。生于海拔 900 m 以下的林下或溪边，少见。分布于中国广东、广西、湖南、江西、福建、台湾、浙江、江苏、安徽、湖北、贵州、云南、四川。越南、老挝、泰国、缅甸、马来西亚、印度尼西亚、印度也有分布。

假杜鹃属 Barleria L.

假杜鹃

Barleria cristata L.

    灌木。花期 11 ~ 12 月。产于北海、合浦、龙州、百色、田阳、平果。生于低海拔山坡、路旁或疏林下，常见。分布于中国海南、广东、广西、福建、台湾、贵州、云南、四川、西藏。越南、老挝、泰国、柬埔寨、缅甸、印度尼西亚、新加坡、菲律宾、印度、尼泊尔、不丹、斯里兰卡、巴基斯坦也有分布。

色萼花

Chroesthes lanceolata (T. Anders) B. Hansen

　　灌木。花期 2 ~ 3 月；果期 5 ~ 7 月。产于横县、扶绥、百色、平果、德保、那坡。生于海拔 1400 m
以下的林下，少见。分布于中国广西、云南。越南、老挝、泰国、缅甸也有分布。

钟花草属 Codonacanthus Nees

钟花草

Codonacanthus pauciflorus (Nees) Nees

　　草本。花、果期 8 月至翌年 4 月。产于
防城、上思、龙州。生于海拔 600 ~ 1500 m
的密林下或潮湿山谷，少见。分布于中国海
南、广东、广西、江西、福建、台湾、贵州、
云南。越南、泰国、柬埔寨、缅甸、印度、
不丹、日本也有分布。

狗肝菜

Dicliptera chinensis (L.) Juss.

草本。花期9月至翌年1月；果期11月至翌年2月。产于玉林、防城、上思、南宁、隆安、崇左、宁明、龙州、凭祥、百色、靖西、那坡。生于海拔500 m以下的路旁、旷野或疏林下，常见。分布于中国海南、广东、广西、福建、台湾、贵州、云南、四川。越南、印度、孟加拉国也有分布。

可爱花属 Eranthemum L.

可爱花（喜花草）

Eranthemum pulchellum Andrews

灌木。花期春季。玉林市、北海市、钦州市、防城港市、南宁市、崇左市、百色市有栽培。分布于中国云南，华南地区有栽培。印度也有分布。

矮裸柱草

Gymnostachyum subrosulatum H. S. Lo

　　草本。花期 4 ~ 5 月；果期 6 ~ 9 月。产于宁明、龙州、大新。生于海拔 200 ~ 300 m 的石灰岩林下，很少见。分布于中国广西。

水蓑衣属 Hygrophila R. Br.

水蓑衣

Hygrophila ringens (L.) R. Br. ex Spreng.

Hygrophila salicifolia (Vahl) Nees

　　草本。花期 8 ~ 10 月；果期 12 月至翌年 2 月。产于合浦、钦州、防城、上思、隆安、扶绥、龙州、百色、靖西。生于溪沟边或洼地，少见。分布于中国海南、广东、广西、湖南、江西、福建、台湾、浙江、安徽、湖北、云南、四川。越南、老挝、泰国、柬埔寨、缅甸、马来西亚、印度尼西亚、菲律宾、印度、尼泊尔、不丹、巴基斯坦、日本也有分布。

鸭嘴花

Justicia adhatoda L.

灌木。花期 3 ~ 5 月。玉林市、北海市、钦州市、防城港市、南宁市、崇左市、百色市有栽培。中国海南、广东、广西、云南有栽培。热带地区广泛栽培并归化。

桂南爵床（石蓝）

Justicia austroguangxiensis H. S. Lo & D. Fang

草本。花期 4 ~ 12 月。产于隆安、崇左、扶绥、宁明、龙州、大新。生于海拔 150 ~ 400 m 的石灰岩密林下，常见。分布于中国广西。

白脉爵床

Justicia austroguangxiensis H. S. Lo & D. Fang f. **albinervia** D. Fang & H. S. Lo

　　草本。产于宁明、龙州、大新。生于石灰岩密林下，很少见。分布于中国广西。

绿苞爵床（白苞爵床）

Justicia betonica L.

　　灌木。南宁有栽培。中国南方有栽培。原产于南非，现世界热带地区常见栽培。

心叶爵床

Justicia cardiophylla D. Fang & H. S. Lo

草本。花期3～6月。产于大新、天等、靖西。生于海拔400～600 m的石灰岩林下，很少见。分布于中国广西。越南也有分布。

小驳骨

Justicia gendarussa Burm. f.

Gendarussa vulgaris Nees

草本或半灌木。花期春季。产于博白、钦州、南宁、隆安、龙州、百色、田阳、那坡，栽培或半野生。生于路边、灌丛中，少见。分布于中国海南、广东、广西、台湾、云南，栽培或归化。越南、老挝、泰国、柬埔寨、缅甸、马来西亚、印度尼西亚、菲律宾、印度、斯里兰卡、巴布亚新几内亚也有分布。

琴叶爵床

Justicia panduriformis Benoist

灌木。花期 5 ~ 9 月。产于龙州。生于石灰岩林下，很少见。
分布于中国广西、云南。越南也有分布。

爵床

Justicia procumbens L.

草本。花期几全年。产于玉林、北流、北海、合浦、防城、南宁、隆安、龙州、大新、百色、平果、
靖西、那坡。生于海拔 1500 m 以下的旷野、林下、草丛，常见。分布于中国海南、广东、广西、湖南、
江西、福建、台湾、浙江、江苏、安徽、湖北、重庆、贵州、云南、四川、西藏、陕西、河南、河北。
亚洲南部以及澳大利亚也有分布。

黄花爵床

Justicia pseudospicata
H. S. Lo & D. Fang

　　草本。花期5~6月。产于德保。生于海拔1300~1500 m的林中石上，很少见。分布于中国广西。

鳞花草属 Lepidagathis Willd.

鳞花草

Lepidagathis incurva Buch.-Ham. ex D. Don

　　草本。花、果期10月至翌年3月。产于容县、北流、北海、防城、上思、南宁、百色、那坡。生于近村的草地、灌丛或河滩，少见。分布于中国海南、广东、广西、云南。越南、泰国、缅甸、印度、孟加拉国也有分布。

纤穗爵床

Leptostachya wallichii Nees

　　草本。花期 6 ~ 9 月。产于博白、上思、东兴、南宁、宁明、龙州、凭祥、靖西、那坡。生于海拔 170 ~ 1000 m 的阔叶林下，少见。分布于中国海南、广东、广西。越南、老挝、泰国、缅甸、马来西亚、印度尼西亚、印度、不丹也有分布。

赤苞花属 Megaskepasma Lindau.

赤苞花

Megaskepasma erythrochlamys Lindau.

　　灌木。花期 3 ~ 7 月。南宁有栽培。中国南方有栽培。原产于中美洲。

红楼花（红苞花）

Odontonema strictum (Nees) Kuntze

　　灌木。花期 9 ~ 12 月。玉林市、北海市、钦州市、防城港市、南宁市、崇左市、百色市有栽培。中国华南地区有栽培。原产于中美洲，现热带地区普遍栽培。

金苞花属 Pachystachys Nees

金苞花

Phachystachys lutea Nees

　　小灌木。花期 4 ~ 10 月。玉林市、北海市、钦州市、防城港市、南宁市、崇左市、百色市有栽培。中国南方有栽培。原产于秘鲁和墨西哥，现世界各地有栽培。

观音草

Peristrophe bivalvis (L.) Merr.

草本。花期 8 月至翌年 3 月。产于防城、上思、龙州、百色、那坡。生于海拔 500 ~ 1000 m 的林下，常见。分布于中国海南、广东、广西、湖南、江西、福建、江苏、湖北、贵州、云南。越南、老挝、泰国、柬埔寨、马来西亚、印度尼西亚、印度也有分布。

九头狮子草

Peristrophe japonica (Thunb.) Bremek.

草本。花期 7 月至翌年 2 月；果期 7 ~ 10 月。产于玉林、防城、南宁、龙州、百色、靖西。生于路边、草地或林下，常见。分布于中国广东、广西、湖南、江西、福建、浙江、江苏、安徽、湖北、贵州、云南、河南。日本也有分布。

广西火焰花

Phlogacanthus colaniae Benoist

Cystacanthus colaniae (Benoist) Y. F. Deng

　　灌木。产于宁明、龙州、大新、天等、那坡。生于海拔 200 ~ 500 m 的石灰岩林下或灌丛，少见。分布于中国海南、广西、云南。越南也有分布。

山壳骨属 Pseuderanthemum Radlk.

山壳骨

Pseuderanthemum latifolium (Vahl) B. Hansen

　　草本。花期 4 ~ 6 月；果期 8 ~ 9 月。产于北流、隆安、龙州、大新、凭祥、德保、那坡。生于海拔 170 ~ 600 m 的石灰岩林中，少见。分布于中国海南、广东、广西、云南。越南、老挝、泰国、柬埔寨、缅甸、马来西亚、印度也有分布。

白鹤灵芝（灵枝草）

Rhinacanthus nasutus (L.) Kurz

草本。南宁有栽培。分布于中国云南，海南、广东、广西有栽培。越南、老挝、泰国、柬埔寨、缅甸、马来西亚、印度尼西亚、菲律宾、印度、斯里兰卡、马达加斯加也有分布。

芦莉草属 Ruellia L.

蓝花草（芦莉草）

Ruellia brittoniana Leonard

草本。花期春季至秋季。玉林市、北海市、钦州市、防城港市、南宁市、崇左市、百色市有栽培。中国南方有栽培。原产于墨西哥。

大花芦莉（艳芦莉）

Ruellia elegans Poir.

　　灌木。玉林市、北海市、钦州市、防城港市、南宁市、崇左市、百色市有栽培。中国南方有栽培。原产于巴西。

孩儿草属 Rungia Nees

孩儿草

Rungia pectinata (L.) Nees

　　草本。花期11月至翌年1月；果期1～4月。产于玉林、容县、合浦、钦州、防城、上思、南宁、隆安、龙州、大新、百色、那坡。生于海拔400 m以下的草地上，常见。分布于中国海南、广东、广西、云南。越南、老挝、泰国、缅甸、印度、尼泊尔、不丹、孟加拉国、斯里兰卡也有分布。

黄脉爵床

Sanchezia nobilis Hook. f.

亚灌木。花期春季至秋季。南宁有栽培。中国海南、广东、广西、云南有栽培。原产于厄瓜多尔。

恋岩花属 Sinacanthus Y. F. Deng & E. Tripp

黄花恋岩花

Sinacanthus lofouensis (Lévl.) Y. F. Deng, D. Z. Li & E. Tripp

Echinacanthus lofouensis (Lévl.) J. R. I. Wood

灌木。花期 3 ~ 4 月。产于靖西。生于石灰岩林下，很少见。分布于中国广西、贵州。

长柄恋岩花

Sinacanthus longipes (H. S. Lo & D. Fang) Y. F. Deng, D. Z. Li & E. Tripp

Echinacanthus longipes H. S. Lo & D. Fang

　　草本。花期 4 ~ 6 月；果期 8 ~ 9 月。产于宁明、龙州、靖西、那坡。生于海拔 200 ~ 1200 m 的石灰岩林下，很少见。分布于中国广西、云南。越南北部也有分布。

龙州恋岩花

Sinacanthus longzhouensis (H. S. Lo) Y. F. Deng, D. Z. Li & E. Tripp

Echinacanthus longzhouensis H. S. Lo

　　灌木。花期 7 ~ 10 月。产于宁明、龙州。生于海拔 300 ~ 530 m 的石灰岩密林中，很少见。分布于中国广东、广西。

顶头马蓝（肖笼鸡）

Strobilanthes affinis (Griff.) Terash. ex J. R. I. Wood & J. R. Benett.

    草本。花期 8 ~ 10 月。产于扶绥、龙州、大新、那坡。生于海拔 180 ~ 1600 m 的山坡草地或灌丛中，少见。分布于中国广西、湖南、贵州、云南。越南、缅甸、印度也有分布。

桂越马蓝

Strobilanthes bantonensis Lindau

    半灌木。花期 12 月。产于上思、那坡。生于林下，很少见。分布于中国广西。越南也有分布。

密苞马蓝

Strobilanthes compacta D. Fang & H. S. Lo

灌木。花期8~9月。产于大新。生于海拔200~300 m的石灰岩林下，很少见。分布于中国广西。

板蓝

Strobilanthes cusia (Nees) Kuntze

草本或半灌木。花期7月至翌年2月；果期12月至翌年2月。产于防城、南宁、隆安、龙州、大新、百色、那坡。生于林下阴湿处或溪边，常见。分布于中国海南、广东、广西、福建、台湾、浙江、贵州、云南、四川。越南、老挝、泰国、缅甸、印度、不丹、孟加拉国也有分布。

串花马蓝

Strobilanthes cystolithigera Lindau

半灌木。花期 9 ~ 11 月；果期 12 月。产于龙州、那坡。生于海拔 500 ~ 1200 m 的石灰岩沟边，很少见。分布于中国海南、广西、云南。越南也有分布。

曲枝马蓝（曲枝假蓝）

Strobilanthes dalziellii (W. W. Smith) R. Ben.

Pteroptychia dalziellii (W. W. Smith) H. S. Lo

草本。花期 10 ~ 11 月。产于钦州、防城、上思、龙州、靖西、那坡。生于海拔 300 ~ 1300 m 的林下或林缘灌丛，少见。分布于中国海南、广东、广西、湖南、江西、福建、台湾、贵州、云南。越南、老挝、泰国也有分布。

球花马蓝（两广马蓝）

Strobilanthes dimorphotricha Hance

草本。花期 8 月至翌年 2 月。产于防城、隆安、百色、那坡。生于海拔 170 ~ 1200 m 的石灰岩沟边、灌丛，少见。分布于中国海南、广东、广西、湖南、江西、福建、台湾、浙江、湖北、重庆、贵州、云南、四川。越南、老挝、泰国、缅甸、印度也有分布。

长苞马蓝

Strobilanthes echinata Nees

草本。花期 5 ~ 9 月。产于防城、宁明。生于潮湿森林中，少见。分布于中国广东、广西、云南。越南、老挝、泰国、柬埔寨、缅甸、马来西亚、印度尼西亚、印度、不丹也有分布。

翼叶山牵牛

Thunbergia alata Bojer ex Sims

缠绕藤本。花期 10 月至翌年 3 月；果期 2 ~ 5 月。北海有栽培。中国海南、广东、广西、福建有栽培。原产于非洲，现热带、亚热带地区广泛栽培。

直立山牵牛（硬枝老鸦嘴）

Thunbergia erecta (Benth.) T. Anders.

灌木。花期 10 月至翌年 4 月。玉林市、北海市、钦州市、防城港市、南宁市、崇左市、百色市有栽培。中国华南地区有栽培。原产于非洲。

山牵牛（大花老鸦嘴）

Thunbergia grandiflora Roxb.

藤本。花期 8 月至翌年 1 月；果期 11 月至翌年 3 月。产于崇左、龙州、大新、百色、平果。生于海拔 500 m 以下的疏林中，常见。分布于中国海南、广东、广西、福建、云南。越南、泰国、缅甸、印度也有分布。

桂叶山牵牛

Thunbergia laurifolia Lindl.

藤本。南宁有栽培。花期 3 ~ 11 月。中国广东、广西、台湾有栽培。原产于中南半岛和马来半岛。

263. 马鞭草科
VERBENACEAE

海榄雌属 Avicennia L.

海榄雌（白骨壤）
Avicennia marina (Forssk.) Vierh.

灌木或小乔木。花、果期 7～10 月。产于北海、合浦、钦州、防城、东兴。生于海边和盐沼地带，常见。分布于中国海南、广东、广西、福建、台湾。亚洲南部至东南部以及大洋洲北部、非洲东部也有分布。

紫珠属 Callicarpa L.

木紫珠
Callicarpa arborea Roxb.

乔木。花期 5～7 月；果期 8～12 月。产于宁明、龙州、田东、那坡。生于海拔 150～1600 m 的山坡或灌丛中，少见。分布于中国广西、云南、西藏。越南、泰国、缅甸、马来西亚、印度尼西亚、印度、尼泊尔、孟加拉国也有分布。

短柄紫珠

Callicarpa brevipes (Benth.) Hance

灌木。花期 4 ~ 6 月；果期 7 ~ 10 月。产于容县、防城。生于海拔 200 ~ 600 m 的山坡林下或林缘，常见。分布于中国海南、广东、广西、浙江。越南也有分布。

白棠子树

Callicarpa dichotoma (Lour.) K. Koch

灌木。花期 5 ~ 6 月；果期 7 ~ 11 月。产于容县、防城、上思、南宁、横县、百色。生于海拔 600 m 以下的丘陵灌丛，常见。分布于中国广东、广西、湖南、江西、福建、台湾、浙江、江苏、安徽、湖北、贵州、河南、山东、河北。越南、日本、朝鲜也有分布。

杜虹花

Callicarpa formosana Rolfe

Callicarpa pedunculata R. Br.

灌木。花期 5 ~ 7 月；果期 8 ~ 11 月。产于容县、博白、上思。生于海拔 1500 m 以下的平地、山坡、溪边林中或灌丛中，少见。分布于中国海南、广东、广西、江西、福建、台湾、浙江、云南。日本、菲律宾也有分布。

全缘叶紫珠

Callicarpa integerrima Champ.

藤本或蔓性灌木。花期 6 ~ 7 月；果期 8 ~ 11 月。产于防城、上思。生于海拔 200 ~ 700 m 的山坡或谷地林中，少见。分布于中国广东、广西、江西、福建、浙江。

枇杷叶紫珠

Callicarpa kochiana Makino

灌木。花期 7 ~ 8 月；果期 9 ~ 12 月。产于宁明、平果、那坡。生于海拔 100 ~ 900 m 的林中或灌丛，常见。分布于中国海南、广东、广西、湖南、江西、福建、台湾、浙江、河南。越南、日本也有分布。

白毛长叶紫珠

Callicarpa longifolia Lamk. var. **floccosa** Schauer

灌木。花期 8 月；果期 9 ~ 11 月。产于龙州、大新、平果、靖西、那坡。生于海拔 1000 m 以下的山坡疏林中，少见。分布于中国广西、贵州、四川。印度尼西亚、新加坡、菲律宾、印度也有分布。

长柄紫珠

Callicarpa longipes Dunn

灌木。花期6～7月；果期8～12月。产于容县、防城、百色。生于海拔300～500 m的山坡灌丛或疏林中，少见。分布于中国广东、广西、江西、福建、安徽。

大叶紫珠

Callicarpa macrophylla Vahl

灌木。花期4～7月；果期7～12月。产于防城、南宁、隆安、宁明、百色、田阳、平果、那坡。生于海拔100～1500 m的疏林下或灌丛中，常见。分布于中国广东、广西、贵州、云南。越南、泰国、缅甸、马来西亚、印度尼西亚、印度、尼泊尔、不丹等也有分布。

裸花紫珠

Callicarpa nudiflora Hook. & Arn.

灌木。花期 6 ~ 8 月；果期 8 ~ 12 月。产于陆川、南宁、扶绥、宁明。生于山坡、谷地、溪旁林中或灌丛中，常见。分布于中国海南、广东、广西。越南、缅甸、马来西亚、新加坡、印度、孟加拉国、斯里兰卡也有分布。

红紫珠

Callicarpa rubella Lindl.

灌木。花期 5 ~ 7 月；果期 7 ~ 11 月。产于容县、钦州、防城、上思、南宁、隆安、横县、宁明、龙州、百色、平果、靖西、那坡。生于海拔 300 ~ 1600 m 的山坡、河谷林中或灌丛中，常见。分布于中国海南、广东、广西、湖南、江西、浙江、安徽、贵州、云南、四川。越南、泰国、缅甸、马来西亚、印度尼西亚也有分布。

兰香草

Caryopteris incana (Thunb. ex Hout.) Miq.

　　灌木。花、果期 6 ~ 10 月。产于上思、南宁、龙州、大新、天等、平果。生于海拔 100 ~ 800 m 的干旱山坡、路旁或林缘，很常见。分布于中国广东、广西、湖南、江西、福建、浙江、江苏、安徽、湖北。日本、朝鲜也有分布。

大青属 Clerodendrum L.

灰毛大青

Clerodendrum canescens Wall.

　　灌木。花、果期 4 ~ 10 月。产于玉林、钦州、浦北、防城、上思、南宁、隆安、横县、崇左、宁明、龙州、大新、百色、平果、那坡。生于海拔 200 ~ 800 m 的山坡路边或疏林中，很常见。分布于中国广东、广西、湖南、江西、福建、台湾、浙江、贵州、云南、四川。越南、印度也有分布。

臭茉莉

Clerodendrum chinense (Osbeck) Mabberley var. **simplex** (Moldenke) S. L. Chen

灌木。花、果期 5 ~ 11 月。产于龙州、平果、靖西、那坡。生于海拔 300 ~ 1500 m 的林下、溪边或灌丛中，常见。分布于中国广东、广西、福建、台湾、云南。越南也有分布。

大青

Clerodendrum cyrtophyllum Turcz.

灌木或小乔木。花、果期 6 月至翌年 2 月。产于玉林市、北海市、钦州市、防城港市、南宁市、崇左市、百色市。生于海拔 1600 m 以下的山地林下或灌丛中，很常见。分布于中国长江以南。越南、马来西亚、朝鲜也有分布。

白花灯笼

Clerodendrum fortunatum L.

灌木。花、果期 6 ~ 11 月。产于博白、合浦、钦州、灵山、浦北、防城、上思、南宁、宁明。生于海拔 1000 m 以下的丘陵、山坡、路边、村旁或旷野，常见。分布于中国海南、广东、广西、江西、福建。

海南赪桐

Clerodendrum hainanense Hand.-Mazz.

灌木。花、果期 9 ~ 12 月。产于上思、东兴、南宁、崇左、扶绥、宁明、龙州。生于海拔 150 ~ 900 m 的山坡林下或沟谷阴湿处，少见。分布于中国海南、广西。

苦郎树（许树、假茉莉）

Clerodendrum inerme (L.) Gaertn.

灌木。花、果期 3 ~ 12 月。产于容县、北流、北海、钦州、防城、靖西。生于海拔 200 m 以下的海岸、河滩或水池边，常见。分布于中国海南、广东、广西、福建、台湾。亚洲南部和东南部、澳大利亚、太平洋岛屿也有分布。

桢桐（状元红）

Clerodendrum japonicum (Thunb.) Sweet

灌木。花期 6 ~ 8 月；果期 9 ~ 10 月。产于陆川、北流、南宁、隆安、横县、宁明、龙州、大新、凭祥、百色、平果。生于海拔 100 ~ 1200 m 的山谷、溪边、疏林下或灌丛中，很常见。分布于中国海南、广东、广西、湖南、江西、福建、台湾、浙江、江苏、贵州、云南、四川。越南、老挝、马来西亚、印度尼西亚、印度、不丹、孟加拉国也有分布。

海通

Clerodendrum mandarinorum Diels

　　灌木或乔木。花、果期 7 ~ 12 月。产于宁明、龙州、凭祥、百色、平果、靖西、那坡。生于海拔 250 ~ 1600 m 的溪边、路旁或丛林中，常见。分布于中国广东、广西、湖南、江西、湖北、贵州、云南、四川。越南也有分布。

三对节

Clerodendrum serratum (L.) Moon

　　灌木。花、果期 6 ~ 12 月。产于宁明、龙州、凭祥、百色、平果、靖西、那坡。生于海拔 200 ~ 1600 m 的山坡疏林或沟边灌丛中，很常见。分布于中国广西、贵州、云南、西藏。南亚、东南亚以及非洲东部也有分布。

三台花

Clerodendrum serratum (L.) Moon var. **amplexifolium** Moldenke

　　灌木。产于龙州、百色、平果、靖西。生于海拔 500 ~ 1500 m 的林下或灌丛阴湿处，常见。分布于中国广西、贵州、云南。

垂茉莉

Clerodendrum wallichii Merr.

　　灌木或小乔木。花、果期 10 月至翌年 4 月。产于龙州、靖西、那坡。生于海拔 100 ~ 1200 m 的疏林下，少见。分布于中国广西、云南、西藏。越南、缅甸、印度、孟加拉国也有分布。

假连翘

Duranta erecta L.

灌木。花、果期 5～11 月。玉林市、北海市、钦州市、防城港市、南宁市、崇左市、百色市有栽培。中国华南地区广泛栽培。原产于美洲热带地区。

金叶假连翘

Duranta erecta L. 'Golden Leaves'

灌木。花、果期 5～11 月。玉林市、北海市、钦州市、防城港市、南宁市、崇左市、百色市有栽培。中国华南地区广为栽培。原产于美洲热带地区。

花叶假连翘

Duranta erecta L. 'Variegata'

　　灌木。花、果期 5 ~ 11 月。玉林市、北海市、钦州市、防城港市、南宁市、崇左市、百色市有栽培。中国华南地区广泛栽培。原产于美洲热带地区。

冬红属 Holmskioldia Retz.

冬红

Holmskioldia sanguinea Retz.

　　灌木。花期冬末至春初；果期春季。北海有栽培。中国南方有栽培。原产于喜马拉雅山南坡至马来西亚，现热带地区广泛栽培。

马缨丹（五色梅）

Lantana camara L.

灌木。花期几全年。产于玉林市、北海市、钦州市、防城港市、南宁市、崇左市、百色市，栽培或逸为野生。分布于中国海南、广东、广西、福建、台湾，栽培或逸为野生。原产于美洲热带地区。

蔓马缨丹

Lantana montevidensis (Spreng.) Briq.

灌木。花期几全年。玉林市、北海市、钦州市、防城港市、南宁市、崇左市、百色市有栽培。中国海南、广东、广西、福建、云南有栽培。原产于美洲热带地区，现热带地区有栽培。

过江藤

Phyla nodiflora (L.) Greene

 草本。花、果期 6 ~ 10 月。产于北海、横县、龙州、平果、靖西、那坡。生于海拔 300 ~ 1500 m 的山坡、平地、河滩等湿润处，常见。分布于中国海南、广东、广西、湖南、江西、福建、台湾、江苏、湖北、贵州、云南、四川、西藏。世界热带、亚热带地区均有分布。

豆腐柴属 Premna L.

滇桂豆腐柴

Premna confinis P'ei & S. L. Chen ex C. Y. Wu

 灌木或小乔木。花期 5 月。产于防城、龙州、大新、田阳、平果、德保、靖西、那坡。生于海拔 600 m 的山坡阴处或石灰岩山顶，常见。分布于中国广西、云南。

石山豆腐柴

Premna crassa Hand.-Mazz.

灌木。花期5月; 果期10月。产于隆安、崇左、龙州、大新、平果、靖西、那坡。生于海拔500~1500 m的石灰岩林中, 少见。分布于中国广西、贵州、云南。越南也有分布。

黄毛豆腐柴

Premna fulva Craib

灌木或乔木。产于防城、上思、南宁、隆安、崇左、扶绥、宁明、龙州、大新、凭祥、百色、田阳、田东、平果、那坡。生于海拔500~1200 m的阴处阔叶林下或路边疏林中, 少见。分布于中国广西、贵州、云南。越南、老挝、泰国也有分布。

毛狐臭柴

Premna puberula Pamp. var. **bodinieri** (Lévl.) C. Y. Wu & S. Y. Pao

　　灌木或小乔木。花、果期 5 ~ 9 月。产于百色、那坡。生于海拔 700 ~ 1500 m 的石灰岩山坡灌丛中，少见。分布于中国广西、贵州、云南。

伞序臭黄荆（钝叶臭黄荆）

Premna serratifolia L.

Premna corymbosa Rottler & Willd.

Premna obtusifolia R. Br.

　　灌木或乔木。花、果期 4 ~ 10 月。产于北海、合浦。生于低海拔溪沟边、海边或山地林中，少见。分布于中国海南、广东、广西、台湾。南亚和东南亚、澳大利亚以及太平洋岛屿也有分布。

假马鞭（假败酱）

Stachytarpheta jamaicensis (L.) Vahl

草本或亚灌木。花期 8 月；果期 9 ~ 12 月。产于北海、扶绥。生于海拔 300 ~ 600 m 的山坡、草地或沙滩，少见。分布于中国海南、广东、广西、福建、台湾、云南。原产于热带美洲，现广泛归化于热带地区。

柚木属 Tectona L. f.

柚木

Tectona grandis L. f.

乔木。花期 8 月；果期 10 月。玉林市、北海市、钦州市、防城港市、南宁市、崇左市、百色市有栽培。中国海南、广东、广西、福建、台湾、云南有栽培。原产于缅甸、马来西亚、印度尼西亚、印度等国。

假紫珠

Tsoongia axillariflora Merr.

灌木。花期5~10月；果期11月至翌年3月。产于防城、南宁、龙州。生于海拔800~1000 m的湿润山谷密林中，少见。分布于中国海南、广东、广西、云南。越南、缅甸也有分布。

马鞭草属 Verbena L.

马鞭草

Verbena officinalis L.

草本。花期6~8月；果期7~10月。产于玉林、北流、隆安、横县、崇左、扶绥、宁明、龙州、大新、百色、平果、德保、靖西、那坡。生于海拔1500 m以下的路边、山坡、溪旁或林缘，常见。分布于中国海南、广东、广西、湖南、江西、福建、浙江、江苏、安徽、湖北、贵州、云南、四川、西藏、陕西、山西。世界热带至温带地区也有分布。

广西牡荆

Vitex kwangsiensis P'ei

　　乔木。花期 5 ~ 6 月；果期 7 ~ 9 月。产于宁明、龙州。生于海拔 300 ~ 600 m 的山坡疏林阴处，少见。分布于中国广西。

黄荆

Vitex negundo L.

　　灌木或小乔木。花期 4 ~ 6 月；果期 7 ~ 10 月。产于南宁、龙州、平果、靖西。生于山坡路旁或灌丛中，很常见。分布于中国长江以南各省，北达秦岭、淮河。日本、亚洲南部和东南部以及太平洋岛屿、非洲东部也有分布。

牡荆

Vitex negundo L. var. **cannabifolia** (Sieb. & Zucc.) Hand.-Mazz.

　　灌木或小乔木。花期6～7月；果期8～11月。产于玉林市、北海市、钦州市、防城港市、南宁市、崇左市、百色市。生于海拔100～1100 m的山坡路边灌丛中，很常见。分布于中国广东、广西、湖南、贵州、四川、河南、河北。印度、尼泊尔以及东南亚也有分布。

山牡荆

Vitex quinata (Lour.) F. N. Williams

　　乔木。花期5～7月；果期8～9月。产于容县、北流、防城、南宁、龙州。生于海拔180～1200 m的山坡林中，少见。分布于中国海南、广东、广西、湖南、江西、福建、台湾、浙江。马来西亚、菲律宾、印度、日本也有分布。

单叶蔓荆

Vitex rotundifolia L. f.

灌木。花期 7～9 月；果期 9～11 月。产于北海、钦州、灵山、宁明。生于沙滩、湖畔、河岸，少见。分布于中国海南、广东、广西、江西、福建、台湾、浙江、江苏、安徽、山东、河北、辽宁。越南、泰国、缅甸、马来西亚、印度、日本、澳大利亚、新西兰也有分布。

蔓荆

Vitex trifolia L.

灌木。花期 7 月；果期 9～11 月。产于容县、北流、北海、隆安、宁明、龙州、大新。生于草地或河滩上，少见。分布于中国海南、广东、广西、福建、台湾、云南。越南、菲律宾、印度、澳大利亚也有分布。

264. 唇形科
LABIATAE

藿香属 Agastache J. Clayton ex Gronov.

藿香

Agastache rugosa (Fisch. & C. A. Mey.) Kuntze

　　草本。花期 6 ~ 9 月；果期 9 ~ 11 月。产于玉林市、北海市、钦州市、防城港市、南宁市、崇左市、百色市，栽培或逸为野生。分布于中国各地。日本、朝鲜、俄罗斯、北美洲也有分布。

金疮小草

Ajuga decumbens Thunb.

　　草本。花期 3～7 月；果期 5～11 月。产于南宁、龙州、百色。生于海拔 300～1400 m 的溪边、路旁或湿润的草坡上，常见。分布于中国海南、广东、广西、湖南、江西、台湾、浙江、江苏、重庆、云南、四川。日本、朝鲜也有分布。

紫背金盘

Ajuga nipponensis Makino

　　草本。花、果期 1～5 月。产于南宁、隆安、龙州、百色、那坡。生于海拔 100～1500 m 的田边、草地湿润处或林下，常见。分布于中国海南、广东、广西、湖南、江西、台湾、浙江、江苏、云南。日本、朝鲜也有分布。

广防风

Anisomeles indica (L.) Kuntze

Epimeredi indica (L.) Rothm.

　　草本。花期 8 ~ 9 月；果期 9 ~ 11 月。产于容县、合浦、钦州、防城、上思、隆安、崇左、宁明、龙州、大新、百色、平果、靖西、那坡。生于海拔 1500 m 以下的林缘、路旁或荒地上，常见。分布于中国海南、广东、广西、湖南、江西、福建、台湾、浙江、贵州、云南、四川、西藏。越南、老挝、泰国、柬埔寨、缅甸、马来西亚、菲律宾、印度也有分布。

肾茶属 Clerodendranthus Kudo

肾茶

Clerodendranthus spicatus (Thunb.) C. Y. Wu

　　草本。花、果期 5 ~ 11 月。玉林市、北海市、钦州市、防城港市、南宁市、崇左市、百色市有栽培。分布于中国海南、福建、台湾、云南。缅甸、马来西亚、印度尼西亚、菲律宾、印度、澳大利亚也有分布。

风轮菜

Clinopodium chinense (Benth.) Kuntze

　　草本。花期 5 ~ 8 月；果期 8 ~ 10 月。产于横县、龙州、平果。生于海拔 1000 m 以下的山坡、草丛、路边、沟旁、灌丛、林下，常见。分布于中国海南、广东、广西、湖南、江西、福建、台湾、浙江、江苏、安徽、湖北、云南、山东。日本也有分布。

鞘蕊花属 Coleus Lour.

肉叶鞘蕊花

Coleus carnosifolius (Hemsl.) Dunn

　　草本。花期 9 ~ 10 月；果期 10 ~ 11 月。产于隆安、龙州、大新、天等、平果、靖西。生于海拔 400 ~ 900 m 的石山林中或岩石上，少见。分布于中国海南、广东、广西、湖南。

齿叶水蜡烛

Dysophylla sampsonii Hance

　　草本。花期 9 ~ 10 月；果期 10 ~ 11 月。产于崇左、龙州、平果。生于沼泽中或水边，很少见。分布于中国广东、广西、湖南、江西、贵州。

香薷属 Elsholtzia Willd.

紫花香薷

Elsholtzia argyi Lévl.

　　草本。花、果期 9 ~ 11 月。产于玉林、容县、博白、龙州、百色、靖西、那坡。生于海拔 200 ~ 1200 m 的山坡灌丛、林下、溪旁或河边草地，少见。分布于中国广东、广西、湖南、江西、福建、浙江、江苏、安徽、湖北、贵州、四川。日本也有分布。

活血丹

Glechoma longituba (Nakai) Kupr.

　　草本。花期 4 ~ 5 月；果期 5 ~ 6 月。产于北流、钦州、防城、南宁、宁明、那坡。生于海拔 1000 m 以下的林缘、疏林下或溪边等阴湿处，少见。分布于中国各地（西藏、青海、甘肃、新疆除外）。朝鲜、俄罗斯也有分布。

锥花属 Gomphostemma Wall. ex Benth.

细齿锥花

Gomphostemma leptodon Dunn

　　灌木。花期 3 ~ 4 月；果期 4 ~ 8 月。产于防城、崇左、宁明、龙州。生于沟谷或石灰岩密林下以及灌丛中，少见。分布于中国广西、云南。越南也有分布。

吊球草

Hyptis rhomboidea Mart. & Gal.

草本。花期 5～6 月。产于合浦、防城，栽培或逸为野生。分布于中国海南、广东、广西、台湾。原产于热带美洲，现世界各地广泛分布。

香茶菜属 Isodon (Schrad. ex Benth.) Spach

显脉香茶菜（大叶蛇总管）

Isodon nervosus (Hemsl.) Kudo
Rabdosia nervosa (Hemsl.) C. Y. Wu & H. W. Li

草本。花期 7～10 月；果期 8～11 月。产于灵山。生于海拔 600 m 以下的山谷、草丛或林下阴处，少见。分布于中国广东、广西、江西、浙江、江苏、安徽、湖北、贵州、四川、陕西、河南。

长叶香茶菜

Isodon walkeri (Arn.) H. Hara

Rabdosia stracheyi (Benth. ex Hook. f.) H. Hara

草本。花期11月至翌年1月；果期12月至翌年1月。产于博白、北流、防城、上思。生于溪边或林下潮湿处，少见。分布于中国海南、广东、广西、云南。老挝、缅甸、印度、斯里兰卡也有分布。

益母草属 Leonurus L.

益母草

Leonurus japonicus Houtt.

Leonurus artemisia (Lour.) S. Y. Hu

草本。花期6~9月；果期9~10月。产于陆川、北流、上思、横县、龙州、大新、百色、平果、靖西、那坡。生于海拔1300 m以下的田野、村边，常见。分布于中国各地。越南、老挝、泰国、柬埔寨、缅甸、马来西亚、日本、朝鲜以及非洲、美洲也有分布。

白绒草

Leucas mollissima Wall. ex Benth.

　　草本。花期 5 ~ 10 月；果期 10 ~ 11 月。产于灵山、龙州、百色、平果、德保、靖西、那坡。生于海拔 750 ~ 1500 m 的灌丛、路旁、草地或溪边湿润地上，少见。分布于中国广西、贵州、云南。越南、泰国、缅甸、马来西亚、印度尼西亚、印度、尼泊尔、斯里兰卡也有分布。

绉面草

Leucas zeylanica (L.) R. Br.

　　草本。花、果期几全年。产于北海、崇左、龙州。生于海拔 300 m 以下的海滨、田野、路旁或缓坡地，少见。分布于中国海南、广东、广西。缅甸、马来西亚、印度尼西亚、菲律宾、印度、斯里兰卡也有分布。

留兰香

Mentha spicata L.

　　草本。花期 7 ~ 9 月。南宁有栽培。分布于中国广东、广西、浙江、江苏、湖北、贵州、云南、四川、西藏、河北，栽培或逸为野生。俄罗斯、土库曼斯坦以及亚洲西南部、非洲、欧洲也有分布。

石荠苎属 Mosla (Benth.) Buch.-Ham. ex Maxim.

石香薷

Mosla chinensis Maxim.

　　草本。花期 6 ~ 9 月；果期 7 ~ 11 月。产于容县、陆川、北流、钦州、上思、南宁。生于海拔 1400 m 以下的草坡或林下，常见。分布于中国广东、广西、湖南、江西、福建、台湾、浙江、江苏、安徽、湖北、贵州、四川、山东。越南也有分布。

石荠苎

Mosla scabra (Thunb.) C. Y. Wu & H. W. Li

　　草本。花期5～11月；果期9～11月。产于防城、南宁、崇左、龙州、平果、那坡。生于海拔1100 m以下的山坡、路旁或灌丛，常见。分布于中国广东、广西、湖南、江西、福建、台湾、浙江、江苏、安徽、湖北、四川、陕西、河南、辽宁。越南、日本也有分布。

罗勒属 Ocimum L.

罗勒

Ocimum basilicum L.

　　草本。花期7～9月；果期9～12月。玉林市、北海市、钦州市、防城港市、南宁市、崇左市、百色市有栽培。分布于中国大部分地区，栽培或逸为野生。亚洲、非洲温暖地区也有分布。

石生鸡脚参

Orthosiphon marmoritis (Hance) Dunn

草本。花期 7 ~ 8 月；果期 8 ~ 9 月。
产于隆安、龙州、大新、天等、平果、那坡。
生于石灰岩林下，少见。分布于中国广东、
广西。

假糙苏属 Paraphlomis Prain

假糙苏

Paraphlomis javanica (Blume) Prain

草本。花期 6 ~ 8 月；果期 8 ~ 12 月。产于防城、龙州、百色、平果、那坡。生于海拔 300 ~ 1300 m 的林下，
少见。分布于中国海南、广西、台湾、云南。越南、老挝、泰国、缅甸、马来西亚、印度尼西亚、菲律宾、
印度、巴基斯坦也有分布。

紫苏

Perilla frutescens (L.) Britton

草本。花期 8 ~ 11 月；果期 8 ~ 12 月。产于北海、南宁、龙州、平果，栽培或逸为野生。中国各地有栽培。越南、老挝、柬埔寨、印度尼西亚、印度、不丹、日本、朝鲜也有分布。

茴茴苏

Perilla frutescens (L.) Britt. var. **crispa** (Thunb.) H. Deane

草本。花期 6 ~ 11 月；果期 8 ~ 12 月。南宁有栽培。中国各地广泛栽培。日本有分布。

野生紫苏

Perilla frutescens (L.') Britt.
var. **purpurascens** (Hayata)
H. W. Li

草本。花期 8 ~ 11 月；果期 8 ~ 12 月。产于陆川、博白、北流、南宁、龙州、大新、靖西、那坡。生于山地路旁或村边荒地，常见。分布于中国海南、广东、广西、江西、福建、台湾、浙江、江苏、湖北、贵州、云南、四川、山西、河北。日本也有分布。

马刺花属 Plectranthus L' Hér.

彩叶草（五彩苏）

Plectranthus scutellarioides (L.) R. Br.
Coleus scutellarioides (L.) Benth.

草本。花期 6 ~ 7 月；果期 7 ~ 8 月。玉林市、北海市、钦州市、防城港市、南宁市、崇左市、百色市有栽培。中国各地有栽培。马来西亚、印度尼西亚、菲律宾、印度、波利尼西亚也有分布。

水珍珠菜

Pogostemon auricularius (L.) Hassk.

草本。花、果期 4 ~ 11 月。产于北流、防城、南宁、大新、百色、那坡。生于海拔 300 ~ 1300 m 的林下湿润处或溪边、河流滩涂，少见。分布于中国海南、广东、广西、江西、福建、台湾、云南。越南、老挝、泰国、柬埔寨、缅甸、马来西亚、印度尼西亚、菲律宾、印度、斯里兰卡也有分布。

广藿香

Pogostemon cablin (Blanco) Benth.

草本或半灌木。花期 3 ~ 4 月。南宁有栽培。中国海南、广东、广西、福建、台湾等地广泛栽培。马来西亚、印度尼西亚、菲律宾、印度、斯里兰卡有分布。

夏枯草

Prunella vulgaris L.

　　草木。花期 4 ~ 6 月；果期 7 ~ 10 月。产于防城、南宁、百色、平果、德保、靖西、那坡。生于荒坡、草地、溪边、路旁等湿润地上，常见。分布于中国广东、广西、湖南、江西、福建、台湾、浙江、湖北、贵州、云南、四川、西藏、甘肃、陕西、河南、新疆。印度、尼泊尔、不丹、巴基斯坦、日本、朝鲜、俄罗斯以及中亚、西亚、北非、欧洲也有分布。

鼠尾草属 Salvia L.

南丹参

Salvia bowleyana Dunn

　　草本。花期 5 ~ 6 月；果期 7 ~ 8 月。南宁有栽培。分布于中国广东、广西、湖南、江西、福建、浙江。

朱唇

Salvia coccinea Buc'hoz ex Etl.

草本。花期4～7月。合浦、钦州、南宁、德保有栽培。中国各地有栽培，在云南逸为野生。原产于美洲。

荔枝草

Salvia plebeia R. Br.

草本。花期4～5月；果期6～7月。产于钦州、南宁、隆安、崇左、宁明、龙州、大新、百色、平果、那坡。生于山坡、路旁、沟边、田野潮湿处，常见。分布于中国各地（西藏、青海、甘肃、新疆除外）。东亚、东南亚、南亚以及澳大利亚也有分布。

一串红

Salvia splendens Ker-Gawl.

草本。花期 3 ~ 10 月。玉林市、北海市、钦州市、防城港市、南宁市、崇左市、百色市有栽培。中国各地广泛栽培。原产于南美洲。

黄芩属 Scutellaria L.

半枝莲

Scutellaria barbata D. Don

草本。花、果期 3 ~ 7 月。产于北流、南宁、龙州。生于田野、溪边或湿润草地上，常见。分布于中国大部分地区。越南、老挝、泰国、缅甸、印度、尼泊尔、日本、朝鲜也有分布。

韩信草（耳挖草）

Scutellaria indica L.

草本。花、果期 2～6 月。产于北流、钦州、灵山、南宁、隆安、扶绥、龙州、大新、百色、那坡。生于山地、丘陵、林下、路旁空地或草地上，常见。分布于中国海南、广东、广西、湖南、江西、福建、台湾、浙江、江苏、安徽、贵州、云南、四川、陕西、河南。越南、老挝、泰国、柬埔寨、缅甸、马来西亚、印度尼西亚、印度、日本也有分布。

香科科属 Teucrium L.

血见愁

Teucrium viscidum Blume

草本。花期 6～11 月。产于钦州、防城、上思、南宁、隆安、横县、扶绥、宁明、龙州、百色、靖西、那坡。生于海拔 1500 m 以下的山地林下湿润处，少见。分布于中国海南、广东、广西、湖南、江西、福建、台湾、浙江、江苏、云南、四川、西藏。缅甸、印度尼西亚、菲律宾、印度、日本、朝鲜也有分布。

266. 水鳖科
HYDROCHARITACEAE

黑藻属 Hydrilla Rich.

黑藻

Hydrilla verticillata (L. f.) Royle

沉水草本。花、果期5～10月。产于南宁、田阳、平果。生于池塘、湖泊、河流或水沟中，常见。分布于中国海南、广东、广西、湖南、江西、福建、台湾、浙江、江苏、安徽、湖北、贵州、云南、四川、陕西、河南、山东、河北、黑龙江。东半球温带以及热带地区也有分布。

水车前属 Ottelia Pers.

靖西海菜花

Ottelia acuminata (Gagnep.) Dandy var. jingxiensis H. Q. Wang & X. Z. Sun

草本。花、果期5～10月。产于靖西。生于溪沟或流水河湾处，很少见。分布于中国广西。

267. 泽泻科
ALISMATACEAE

泽泻属 Alisma L.

东方泽泻
Alisma orientale (Samuel.) Juz.

草本。花、果期 4 ~ 12 月。产于靖西、那坡。生于海拔 1500 m 以下的湖泊、水塘、沟渠、沼泽中，很少见。分布于中国广东、广西、湖南、江西、福建、浙江、江苏、安徽、湖北、贵州、云南、四川、陕西、山西、河南、山东、河北、内蒙古、辽宁、吉林、黑龙江。日本、蒙古、俄罗斯也有分布。

肋果慈姑属 Echinodorus Rich. ex Engelm.

大叶皇冠草
Echinodorus macrophyllus (Kunth) Micheli

草本。南宁有栽培。中国各地有栽培。原产于圭亚那、巴西西部至阿根廷。

野慈姑

Sagittaria trifolia L.

　　草本。花、果期 7 ~ 11 月。产于合浦、龙州、百色。生于沼泽地或水田中，少见。分布于中国各地（西藏除外）。亚洲西南部以及欧洲也有分布。

华夏慈姑（慈姑）

Sagittaria trifolia L. subsp. **leucopetala** (Miq.) Q. F. Wang

Sagittaria trifolia L. var. *sinensis* (Sims) Makino

　　水生或沼生草本。花、果期 5 ~ 10 月。南宁有栽培。中国长江以南有栽培。日本、朝鲜也有栽培。

276. 眼子菜科

POTAMOGETONACEAE

眼子菜属 Potamogeton L.

菹草

Potamogeton crispus L.

沉水草本。花、果期 4～9月。产于那坡。生于池塘、水沟、田野、灌渠或缓流河水中,少见。分布于中国南、北各地。世界各地有分布。

竹叶眼子菜

Potamogeton wrightii Morong

沉水草本。花、果期 6～10月。产于龙州、平果。生于灌渠、池塘、河流中,少见。分布于中国南、北各地。越南、老挝、泰国、缅甸、马来西亚、印度尼西亚、菲律宾、印度、巴基斯坦、哈萨克斯坦、日本、朝鲜、俄罗斯、新几内亚以及太平洋岛屿也有分布。

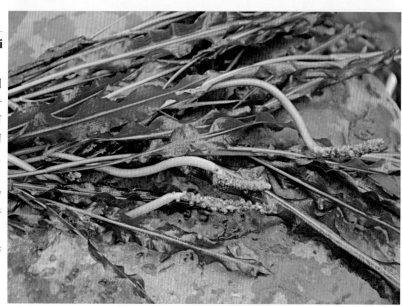

280. 鸭跖草科
COMMELINACEAE

穿鞘花属 Amischotolype Hassk.

穿鞘花

Amischotolype hispida (Less. & A. Rich.) D. Y. Hong

草本。花、果期 8 ~ 12 月。产于容县、防城、隆安、宁明、龙州、大新、平果。生于林下或山谷溪边，常见。分布于中国海南、广东、广西、福建、台湾、贵州、西藏。越南、老挝、泰国、柬埔寨、马来西亚、印度尼西亚、菲律宾、日本、新几内亚也有分布。

饭包草

Commelina benghalensis L.

　　草本。花、果期 6 ~ 10 月。产于玉林、北海、合浦、龙州、平果。生于林下、草丛、沟边阴湿之处，常见。分布于中国海南、广东、广西、湖南、江西、台湾、浙江、江苏、安徽、湖北、云南、四川、陕西、河南、山东、河北。亚洲以及非洲的热带、亚热带地区广泛分布。

鸭跖草

Commelina communis L.

　　草本。花、果期 6 ~ 10 月。产于玉林、容县、北流、龙州、平果。生于溪边、田野等阴湿处，常见。分布于中国各地（西藏、青海、新疆除外）。越南、日本、朝鲜、俄罗斯以及北美洲也有分布。

竹节菜（节节草）

Commelina diffusa Burm. f.

草本。花、果期 5～11 月。产于玉林、容县、北流、上思、龙州、凭祥。生于海拔 1500 m 以下的山坡草地或灌丛、溪边，常见。分布于中国海南、广东、广西、贵州、云南、西藏。世界热带、亚热带地区广泛分布。

蓝耳草属 Cyanotis D. Don

蛛丝毛蓝耳草

Cyanotis arachnoidea C. B. Clarke

草本。花期 7～8 月；果期 9～10 月。产于防城、南宁、平果。生于海拔 1300 m 以下的溪边、山谷湿地或湿润岩石上，少见。分布于中国海南、广东、广西、江西、福建、台湾、贵州、云南。越南、老挝、泰国、缅甸、印度、斯里兰卡也有分布。

四孔草

Cyanotis cristata (L.) D. Don

　　草本。花期 6 ~ 8 月；果期 9 ~ 12 月。产于容县、防城、龙州、百色、平果、那坡。生于海拔 1200 m 以下的林下、山谷溪边或旷野潮湿处，少见。分布于中国海南、广东、广西、贵州、云南。越南、老挝、泰国、柬埔寨、缅甸、马来西亚、印度尼西亚、菲律宾、印度、不丹、斯里兰卡也有分布。

聚花草属 Floscopa Lour.

聚花草

Floscopa scandens Lour.

　　草本。花、果期 7 ~ 11 月。产于玉林、容县、博白、北流、北海、钦州、浦北、防城、上思、南宁、隆安、宁明、龙州、凭祥、百色、平果、靖西、那坡。生于海拔 1500 m 以下的溪边、水旁或山谷林下潮湿处，常见。分布于中国海南、广东、广西、湖南、江西、福建、台湾、浙江、贵州、云南、四川、西藏。越南、老挝、泰国、缅甸、印度、不丹以及大洋洲也有分布。

大苞水竹叶

Murdannia bracteata (C. B. Clarke) J. K. Morton ex D. Y. Hong

草本。花期5月；果期9～10月。产于容县、防城、上思、东兴、隆安、扶绥、宁明、龙州、大新、平果。生于山谷水旁或密林下潮湿处，常见。分布于中国海南、广东、广西、云南。越南、老挝、泰国也有分布。

牛轭草

Murdannia loriformis (Hassk.) R. S. Rao & Kammathy

草本。花期5～10月。产于玉林、合浦、防城、南宁、隆安、横县、龙州、天等。生于低海拔的山谷溪边林下或山坡草地，常见。分布于中国海南、广东、广西、湖南、江西、福建、台湾、浙江、安徽、贵州、云南、四川、西藏。越南、泰国、印度尼西亚、菲律宾、印度、斯里兰卡、巴布亚新几内亚、琉球群岛也有分布。

细竹篙草

Murdannia simplex (Vahl) Brenan

草本。花、果期 5 ~ 11 月。产于玉林、陆川、博白、东兴、南宁、宁明、百色、田阳。生于海拔 1500 m 以下的林下、沼地或湿润的草地、田野，少见。分布于中国海南、广东、广西、贵州、云南、四川。越南、老挝、泰国、缅甸、马来西亚、印度尼西亚、印度以及非洲也有分布。

水竹叶

Murdannia triquetra (Wall.) Brückn.

草本。花期 9 ~ 10 月；果期 10 ~ 11 月。产于玉林。生于海拔 1000 m 以下的田野、水边，少见。分布于中国海南、广东、广西、湖南、江西、福建、台湾、浙江、江苏、安徽、湖北、贵州、云南、四川、陕西、河南、山东。越南、老挝、柬埔寨、印度也有分布。

川杜若（小杜若）

Pollia miranda (Lévl.) H. Hara
Pollia minor Honda

　　草本。花期 6 ~ 8 月；果期 8 ~ 9 月。产于防城、龙州、那坡。生于山谷林下潮湿处，少见。分布于中国广西、台湾、贵州、云南、四川。日本也有分布。

长花枝杜若

Pollia secundiflora (Blume) Bakh. f.

　　草本。花期 6 ~ 8 月；果期 9 ~ 12 月。产于容县、隆安、宁明、龙州、平果。生于低海拔的山谷密林下，常见。分布于中国海南、广东、广西、湖南、江西、贵州、云南。越南、老挝、泰国、缅甸、马来西亚、印度尼西亚、印度也有分布。

长柄杜若

Pollia siamensis (Craib) Faden ex D. Y. Hong

　　草本。花期 4 ~ 8 月；果期 8 ~ 9 月。产于龙州、凭祥。生于海拔 500 ~ 1000 m 的山谷林下，少见。分布于中国海南、广西、云南。越南、老挝、泰国、柬埔寨、印度尼西亚、菲律宾、新几内亚也有分布。

露草属 Tradescantia L.

紫竹梅

Tradescantia pallida (Rose) D. R. Hunt

　　草本。花期夏、秋季。玉林市、北海市、钦州市、防城港市、南宁市、崇左市、百色市有栽培。中国南方常见栽培。原产于墨西哥，现热带地区广为栽培。

紫背万年青（蚌花）

Tradescantia spathacea Swartz

Rhoeo discolor (L' Hér.) Hance ex Walp.

　　草本。花期夏季。玉林市、北海市、钦州市、防城港市、南宁市、崇左市、百色市有栽培。中国南方常见栽培。原产于古巴和墨西哥，现热带、亚热带地区多有栽培。

吊竹梅

Tradescantia zebrina Bosse

　　草本。花期 6～11 月。龙州、大新、平果等地栽培或逸为野生。中国各地有栽培。原产于南美洲，现世界各地广为栽培。

281. 须叶藤科

FLAGELLARIACEAE

须叶藤属 Flagellaria L.

须叶藤

Flagellaria indica L.

攀缘植物。花期 4 ~ 7 月；果期 9 ~ 11 月。产于防城、东兴。生于沿海地区疏林中，很少见。分布于中国海南、广东、广西、台湾。越南、泰国、柬埔寨、缅甸、马来西亚、印度尼西亚、菲律宾、印度、斯里兰卡、日本、澳大利亚、新几内亚、太平洋岛屿、非洲也有分布。

283. 黄眼草科

XYRIDACEAE

黄眼草属 Xyris L.

黄眼草

Xyris indica L.

　　草本。花期 9 ~ 11 月；果期 10 ~ 12 月。产于合浦。生于海拔 250 ~ 600 m 的湿草地、田边、山谷，很少见。分布于中国海南、广东、广西、福建。越南、老挝、泰国、柬埔寨、马来西亚、印度尼西亚、菲律宾、印度、斯里兰卡、澳大利亚也有分布。

285. 谷精草科
ERIOCAULACEAE

谷精草属 Eriocaulon L.

流星谷精草（菲律宾谷精草）

Eriocaulon truncatum Buch.-Ham. ex Mart.

Eriocaulon merrillii Ruhl. ex Perkins

　　草本。花、果期 5 ~ 12 月。产于容县、北海、合浦、钦州、防城、上思。生于水塘边草地，常见。分布于中国海南、广东、广西、台湾。泰国、印度尼西亚、菲律宾、日本也有分布。

286. 凤梨科

BROMELIACEAE

凤梨属 Ananas Mill.

凤梨（菠萝）

Ananas comosus (L.) Merr.

草本。花期夏季；果期 7 ~ 8 月。北海、合浦、钦州、南宁有栽培。中国海南、广东、广西、福建、台湾、贵州、云南有栽培。原产于热带美洲，现世界热带地区广泛栽培。

水塔花

Billbergia pyramidalis (Sims) Lindl.

　　草本。花期春季至夏初。玉林市、北海市、钦州市、防城港市、南宁市、崇左市、百色市有栽培。中国华南地区有栽培。原产于热带美洲。

铁兰属 Tillandsia L.

紫花凤梨（铁兰）

Tillandsia cyanea Linden ex K. Koch

　　草本。花期春、夏季。北海有栽培。中国华南地区有栽培。原产于哥伦比亚、厄瓜多尔、秘鲁等地。

287. 芭蕉科
MUSACEAE

芭蕉属 Musa L.

香蕉
Musa acuminata (AAA)

　　草本。花期夏、秋季。玉林市、北海市、钦州市、防城港市、南宁市、崇左市、百色市有栽培。中国海南、广东、广西、福建、台湾、云南有栽培。原产于中国。

野蕉
Musa balbisiana Colla

　　草本。花、果期 6 ~ 10 月。产于防城、上思、南宁、横县、宁明、龙州、平果。生于山谷沟边或湿润阔叶林中,常见。分布于中国海南、广东、广西、云南、西藏。泰国、缅甸、马来西亚、印度尼西亚、菲律宾、印度、尼泊尔、斯里兰卡、新几内亚也有分布。

红蕉

Musa coccinea Andrews

　　草本。花期 9 ~ 11 月。产于龙州。生于海拔 600 m 以下的沟谷或湿润山坡上，少见。分布于中国广东、广西、云南。越南也有分布。

地涌金莲属 Musella (Franch.) C. Y. Wu ex H. W. Li

地涌金莲

Musella lasiocarpa (Franch.) C. Y. Wu ex H. W. Li

　　草本。花期春、夏季。南宁有栽培。分布于中国云南，现全国各地有栽培。

288. 旅人蕉科
STRELITZIACEAE

旅人蕉属 Ravenala Adans.

旅人蕉

Ravenala madagascariensis Sonn

　　乔木状草本。玉林市、北海市、钦州市、防城港市、南宁市、崇左市、百色市有栽培。中国海南、广东、广西、台湾有栽培。原产于马达加斯加。

鹤望兰属 Strelitzia Aiton

鹤望兰

Strelitzia reginae Aiton

　　草本。花期冬季。玉林市、北海市、钦州市、防城港市、南宁市、崇左市、百色市有栽培。中国海南、广东、广西、福建、台湾有栽培。原产于非洲南部。

289. 兰花蕉科
LOWIACEAE

兰花蕉属 Orchidantha N. E. Br.

长萼兰花蕉

Orchidantha chinensis T. L. Wu var. **longisepala** (D. Fang) T. L. Wu

草本。花期 1 ~ 3 月；果期 5 ~ 7 月。产于钦州、防城、上思。生于海拔 400 m 的山坡林下，少见。分布于中国广西。

290. 姜科
ZINGIBERACEAE

山姜属 Alpinia Roxb.

红豆蔻

Alpinia galanga (L.) Willd.

草本。花期 5 ~ 8 月；果期 9 ~ 11 月。产于防城、上思、南宁、隆安、龙州、百色、田东。生于海拔 300 ~ 500 m 的沟谷林下或灌草丛，常见。分布于中国海南、广东、广西、福建、台湾、云南。越南、泰国、缅甸、马来西亚、印度尼西亚、印度也有分布。

狭叶山姜

Alpinia graminifolia D. Fang & G. Y. Lo

草本。花期 5 ~ 6 月；果期 11 ~ 12 月。产于防城、上思、宁明。生于海拔 750 ~ 860 m 的山谷林下，很少见。分布于中国广西。

海南山姜（草豆蔻）

Alpinia hainanensis K. Schum.

Alpinia katsumadai Hayata

Alpinia henryi K. Schum.

　　草本。花期4～6月；果期5～8月。产于玉林、容县、博白、北流、防城。生于山地林下，少见。分布于中国海南、广东、广西。越南也有分布。

山姜

Alpinia japonica (Thunb.) Miq.

　　草本。花期4～8月；果期7～12月。产于容县、德保、那坡。生于山地林下，常见。分布于中国广东、广西、江西、福建、台湾、浙江、江苏、贵州、云南、四川。日本也有分布。

长柄山姜

Alpinia kwangsiensis T. L. Wu & S. J. Chen

　　草本。花期 3 ~ 4 月；果期 8 ~ 9 月。产于上思、南宁、隆安、横县、崇左、扶绥、宁明、龙州、天等、百色、田东、平果、靖西、那坡。生于海拔 200 ~ 1200 m 的石灰岩林下，常见。分布于中国广东、广西、贵州、云南。

假益智

Alpinia maclurei Merr.

　　草本。花期 3 ~ 7 月；果期 4 ~ 10 月。产于防城、龙州、百色、那坡。生于海拔 390 ~ 800 m 的山地林下，常见。分布于中国海南、广东、广西、云南。越南也有分布。

华山姜

Alpinia oblongifolia Hayata

Alpinia suishaensis Hayata

　　草本。花期 5 ~ 7 月；果期 9 ~ 12 月。产于陆川、北流、钦州、防城、上思、东兴、南宁、宁明、龙州、大新、凭祥、百色、德保、靖西、那坡。生于海拔 100 ~ 950 m 的林下，常见。分布于中国海南、广东、广西、湖南、江西、福建、台湾、浙江、云南、四川。越南、老挝也有分布。

高良姜

Alpinia officinarum Hance

　　草本。花期 4 ~ 9 月；果期 5 ~ 11 月。产于合浦。生于山坡灌丛或疏林下，少见。分布于中国海南、广东、广西。

益智

Alpinia oxyphylla Miq.

　　草本。花期 3 ～ 6 月；果期 4 ～ 10 月。产于陆川、浦北。生于海拔 100 ～ 500 m 的山地林下，少见。分布于中国海南、广东、广西、福建、云南。

艳山姜

Alpinia zerumbet (Pers.) B. L. Burtt & R. M. Smith

　　草本。花期 4 ～ 6 月；果期 7 ～ 10 月。产于玉林、博白、防城、南宁、龙州、平果、那坡。生于海拔 800 m 以下的林下，常见。分布于中国海南、广东、广西、台湾、云南。越南、老挝、泰国、柬埔寨、缅甸、马来西亚、印度尼西亚、菲律宾、印度、孟加拉国、斯里兰卡也有分布。

花叶艳山姜

Alpinia zerumbet 'Variegata'

　　草本。花期 5 ~ 7 月；果期 7 ~ 10 月。北海、南宁有栽培。中国华南地区有栽培。原产于东南亚。

豆蔻属 Amomum Roxb.

砂仁

Amomum villosum Lour.

　　草本。花期 5 ~ 6 月；果期 8 ~ 9 月。产于博白、灵山、防城、上思、东兴、南宁、隆安、崇左、宁明、龙州、凭祥、百色、德保、靖西、那坡。生于海拔 200 ~ 800 m 的山地林中，也有栽培。分布于中国海南、广东、广西、福建、云南。

宝塔姜

Costus barbatus Suess.

　　草本。花期夏、秋季。南宁有栽培。中国广东、广西等地有栽培。原产于哥斯达黎加。

闭鞘姜

Costus speciosus (J. König) Smith

　　草本。花期 7 ~ 9 月；果期 9 ~ 11 月。产于北流、防城、南宁、龙州、田东、平果。生于海拔 100 ~ 900 m 的疏林下、山谷阴湿地、路边草丛或荒坡，常见。分布于中国海南、广东、广西、台湾、云南。越南、老挝、泰国、柬埔寨、缅甸、马来西亚、印度尼西亚、菲律宾、印度、尼泊尔、不丹、斯里兰卡、澳大利亚也有分布。

光叶闭鞘姜

Costus tonkinensis Gagnep.

　　草本。花期 7 ～ 8 月；果期 9 ～ 11 月。产于防城、隆安、宁明、龙州、大新、靖西、那坡。生于海拔 290 ～ 900 m 的山地林下，少见。分布于中国广东、广西、云南。越南也有分布。

姜黄属 Curcuma L.

郁金

Curcuma aromatica Salisb.

　　草本。花期 4 ～ 6 月。产于南宁、横县、宁明、龙州、百色、那坡。生于山地潮湿处或林下，少见。分布于中国海南、广东、广西、福建、浙江、贵州、云南、四川、西藏。缅甸、印度、尼泊尔、不丹、斯里兰卡也有分布。

广西莪术

Curcuma kwangsiensis S. K. Lee & C. F. Liang

　　草本。花期5～7月。产于上思、南宁、横县、宁明、百色。生于海拔200～500 m的山坡草地或灌丛中，少见。分布于中国广东、广西、云南、四川。

姜黄

Curcuma longa L.

　　草本。花期7～9月。产于容县、上思、南宁、龙州、平果、那坡，栽培或逸为野生。中国广东、广西、福建、台湾、云南、四川、西藏有栽培。亚洲热带地区常见栽培。

舞花姜

Globba racemosa Smith

    草本。花期 6 ~ 9 月；果期 8 ~ 10 月。产于德保。生于海拔 200 ~ 1300 m 的林下阴湿处，少见。分布于中国广东、广西、湖南、贵州、云南、四川、西藏。泰国、缅甸、印度、尼泊尔、不丹也有分布。

双翅舞花姜

Globba schomburgkii Hook. f.

    草本。花期 8 ~ 9 月。产于龙州、大新。生于林下阴湿处或水旁，少见。分布于中国广西、云南。越南、泰国、缅甸也有分布。

姜花

Hedychium coronarium J. König

草本。花期 8 ~ 12 月。南宁有栽培。分布于中国广东、广西、湖南、台湾、云南、四川。越南、泰国、缅甸、马来西亚、印度尼西亚、印度、尼泊尔、不丹、斯里兰卡、澳大利亚也有分布。

黄姜花

Hedychium flavum Roxb.

草本。花期 8 ~ 9 月。产于靖西、那坡。生于海拔 900 ~ 1200 m 的山谷密林下，少见。分布于中国广西、贵州、云南、四川、西藏。印度也有分布。

圆瓣姜花

Hedychium forrestii Diels

草本。花期 8 ~ 10 月；果期 10 ~ 12 月。产于百色、德保、靖西、那坡。生于海拔 200 ~ 900 m 的山谷林下或灌丛中，少见。分布于中国广西、贵州、云南、四川。老挝、泰国、缅甸也有分布。

大苞姜属 Monolophus Wall. ex Endl.

黄花大苞姜

Monolophus coenobialis Hance

Caulokaempferia coenobialis (Hance) K. Larsen

草本。花期 4 ~ 7 月；果期 8 月。产于防城。生于林下潮湿处或沟谷溪边阴湿石上，很少见。分布于中国广东、广西。

土田七

Stahlianthus involucratus (King ex Baker) Craib ex Loes.

　　草本。花期 5 ~ 6 月。产于那坡。生于海拔 900 ~ 1000 m 的山坡林下，也有栽培。分布于中国广东、广西、福建、云南。泰国、缅甸、印度也有分布。

姜属 Zingiber Mill.

裂舌姜

Zingiber bisectum D. Fang

　　草本。花期 8 月。产于隆安、扶绥、宁明、龙州、百色、平果、那坡。生于海拔 300 m 的山坡林下，少见。分布于中国广西。

蘘荷

Zingiber mioga (Thunb.) Rosc.

　　草本。花期 8 ~ 10 月。产于龙州。生于山地林下，很少见。 分布于中国广东、广西、湖南、江西、浙江、江苏、安徽、贵州、云南。日本也有分布。

红球姜

Zingiber zerumbet (L.) Roscoe ex Smith

　　草本。花期 7 ~ 9 月；果期 10 月。产于容县、上思、隆安、龙州、田东、平果、那坡。生于林下阴湿处，很少见。分布于中国海南、广东、广西、台湾、云南。越南、老挝、泰国、柬埔寨、缅甸、马来西亚、印度、斯里兰卡也有分布。

291. 美人蕉科

CANNACEAE

美人蕉属 Canna L.

大花美人蕉

Canna × generalis L. H. Bailey & E. Z. Bailey

草本。花期夏、秋季。玉林市、北海市、钦州市、防城港市、南宁市、崇左市、百色市有栽培。中国各地常见栽培。

美人蕉

Canna indica L.

　　草本。花期 6 ~ 10 月。玉林市、北海市、钦州市、防城港市、南宁市、崇左市、百色市有栽培。中国各地有栽培。原产于印度。

黄花美人蕉

Canna indica L. var. **flava** Roxb.

　　草本。花、果期 3 ~ 12 月。北海有栽培。中国各地常有栽培。原产于印度。

292. 竹芋科
MARANTACEAE

柊叶属 Phrynium Willd.

尖苞柊叶

Phrynium placentarium (Lour.) Merr.

　　草本。花期5～8月；果期8～11月。产于钦州、防城、宁明、龙州、平果。生于海拔1500 m以下的林下阴湿处或沟边，野生或栽培。分布于中国海南、广东、广西、贵州、云南、西藏。越南、泰国、缅甸、印度尼西亚、菲律宾、印度、不丹也有分布。

柊叶

Phrynium rheedei Suresh & Nicolson

    草本。花期 5 ~ 7 月；果期 10 月。产于防城、上思、崇左、百色。生于海拔 100 ~ 1400 m 的密林下阴湿处，少见。分布于中国海南、广东、广西、福建、云南。越南、印度也有分布。

水竹芋属 Thalia L.

再力花（水竹芋）

Thalia dealbata Fraser

    草本。花期 7 ~ 9 月。玉林市、北海市、钦州市、防城港市、南宁市、崇左市、百色市有栽培。中国华南、华中地区有栽培。原产于美国、墨西哥。

293. 百合科
LILIACEAE

粉条儿菜属 Aletris L.

狭瓣粉条儿菜

Aletris stenoloba Franch.

草本。花、果期 5 ~ 7 月。产于德保、那坡。生于海拔 300 ~ 1600 m 的林缘草坡、山坡林下或路边，少见。分布于中国广西、湖北、贵州、云南、四川、陕西。

芦荟

Aloe vera (L.) Burm. f.

Aloe vera (L.) Burm. f. var. *chinensis* (Haw.) Berg.

草本。花期春季。玉林市、北海市、钦州市、防城港市、南宁市、崇左市、百色市有栽培。原产于中国云南。世界各地有栽培。

天门冬属 Asparagus L.

天门冬

Asparagus cochinchinensis (Lour.) Merr.

攀援状亚灌木。花期 5 ~ 6 月；果期 9 月。产于玉林、容县、陆川、博白、龙州、平果、那坡。生于海拔 1200 m 以下的疏林或旷野灌丛中，常见。中国大部门省区有分布。越南、老挝、日本、朝鲜也有分布。

石刁柏

Asparagus officinalis L.

草本。花期 5 ~ 6 月; 果期 9 ~ 10 月。南宁有栽培。分布于中国新疆。哈萨克斯坦、蒙古、俄罗斯以及中亚、西亚、非洲、欧洲也有分布。

文竹

Asparagus setaceus (Kunth) Jessop

攀援状灌木。花期 4 ~ 5 月; 果期 8 ~ 9 月。北海、南宁有栽培。中国各地有栽培。原产于非洲南部。

防城蜘蛛抱蛋

Aspidistra arnautovii Tillich var. **angustifolia** L. Wu & Y. F. Huang

　　草本。花期 11 ~ 12 月。产于防城、上思。生于海拔 550 m 的常绿阔叶林下，很少见。分布于中国广西。

粗丝蜘蛛抱蛋

Aspidistra crassifila Yan Liu & C. I Peng

　　草本。花期 3 ~ 5 月；果期翌年 5 月。产于上思。生于海拔 980 m 的常绿阔叶林或竹林下，很少见。分布于中国广西。

长药蜘蛛抱蛋

Aspidistra dolichanthera X. X. Chen

　　草本。花期 4 月；果期翌年 4 月。产于龙州。生于海拔 400 ~ 500 m 的石灰岩常绿阔叶林下，很少见。分布于中国广西。

伞柱蜘蛛抱蛋

Aspidistra fungilliformis Y. Wan

　　草本。花期 11 月。产于隆安、平果。生于海拔 300 m 的石灰岩林下，很少见。分布于中国广西。越南也有分布。

弄岗蜘蛛抱蛋

Aspidistra longgangensis C. R. Lin, Y. S. Huang & Yan Liu

草本。花期 6 ~ 7 月。产于龙州。生于海拔 260 ~ 330 m 的石灰岩常绿阔叶林下，很少见。分布于中国广西。

小花蜘蛛抱蛋

Aspidistra minutiflora Stapf

草本。花期 4 ~ 7 月。产于防城、上思、隆安、龙州、靖西。生于海拔 250 ~ 850 m 的林下阴湿处，少见。分布于中国海南、广东、香港、广西、湖南。越南也有分布。

歪盾蜘蛛抱蛋

Aspidistra obliquipeltata D. Fang & L. Y. Yu

　　草本。花期 5 月。产于宁明、龙州。生于海拔 350 m 的石灰岩林下，少见。分布于中国广西。

石山蜘蛛抱蛋

Aspidistra saxicola Y. Wan

　　草本。花期 10 月；果期翌年 3 月。产于隆安、崇左、宁明、龙州。生于海拔 300 ~ 400 m 的石灰岩阔叶林下，少见。分布于中国广西。

辐花蜘蛛抱蛋

Aspidistra subrotata Y. Wan & C. C. Huang

　　草本。花期10～11月。产于东兴、龙州、那坡。生于海拔650 m的常绿阔叶林下，少见。分布于中国广西。越南也有分布。

开口箭属 Campylandra Baker

开口箭

Campylandra chinensis (Baker) M. N. Tamura, S. Yun Liang & Turland

　　草本。花期4～6月；果期9～11月。产于那坡。生于海拔1000～1600 m的林下阴湿处、溪边或路旁，少见。分布于中国广东、广西、湖南、江西、福建、台湾、浙江、安徽、四川、湖北、云南、陕西、河南。

弯蕊开口箭

Campylandra wattii C. B. Clarke

草本。花期 2 ~ 5 月; 果期翌年 1 ~ 4 月。产于容县、百色、平果、那坡。生于海拔 800 ~ 1600 m 的密林下阴湿处、溪边或山谷旁,常见。分布于中国广东、广西、贵州、云南、四川。印度、不丹也有分布。

吊兰属 Chlorophytum Ker-Gawl.

金边吊兰

Chlorophytum comosum (Thunb.) Jacq. 'Variegatum'

草本。花期 5 ~ 6 月; 果期 7 ~ 8 月。玉林市、北海市、钦州市、防城港市、南宁市、崇左市、百色市有栽培。中国各地有栽培。原产于非洲南部。

大叶吊兰

Chlorophytum malayense Ridley

草本。花、果期 4 ~ 5 月。产于宁明、龙州。生于海拔 300 ~ 500 m 的林下、灌丛或谷地，常见。分布于中国广西、云南。越南、老挝、泰国、马来西亚也有分布。

山菅属 Dianella Lam.

山菅（山菅兰）

Dianella ensifolia (L.) DC.

草本。花、果期 3 ~ 8 月。产于玉林、容县、博白、北流、钦州、防城、上思、南宁、横县、崇左、扶绥、宁明、龙州、大新、百色、德保、靖西、那坡。生于海拔 300 ~ 1400 m 的林下、山坡或草丛，很常见。分布于中国海南、广东、广西、江西、福建、台湾、浙江、贵州、云南、四川。越南、老挝、泰国、柬埔寨、缅甸、马来西亚、印度尼西亚、菲律宾、印度、尼泊尔、不丹、孟加拉国、斯里兰卡、日本、澳大利亚、太平洋岛屿、非洲也有分布。

银边山菅兰

Dianella ensifolia (L.) DC. 'White Variegated'

草本。北海有栽培。中国华南地区有栽培。

竹根七属 Disporopsis Hance

长叶竹根七

Disporopsis longifolia Craib

草本。花期 5 ~ 6 月；果期 10 ~ 12 月。产于防城、东兴、宁明、龙州、大新、天等、田阳、靖西、那坡。生于海拔 300 ~ 1000 m 的林下、灌丛或林缘，少见。分布于中国广西、云南。越南、老挝、泰国也有分布。

万寿竹

Disporum cantoniense (Lour.) Merr.

　　草本。花期 5 ～ 7 月；果期 8 ～ 10 月。产于灵山、南宁、隆安、大新、百色、田东、平果、靖西、那坡。生于海拔 700 ～ 1600 m 的山谷林下或灌丛中，常见。分布于中国海南、广东、广西、湖南、福建、台湾、安徽、湖北、贵州、云南、四川、西藏、陕西。越南、老挝、泰国、缅甸、印度、尼泊尔、不丹也有分布。

少花万寿竹（宝铎草）

Disporum uniflorum Baker ex S. Moore

Disporum sessile (Thunb.) D. Don ex Schult. & Schult. f.

　　草本。花期 3 ～ 6 月；果期 6 ～ 11 月。产于玉林、容县、博白、浦北、防城、上思、东兴、横县、宁明、龙州、大新、天等、百色、德保、那坡。生于海拔 400 ～ 1600 m 的山谷林下或灌丛中，常见。分布于中国广东、广西、湖南、江西、福建、台湾、浙江、江苏、安徽、贵州、云南、四川、陕西、河南、山东、河北。日本、朝鲜也有分布。

萱草

Hemerocallis fulva (L.) L.

草本。花期 6 ~ 8 月；果期 8 ~ 9 月。产于容县、博白、南宁、隆安、龙州、那坡。生于山坡路旁或溪边草丛，常见。分布于中国秦岭以南各省区，亦有栽培。朝鲜也有分布。

山麦冬属 Liriope Lour.

山麦冬

Liriope spicata (Thunb.) Lour.

草本。花期 5 ~ 7 月；果期 8 ~ 10 月。产于玉林、容县、陆川、上思、南宁、龙州、那坡。生于海拔 1300 m 以下的山坡、山谷林下或路旁，常见。分布于中国海南、广东、广西、湖南、江西、福建、台湾、浙江、江苏、安徽、湖北、贵州、云南、四川、甘肃、陕西、山西、河南、山东、河北。越南、日本、朝鲜也有分布。

长茎沿阶草

Ophiopogon chingii F. T. Wang & T. Tang

　　草本。花期 5 ~ 6 月；果期 10 ~ 11 月。产于博白、钦州、灵山、浦北、防城、上思、东兴、隆安、龙州、田东、德保、靖西、那坡。生于海拔 700 ~ 1500 m 的林下、灌丛或岩石缝中，常见。分布于中国海南、广东、广西、贵州、云南、四川。

大叶沿阶草

Ophiopogon latifolius Rodrig.

　　草本。花期 8 ~ 9 月。产于平果、那坡。生于海拔 500 ~ 1100 m 的山坡林下或山谷溪边，很少见。分布于中国广西、云南。越南也有分布。

丽叶沿阶草

Ophiopogon marmoratus Pierre ex Rodrig.

草本。花期 8 月。产于隆安、崇左、龙州。生于山谷密林下，少见。越南、老挝、泰国、柬埔寨也有分布。

宽叶沿阶草

Ophiopogon platyphyllus Merr. & Chun

草本。花期 5 ~ 6 月；果期 10 ~ 11 月。产于防城、上思、龙州、百色、平果。生于海拔 600 ~ 1300 m 的林下、溪边或路旁，少见。分布于中国海南、广东、广西。

多花沿阶草

Ophiopogon tonkinensis Rodrig.

　　草本。花期 9 月；果期 10～11 月。产于南宁、宁明、龙州、靖西。生于海拔 450～950 m 的密林下或空旷山坡上，常见。分布于中国广西、云南。越南也有分布。

球子草属 Peliosanthes Andrews

大盖球子草

Peliosanthes macrostegia Hance

　　草本。花期 4～6 月；果期 7～9 月。产于防城、上思、龙州、平果、德保。生于海拔 400～1100 m 的林下、溪畔或潮湿处，常见。分布于中国海南、广东、广西、湖南、台湾、贵州、云南、四川。越南也有分布。

滇黄精

Polygonatum kingianum Coll. & Hemsl.

　　草本。花期 3 ~ 5 月；果期 9 ~ 10 月。产于德保。生于海拔 700 ~ 1300 m 的林下、灌丛、阴湿草坡或岩石上，少见。分布于中国广西、贵州、云南、四川。越南、缅甸也有分布。

油点草属 Tricyrtis Wall.

油点草

Tricyrtis macropoda Miq.

　　草本。花、果期 6 ~ 10 月。产于容县。生于山地林下、草丛或石缝中，少见。分布于中国广东、广西、湖南、江西、福建、浙江、江苏、安徽、湖北、贵州。日本也有分布。

295. 延龄草科
TRILLIACEAE

重楼属 Paris L.

七叶一枝花

Paris polyphylla Smith

草本。花期 4 ~ 7 月；果期 8 ~ 11 月。产于横县、龙州、靖西、那坡。生于海拔 400 ~ 1500 m 的林下、沟谷、溪边，很少见。分布于中国广西、贵州、云南、四川、西藏。越南、印度、尼泊尔、不丹也有分布。

296. 雨久花科
PONTEDERIACEAE

凤眼蓝属 Eichhornia Kunth

凤眼蓝（凤眼莲、水葫芦）

Eichhornia crassipes (Mart.) Solms

水生草本。花期 7~10 月；果期 8~11 月。产于玉林市、北海市、钦州市、防城港市、南宁市、崇左市、百色市，逸为野生。生于海拔 200~1500 m 的水塘、沟渠或稻田中，很常见。分布于中国海南、广东、广西、湖南、江西、福建、台湾、浙江、江苏、安徽、湖北、贵州、云南、四川、陕西、河南、山东、河北，逸为野生。原产于美洲热带地区，现世界热带地区广泛分布。

鸭舌草

Monochoria vaginalis (Burm. f.) C. Presl ex Kunth

草本。花期 8 ~ 9 月；果期 9 ~ 10 月。产于合浦、钦州、宁明、龙州、大新、靖西、那坡。生于水田、沟旁、池塘等潮湿处，常见。分布于中国各地。越南、老挝、泰国、柬埔寨、缅甸、马来西亚、印度尼西亚、菲律宾、印度、尼泊尔、不丹、斯里兰卡、巴基斯坦、日本、朝鲜、俄罗斯、澳大利亚以及非洲也有分布。

梭鱼草属 Pontederia L.

梭鱼草

Pontederia cordata L.

草本。花、果期 5 ~ 10 月。靖西有栽培。中国南方有栽培。原产于美洲热带地区。

297. 菝葜科

SMILACACEAE

肖菝葜属 Heterosmilax Kunth

合丝肖菝葜

Heterosmilax gaudichaudiana (Kunth) Maxim.

　　攀援灌木。花期 5 ~ 6 月；果期 7 ~ 12 月。产于博白、北流、北海、防城、东兴、南宁、扶绥。生于海拔 600 ~ 1000 m 的密林下、山坡疏林或灌丛中，少见。分布于中国海南、广东、广西、福建、台湾。越南也有分布。

尖叶菝葜

Smilax arisanensis Hayata

    攀援灌木。花期 4 ~ 5 月；果期 10 ~ 11 月。产于平果、德保、那坡。生于海拔 1500 m 以下的林中、灌丛或山谷溪边阴蔽处，少见。分布于中国广东、广西、江西、福建、台湾、浙江、贵州、云南、四川。越南也有分布。

圆叶菝葜

Smilax bauhinioides Kunth

    攀援灌木。产于防城、东兴。生于低海拔林下，很少见。分布于中国广西。越南、泰国也有分布。

菝葜

Smilax china L.

攀援灌木。花期 2 ~ 5 月；果期 9 ~ 11 月。产于玉林、容县、博白、北流、合浦、钦州、灵山、浦北、防城、上思、南宁、横县、宁明、龙州、平果、靖西、那坡。生于林下、灌丛、旷野、路旁，很常见。分布于中国海南、广东、广西、湖南、江西、福建、台湾、浙江、江苏、安徽、湖北、贵州、云南、四川、河南、山东。越南、泰国、缅甸、菲律宾也有分布。

筐条菝葜（粉叶菝葜）

Smilax corbularia Kunth

攀援灌木。花期 5 ~ 9 月；果期 9 月至翌年 2 月。产于博白、上思、南宁、扶绥、宁明、龙州、凭祥、靖西、那坡。生于海拔 1500 m 以下的林下或灌丛中，常见。分布于中国海南、广东、广西、云南。越南、缅甸也有分布。

四翅菝葜

Smilax gagnepainii T. Koyama

攀援灌木。花期 11 月；果期翌年 1 ~ 6 月。产于防城、上思、龙州。生于海拔 400 ~ 900 m 的山坡林下，少见。分布于中国广西、云南。越南也有分布。

土茯苓

Smilax glabra Roxb.

攀援灌木。花期 7 ~ 11 月；果期 11 月至翌年 4 月。产于玉林、容县、钦州、灵山、浦北、防城、上思、东兴、南宁、横县、宁明、龙州、大新、百色、平果、靖西、那坡。生于海拔 1600 m 以下的林下、灌丛、河岸、山谷，很常见。分布于中国海南、广东、广西、湖南、江西、福建、台湾、浙江、江苏、安徽、湖北、贵州、云南、四川、西藏、甘肃、陕西。越南、泰国、缅甸、印度也有分布。

抱茎菝葜

Smilax ocreata A. DC.

攀援灌木。花期 3 ~ 6 月；果期 7 ~ 10 月。产于钦州、灵山、防城、上思、东兴、南宁、隆安、宁明、龙州、百色、田阳、平果、靖西、那坡。生于海拔 1600 m 以下的林中、灌丛或阴湿的坡地、山谷，常见。分布于中国广东、广西、贵州、云南、四川。越南、缅甸、印度、尼泊尔、不丹也有分布。

牛尾菜

Smilax riparia A. DC.

藤本。花期 6 ~ 7 月；果期 10 月。产于玉林、容县、防城、龙州、平果。生于海拔 1300 m 以下的林下、灌丛、山谷或山坡草丛，常见。分布于中国海南、广东、广西、湖南、江西、福建、台湾、浙江、江苏、安徽、湖北、贵州、云南、四川、甘肃、陕西、山西、河南、山东、河北、内蒙古、辽宁、吉林、黑龙江。菲律宾、日本、朝鲜也有分布。

302. 天南星科

ARACEAE

菖蒲属 Acorus L.

菖蒲

Acorus calamus L.

　　草本。花期 2 ~ 9 月。产于玉林、龙州。生于海拔 1100 m 以下的水边或沼泽湿地，少见。分布于中国各地。越南、泰国、马来西亚、印度尼西亚、印度、尼泊尔、不丹、孟加拉国、斯里兰卡、巴基斯坦、阿富汗、蒙古、俄罗斯、日本、朝鲜以及亚洲西南部、欧洲、北美洲也有分布。

金钱蒲（石菖蒲）

Acorus gramineus Sol. ex Aiton

Acorus tatarinowii Schott

草本。花期 2 ～ 7 月；果期 7 ～ 8 月。产于玉林、防城、上思、南宁、田阳、那坡。生于海拔 1500 m 以下的水旁湿地或石上，常见。分布于中国海南、广东、广西、湖南、江西、浙江、湖北、贵州、云南、四川、西藏、陕西。越南、老挝、泰国、柬埔寨、缅甸、菲律宾、印度、日本、朝鲜、俄罗斯也有分布。

广东万年青属 Aglaonema Schott

广东万年青

Aglaonema modestum Schott ex Engl.

草本。花期 5 月；果期 10 ～ 11 月。产于上思、南宁、隆安、扶绥、宁明、龙州、大新、靖西、那坡。生于海拔 300 ～ 1600 m 的密林下，常见。分布于中国海南、广东、广西、贵州、云南。越南、老挝、泰国也有分布。

越南万年青

Aglaonema simplex (Blume) Blume

Aglaonema tenuipes Engl.

　　草本。花期 4～6 月; 果期 9～10 月。产于龙州、那坡。生于海拔 1500 m 以下的山谷密林下, 很少见。分布于中国广西、云南。越南、老挝、泰国、柬埔寨、缅甸、马来西亚、印度尼西亚、印度、菲律宾也有分布。

海芋属 Alocasia (Schott) G. Don

尖尾芋（假海芋）

Alocasia cucullata (Lour.) G. Don

　　草本。花期 5 月。产于玉林、南宁、龙州、百色、靖西。生于海拔 1600 m 以下的山谷阴湿地或田边, 少见。分布于中国海南、广东、广西、福建、浙江、贵州、云南、四川。越南、老挝、泰国、缅甸、印度、尼泊尔、孟加拉国、斯里兰卡也有分布。

海芋

Alocasia odora (Roxb.) K. Koch

草本。花期夏、秋季。产于玉林、防城、上思、南宁、宁明、龙州、凭祥。生于海拔 1500 m 以下的山谷林缘或沟边林下，常见。分布于中国海南、广东、广西、湖南、江西、福建、台湾、贵州、云南、四川。老挝、泰国、柬埔寨、缅甸、印度、尼泊尔、不丹、孟加拉国、日本也有分布。

蘑芋属 Amorphophallus Blume ex Decne.

疣柄蘑芋

Amorphophallus paeoniifolius (Dennst.) Nicolson

Amorphophallus virosus N. E. Br.

草本。花期 4~5 月；果期 10~11 月。产于南宁、龙州、田东。生于海拔 800 m 以下的草坡、灌丛或荒地，少见。分布于中国海南、广东、广西、台湾、云南。越南、老挝、泰国、缅甸、印度尼西亚、菲律宾、印度、孟加拉国、斯里兰卡、澳大利亚、新几内亚以及太平洋岛屿也有分布，归化于印度洋群岛。

红掌（花烛）

Anthurium andraeanum Linden

　　草本。花期全年。玉林市、北海市、钦州市、防城港市、南宁市、崇左市、百色市有栽培。中国各地有栽培。原产于哥伦比亚。

天南星属 Arisaema Mart.

一把伞南星

Arisaema erubescens (Wall.) Schott

　　草本。花期 5 ~ 7 月；果期 9 月。产于容县、北流、防城、横县。生于海拔 1500 m 以下的林下、灌丛、草坡、荒地，常见。分布于中国广东、广西、湖南、江西、福建、台湾、浙江、安徽、湖北、贵州、云南、四川、甘肃、陕西、山西、河南、山东、河北。越南、老挝、泰国、缅甸、印度、尼泊尔、不丹也有分布。

画笔南星（三叶天南星）

Arisaema penicillatum N. E. Br.

草本。花、果期4～6月。产于上思、龙州、天等、那坡。生于海拔1000 m以下的密林中，少见。分布于中国海南、广东、广西、台湾。

芋属 Colocasia Schott

野芋

Colocasia esculenta (L.) Schott var. **antiquorum** (Schott) Hubbard & Rehd.

Colocasia antiquorum Schott

草本。花期夏、秋季。产于崇左、龙州、大新、百色、平果。生于山谷水旁或林下阴湿处，常见。分布于中国海南、广西、云南。老挝、泰国、缅甸、印度也有分布。

大野芋

Colocasia gigantea (Blume) Hook. f.

　　草本。花期4～6月；果期9月。产于合浦、南宁、崇左、龙州、大新、平果。生于海拔100～700 m的沟谷林下，常见。分布于中国广东、广西、江西、福建、云南。越南、老挝、泰国、柬埔寨、缅甸、马来西亚也有分布。

麒麟叶属 Epipremnum Schott

绿萝

Epipremnum aureum (Linden & André) G. S. Bunting

　　藤本。玉林市、北海市、钦州市、防城港市、南宁市、崇左市、百色市有栽培。中国各地广泛栽培。原产于所罗门群岛。

麒麟叶（麒麟尾）

Epipremnum pinnatum (L.) Engl.

藤本。花期春、夏季。产于宁明、龙州、大新、平果、靖西。生于大树或岩壁上，常见。分布于中国海南、广东、广西、台湾、云南。越南、泰国、马来西亚、新加坡、菲律宾、印度以及大洋洲、太平洋岛屿也有分布。

千年健属 Homalomena Schott

千年健

Homalomena occulta (Lour.) Schott

草本。花期 7～9 月。产于防城、东兴、宁明、龙州、百色、那坡。生于海拔 1100 m 以下沟谷密林或山坡灌丛中，少见。分布于中国海南、广东、广西、云南。越南、老挝、泰国也有分布。

刺芋

Lasia spinosa (L.) Thwaites

草本。花期 7～9 月；果期翌年 2 月。产于玉林、陆川、博白、灵山、防城、上思、南宁、龙州、靖西。生于海拔 1500 m 以下的田边、沟旁或阴湿草丛，少见。分布于中国海南、广东、广西、台湾、云南、西藏。越南、老挝、泰国、柬埔寨、缅甸、马来西亚、印度尼西亚、印度、尼泊尔、不丹、孟加拉国、斯里兰卡、新几内亚也有分布。

龟背竹属 Monstera Adans.

龟背竹

Monstera deliciosa Liebm.

攀援灌木。花期 8～9 月；果于翌年花期之后成熟。玉林市、北海市、钦州市、防城港市、南宁市、崇左市、百色市有栽培。中国各地广泛栽培。原产于墨西哥。

春羽

Philodendron selloum K. Koch

　　草本。花期春、夏季。玉林市、北海市、钦州市、防城港市、南宁市、崇左市、百色市有栽培。中国南方有栽培。原产于巴西、巴拉圭等地，现世界各地均有栽培。

大藻属 Pistia L.

大藻

Pistia stratiotes L.

　　草本。花期 5 ~ 11 月。产于玉林市、北海市、钦州市、防城港市、南宁市、崇左市、百色市，逸为野生。生于海拔 200 ~ 1500 m 的沟渠、湖边、稻田或溪边，很常见。分布于中国海南、广东、广西、湖南、江西、福建、台湾、江苏、安徽、湖北、云南、四川、山东，栽培或逸为野生。世界热带、亚热带地区广泛分布。

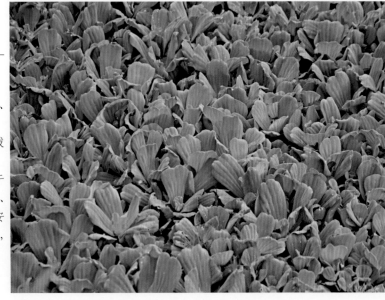

石柑子

Pothos chinensis (Raf.) Merr.

藤本。花期春季。产于玉林、容县、博白、北流、浦北、防城、上思、东兴、南宁、隆安、横县、崇左、扶绥、宁明、龙州、大新、百色、田阳、靖西、那坡。生于海拔 1600 m 以下的林中阴湿石上或树上，常见。分布于中国海南、广东、广西、湖南、台湾、湖北、贵州、云南、四川。越南、老挝、泰国、柬埔寨、缅甸、印度、尼泊尔、不丹、孟加拉国也有分布。

长梗石柑

Pothos kerrii Buchet ex P. C. Boyce

藤本。花期 8 月。产于龙州、大新、凭祥。生于海拔 300 ~ 500 m 的山谷密林中，附生于岩石上，少见。分布于中国广西。越南、老挝也有分布。

地柑

Pothos pilulifer Buchet ex P. C. Boyce

　　藤本。花期 12 月至翌年 7 月。产于龙州、靖西。生于海拔 200 ~ 1500 m 的密林中岩石上，少见。分布于中国广西、云南。越南也有分布。

百足藤（蜈蚣藤）

Pothos repens (Lour.) Druce

　　藤本。花期 3 ~ 4 月；果期 5 ~ 7 月。产于玉林、陆川、博白、宁明、龙州、大新、田东。生于海拔 900 m 以下的林中石上或树干上，常见。分布于中国海南、广东、广西、云南。越南、老挝也有分布。

粗茎崖角藤

Rhaphidophora crassicaulis Engl. & Krause

藤本。果期 11 ~ 12 月。产于防城、上思、平果。生于海拔 1300 m 以下的密林中树上或石上，少见。分布于中国海南、广西、云南。越南也有分布。

爬树龙

Rhaphidophora decursiva (Roxb.) Schott

藤本。花期 5 ~ 8 月；果期翌年 7 ~ 9 月。产于龙州、靖西、那坡。生于海拔 1200 m 以下的沟谷常绿阔叶林中，匍匐于地面、石上或攀附于树干上，常见。分布于中国广东、广西、福建、台湾、贵州、云南、西藏。越南、老挝、缅甸、印度尼西亚、印度、孟加拉国、斯里兰卡也有分布。

狮子尾

Rhaphidophora hongkongensis Schott

　　藤本。花期4～8月；果翌年成熟。产于玉林、防城、南宁、龙州、百色、平果、那坡。生于海拔900 m以下的林中树干或石上，常见。分布于中国海南、广东、广西、福建、台湾、贵州、云南。越南、老挝、泰国、缅甸也有分布。

毛过山龙

Rhaphidophora hookeri Schott

　　藤本。花期3～7月。产于防城、宁明、龙州、大新、平果。生于海拔200～1500 m的山谷密林中，攀援于大乔木或岩石上，常见。分布于中国广东、广西、贵州、云南、四川、西藏。越南、老挝、泰国、缅甸、印度、不丹、孟加拉国也有分布。

犁头尖

Typhonium blumei Nicolson
& Sivadasan

草本。花期 5 ~ 7 月。产于玉林、陆川、博白、龙州。生于海拔 1000 m 以下旷野湿地上，少见。分布于中国海南、广东、广西、湖南、江西、福建、浙江、云南、四川。越南、泰国、缅甸、印度尼西亚、印度、日本也有分布，非洲有栽培。

马蹄犁头尖

Typhonium trilobatum (L.) Schott

草本。花期 5 ~ 7 月。产于北流、北海、防城、龙州、天等。生于海拔 650 m 以下的灌丛、草地、荒地、路旁，少见。分布于中国海南、广东、广西、云南。越南、老挝、泰国、柬埔寨、缅甸、马来西亚、印度尼西亚、新加坡、印度、孟加拉国、斯里兰卡也有分布。

303. 浮萍科

LEMNACEAE

浮萍属 Lemna L.

浮萍

Lemna minor L.

　　飘浮植物。花期 5 月。产于玉林市、北海市、钦州市、防城港市、南宁市、崇左市、百色市。生于水田、池塘或其它静水水域中，常见。中国各地均有分布。印度、尼泊尔、巴基斯坦、阿富汗、土库曼斯坦、哈萨克斯坦、俄罗斯以及西亚、非洲、欧洲、北美洲也有分布。

305. 香蒲科
TYPHACEAE

香蒲属 Typha L.

水烛

Typha angustifolia L.

　　水生或沼生草本。花、果期 6 ~ 9 月。产于博白、北海、合浦、南宁、田阳。生于淡水池沼中，少见。分布于中国各地。印度、尼泊尔、巴基斯坦、日本以及大洋洲、欧洲、美洲也有分布。

香蒲

Typha orientalis C. Presl

　　水生或沼生草本。花、果期 5 ~ 8 月。产于百色。生于湖泊、池塘、沟渠、沼泽或河流缓流带，少见。分布于中国广东、广西、江西、台湾、浙江、江苏、安徽、云南、陕西、山西、河南、河北、内蒙古、辽宁、吉林、黑龙江。缅甸、菲律宾、日本、朝鲜、蒙古、俄罗斯、澳大利亚也有分布。

306. 石蒜科
AMARYLLIDACEAE

文殊兰属 Crinum L.

红花文殊兰

Crinum × amabile Donn

草本。花期 6 ~ 8 月。南宁有栽培。中国广西、云南等地有栽培。原产于印度尼西亚的苏门答腊。

文殊兰

Crinum asiaticum L. var. **sinicum** (Roxb. ex Herb.) Baker

草本。花期 5 ~ 9 月；果期 8 ~ 11 月。产于合浦、钦州、防城、宁明、龙州、平果。生于海滨、河旁或湿地草丛，常见。分布于中国海南、广东、广西、福建、台湾。

朱顶红

Hippeastrum rutilum (Ker-Gawl.) Herb.

草本。花期夏季。玉林市、北海市、钦州市、防城港市、南宁市、崇左市、百色市有栽培。中国各地有栽培。原产于巴西。

水鬼蕉属 Hymenocallis Salisb.

水鬼蕉

Hymenocallis littoralis (Jacq.) Salisb.

草本。花期夏末至秋初。玉林市、北海市、钦州市、防城港市、南宁市、崇左市、百色市有栽培。中国华南地区广泛栽培。原产于热带美洲。

忽地笑

Lycoris aurea (L' Hér.) Herb.

　　草本。花期 8 ~ 9 月；果期 10 月。产于田阳、那坡。生于阴湿山坡，少见。分布于中国广东、广西、湖南、江西、福建、台湾、浙江、江苏、湖北、贵州、云南、四川、陕西。越南、老挝、泰国、缅甸、印度尼西亚、印度、巴基斯坦、日本也有分布。

石蒜

Lycoris radiata (L' Hér.) Herb.

　　草本。花期 8 ~ 9 月；果期 10 月。产于那坡。生于海拔 1000 m 以下的阴湿山坡或溪边岩石地带，少见。分布于中国广东、广西、湖南、江西、福建、浙江、江苏、安徽、湖北、贵州、云南、四川、陕西、河南、山东。尼泊尔、日本、朝鲜也有分布。

葱莲

Zephyranthes candida (Lindl.) Herb.

　　草本。花期夏、秋季。南宁有栽培。中国华南地区有栽培。原产于南美洲。

韭莲（风雨花）

Zephyranthes carinata Herb.

　　草本。花期 5～10 月。玉林市、北海市、钦州市、防城港市、南宁市、崇左市、百色市有栽培。中国南部有栽培。原产于墨西哥。

307. 鸢尾科
IRIDACEAE

射干属 Belamcanda Adans.

射干

Belamcanda chinensis (L.) DC.

草本。花期 6 ~ 8 月；果期 7 ~ 9 月。产于玉林、博白、北海、南宁、隆安、宁明、龙州、百色、平果、那坡。生于低海拔的林缘或山坡草地，少见。分布于中国大部门省区。越南、缅甸、菲律宾、印度、尼泊尔、不丹、日本、朝鲜、俄罗斯也有分布。

巴西鸢尾属 Neomarica Sprague

巴西鸢尾

Neomarica gracilis Sprague

草本。北海、南宁有栽培。中国华南地区有栽培。原产于巴西。

310. 百部科
STEMONACEAE

百部属 Stemona Lour.

大百部（对叶百部）

Stemona tuberosa Lour.

　　草本。花期 4 ~ 7 月；果期 6 ~ 10 月。产于容县、上思、龙州、平果、靖西。生于海拔 300 ~ 1500 m 的山坡林下、溪边、路旁、山谷，常见。分布于中国海南、广东、广西、湖南、江西、福建、台湾、湖北、云南、四川。越南、老挝、泰国、柬埔寨、缅甸、菲律宾、印度、孟加拉国也有分布。

311. 薯蓣科
DIOSCOREACEAE

薯蓣属 Dioscorea L.

参薯（大薯）

Dioscorea alata L.

藤本。花期 11 月至翌年 1 月；果期 12 月至翌年 1 月。玉林市、北海市、钦州市、防城港市、南宁市、崇左市、百色市有栽培。中国广东、广西、湖南、江西、福建、台湾、浙江、湖北、贵州、云南、四川、西藏有栽培。泛热带地区有栽培。

黄独（零余薯）

Dioscorea bulbifera L.

　　藤本。花期 7 ~ 10 月；果期 8 ~ 11 月。产于博白、北流、钦州、上思、南宁、宁明、龙州、大新、百色、平果、靖西、那坡。生于河边、山谷或林缘，常见。分布于中国海南、广东、广西、湖南、江西、福建、台湾、浙江、江苏、安徽、湖北、贵州、云南、四川、西藏、陕西、河南。越南、泰国、柬埔寨、缅甸、印度、不丹、日本、朝鲜以及大洋洲、非洲也有分布。

薯莨

Dioscorea cirrhosa Lour.

　　藤本。花期 4 ~ 6 月；果期 7 月至翌年 1 月。产于玉林、上思、南宁、扶绥、百色、那坡。生于海拔 300 ~ 1400 m 的山坡、路旁、河谷，少见。分布于中国海南、广东、广西、湖南、江西、福建、台湾、浙江、贵州、云南、四川、西藏。越南、泰国也有分布。

七叶薯蓣

Dioscorea esquirolii Prain & Burkill

藤本。花期 10 月至翌年 2 月；果期 12 月至翌年 4 月。产于陆川、博白、北流、南宁、龙州、田阳、平果、靖西。生于海拔 300 ~ 1400 m 的山坡、山谷林下或林缘，少见。分布于中国广西、贵州、云南。

白薯莨

Dioscorea hispida Dennst.

藤本。花期 4 ~ 5 月；果期 7 ~ 9 月。产于博白、防城、横县、龙州、凭祥、百色、平果。生于海拔 1500 m 以下的灌丛或林缘，常见。分布于中国海南、广东、广西、福建、云南、西藏。泰国、印度尼西亚、印度、不丹也有分布。

日本薯蓣

Dioscorea japonica Thunb.

　　藤本。花期 5 ~ 10 月；果期 7 ~ 11 月。产于博白、南宁、龙州、大新、平果、那坡。生于林下或草丛中，常见。分布于中国广东、广西、湖南、江西、福建、台湾、浙江、江苏、安徽、湖北、贵州、四川。日本、朝鲜也有分布。

褐苞薯蓣

Dioscorea persimilis Prain & Burkill

　　藤本。花期 7 月至翌年 1 月；果期 9 月至翌年 1 月。产于防城、崇左、龙州、百色、平果。生于海拔 1500 m 以下的林中或灌丛，常见。分布于中国海南、广东、广西、湖南、福建、贵州、云南。越南也有分布。

313. 龙舌兰科

AGAVACEAE

龙舌兰属 Agave L.

剑麻

Agave sisalana Perrine ex Engelm.

　　草本。花期秋、冬季。玉林市、北海市、钦州市、防城港市、南宁市、崇左市、百色市有栽培。中国西南、华南地区有栽培。原产于墨西哥。

朱蕉

Cordyline fruticosa (L.) A. Chev.

灌木状。花期 11 月至翌年 3 月。玉林市、北海市、钦州市、防城港市、南宁市、崇左市、百色市有栽培。分布于中国海南、广东、广西、福建、台湾，栽培或逸为野生。可能原产于太平洋岛屿，现世界热带地区广泛栽培。

龙血树属 Dracaena Vand. ex L.

长花龙血树

Dracaena angustifolia Roxb.

灌木状。花期 3 ~ 5 月；果期 6 ~ 8 月。产于合浦、防城。生于海拔 100 ~ 600 m 的林中或灌丛，少见。分布于中国海南、广西、台湾、云南。越南、老挝、泰国、柬埔寨、缅甸、马来西亚、印度尼西亚、菲律宾、印度、不丹、澳大利亚、巴布亚新几内亚也有分布。

剑叶龙血树

Dracaena cochinchinensis (Lour.) S. C. Chen

　　乔木状。花期 3 月；果期 7～8 月。产于崇左、扶绥、宁明、龙州、大新、天等、凭祥、靖西。生于石灰岩林下、灌丛或峭壁上，常见。分布于中国广西、云南。越南、柬埔寨也有分布。

香龙血树（巴西铁树）

Dracaena fragrans Ker-Gawl.

　　灌木状。花期 5～6 月。北海、南宁有栽培。中国南方有栽培。原产于南非，现有许多园艺栽培品种。

虎尾兰

Sansevieria trifasciata Prain

　　草本。花期冬季。北海、南宁、龙州有栽培。中国各地有栽培。原产于非洲西部，现热带地区常见栽培。

金边虎尾兰

Sansevieria trifasciata Prain var. **laurentii** (De Wildem.) N. E. Br.

　　草本。南宁有栽培。中国各地有栽培。原产于非洲。

314. 棕榈科

ARECACEAE

假槟榔属 Archontophoenix H. Wendl. & Drude

假槟榔

Archontophoenix alexandrae (F. Muell.) H. Wendl. & Drude

乔木。花期4月；果期4~7月。玉林市、北海市、钦州市、防城港市、南宁市、崇左市、百色市有栽培。中国海南、广东、广西、福建、台湾、云南有栽培。原产于澳大利亚，现热带地区普遍栽培。

槟榔属 Areca L.

三药槟榔

Areca triandra Roxb.

灌木或小乔木。果期8~9月。玉林市、北海市、钦州市、防城港市、南宁市、崇左市、百色市有栽培。中国海南、广东、广西、台湾、云南有栽培。原产于中南半岛以及马来西亚、印度。

桄榔

Arenga westerhoutii Griff.

　　乔木。花期 6 月；果在花后 2 ~ 3 年成熟。产于防城、隆安、宁明、龙州、大新、田东、平果、靖西、那坡。生于石灰岩林下，常见。分布于中国海南、广西、云南。越南、老挝、泰国、柬埔寨、缅甸、马来西亚也有分布。

霸王棕属 Bismarckia Hildebr. & H. Wendl.

霸王棕

Bismarckia nobilis Hildebr. & H. Wendl.

　　灌木。北海有栽培。中国海南、广东、广西、福建、台湾、云南有栽培。原产于马达加斯加。

布迪椰子

Butia capitata (Mart.) Becc.

小乔木。果期 9 ~ 11 月。北海、南宁有栽培。中国华南地区有栽培。原产于巴西、乌拉圭等地。

省藤属 Calamus L.

桂南省藤

Calamus austroguangxiensis S. J. Pei & S. Y. Chen

藤本。果期 11 月。产于防城、上思。生于林中，少见。分布于中国广西。

杖藤（华南省藤）

Calamus rhabdocladus Burret

　　藤本。花、果期 4 ~ 6 月。产于防城、上思。生于沟谷林中，常见。分布于中国海南、广东、广西、福建、贵州、云南。越南、老挝也有分布。

白藤

Calamus tetradactylus Hance

　　藤本。花期 1 ~ 4 月；果期 6 ~ 7 月。产于陆川、博白、合浦、龙州。生于低地林中，常见。分布于中国海南、广东、广西、福建。越南、老挝、泰国、柬埔寨也有分布。

鱼尾葵

Caryota maxima Blume ex Mart.

Caryota ochlandra Hance

　　乔木。花期 5 ~ 7 月；果期 8 ~ 11 月。产于玉林市、北海市、钦州市、防城港市、南宁市、崇左市、百色市。生于海拔 300 ~ 700 m 的山谷或山坡林中，或栽培于庭院，常见。分布于中国海南、广东、广西、福建、云南。世界亚热带地区也有分布。

短穗鱼尾葵

Caryota mitis Lour.

　　丛生小乔木。花期 4 ~ 6 月；果期 8 ~ 11 月。产于北流、北海、合浦、防城、扶绥、龙州、那坡。生于海拔 1000 m 以下的山谷林中，常见。分布于中国海南、广东、广西。越南、老挝、泰国、柬埔寨、缅甸、马来西亚、印度尼西亚、菲律宾、印度、新加坡、婆罗洲也有分布。

单穗鱼尾葵

Caryota monostachya Becc.

　　乔木。花期 3 ~ 5 月；果期 7 ~ 10 月。产于防城、上思、宁明、龙州。生于海拔 1300 m 以下的山坡或沟谷林中，少见。分布于中国广东、广西、贵州、云南。越南、老挝也有分布。

董棕

Caryota obtusa Griff.

Caryota urens L.

　　乔木。花期 4 ~ 10 月。产于龙州、大新、靖西、那坡。生于石灰岩疏林或沟谷林中，少见。分布于中国广西、云南。越南、老挝、泰国、缅甸、印度也有分布。

椰子

Cocos nucifera L.

　　乔木。花期几全年。北海市、防城港市、崇左市有栽培。分布于中国海南、广东、台湾、云南。亚洲热带海岸地区广泛分布。

黄藤属 Daemonorops Blume

黄藤

Daemonorops jenkinsiana (Griff.) Mart.

Daemonorops margaritae (Hance) Becc.

　　藤本。花期 4 ~ 5 月；果期 10 ~ 12 月。产于陆川、钦州、防城。生于海拔 1000 m 以下的沟谷林中，少见。分布于中国海南、广东、广西。越南、老挝、泰国、柬埔寨、缅甸、印度、尼泊尔、不丹、孟加拉国也有分布。

三角椰子

Dypsis decaryi (Jum.) Beentje & J. Dransf.

　　乔木。北海有栽培。中国华南地区有栽培。原产于马达加斯加。

散尾葵

Dypsis lutescens (H. Wendl.) Beentje & J. Dransf.
Chrysalidocarpus lutescens H. Wendl.

　　丛生灌木或小乔木。花期 5 月；果期 8 月。玉林市、北海市、钦州市、防城港市、南宁市、崇左市、百色市有栽培。中国海南、广东、广西、台湾有栽培。原产于马达加斯加。

石山棕

Guihaia argyrata (S. K. Lee & F. N. Wei) S. K. Lee, F. N. Wei & J. Dransf.

　　丛生灌木。花期 5～6 月；果期 10～11 月。产于隆安、崇左、扶绥、宁明、龙州、大新、天等、凭祥、百色、田阳、田东、平果、德保、靖西、那坡。生于海拔 1000 m 以下的石灰岩林下或灌丛中，常见。分布于中国广东、广西、湖南、贵州。越南也有分布。

两广石山棕

Guihaia grossifibrosa (Gagnep.) J. Dransf., S. K. Lee & F. N. Wei

　　丛生灌木。花期 5 月；果期 8 月。产于扶绥、宁明、龙州、大新、田阳、田东、平果、德保、靖西、那坡。生于海拔 1000 m 以下的石灰岩林下或灌丛中，常见。分布于中国广东、广西。越南也有分布。

毛花轴桐

Licuala dasyantha Burret

灌木。花期 4～5 月。产于防城、龙州。生于低地林下，少见。分布于中国广西、云南。越南也有分布。

蒲葵属 Livistona R. Br.

蒲葵

Livistona chinensis (Jacq.) R. Br. ex Mart.

乔木。花期 4～5 月；果期翌年 4 月。玉林市、北海市、钦州市、防城港市、南宁市、崇左市、百色市有栽培。分布于中国海南、广东、台湾。日本也有分布。

海枣

Phoenix dactylifera L.

　　乔木。花期 3 ~ 4 月；果期 9 ~ 10 月。玉林市、北海市、钦州市、防城港市、南宁市、崇左市、百色市有栽培。中国海南、广东、广西、福建、台湾、云南有栽培。东南亚、南亚以及非洲南部广泛栽培。

刺葵

Phoenix loureiroi Kunth

Phoenix hanceana Naudin

　　灌木。花期 5 月。产于北海、南宁、崇左、扶绥。生于海边、灌丛或林下，少见。分布于中国海南、广东、广西、福建、台湾、云南。越南、老挝、泰国、柬埔寨、缅甸、菲律宾、印度、尼泊尔、不丹、孟加拉国、巴基斯坦也有分布。

江边刺葵（软叶刺葵）

Phoenix roebelenii O' Brien

灌木。花期 4 ~ 5 月；果期 6 ~ 9 月。玉林市、北海市、钦州市、防城港市、南宁市、崇左市、百色市有栽培。分布于中国云南。越南、老挝、泰国、缅甸也有分布。

山槟榔属 Pinanga Blume

变色山槟榔（山槟榔）

Pinanga discolor Burret

丛生灌木。花期 4 ~ 5 月；果期 10 ~ 12 月。产于防城、宁明、龙州、大新、靖西。生于海拔 200 ~ 1000 m 的山谷林中，少见。分布于中国海南、广东、广西、云南。越南也有分布。

细棕竹

Rhapis gracilis Burret

丛生灌木。花期 5 ~ 6 月；果期 10 ~ 11 月。产于博白、钦州、防城、德保。生于海拔 900 m 以下的山地林中，少见。分布于中国海南、广东、广西。越南也有分布。

粗棕竹

Rhapis robusta Burret

丛生灌木。花期 10 月。产于隆安、扶绥、龙州、平果。生于海拔 300 ~ 1000 m 的石灰岩林中，少见。分布于中国广西。越南也有分布。

王棕（大王椰子）

Roystonea regia (Kunth) O. F. Cook

　　乔木。花期 3 ~ 4 月；果期 10 月。玉林市、北海市、钦州市、防城港市、南宁市、崇左市、百色市有栽培。中国海南、广东、广西、福建、台湾、云南有栽培。原产于古巴。

棕榈属 Trachycarpus H. Wendl.

棕榈

Trachycarpus fortunei (Hook.)
H. Wendl.

　　乔木。花期 4 月；果期 12 月。玉林、百色有栽培。分布于中国秦岭、长江以南各省区，通常为栽培，稀见野生于疏林中。越南、缅甸、印度、尼泊尔、不丹也有分布。

丝葵

Washingtonia filifera (Linden ex André) H. Wendl. ex de Bary

　　乔木。花期 7 月。玉林市、北海市、钦州市、防城港市、南宁市、崇左市、百色市有栽培。中国广东、广西、福建、台湾、云南有栽培。原产于美国、墨西哥。

狐尾椰属 Wodyetia A. K. Irvine

狐尾椰子

Wodyetia bifurcata A. K. Irvine

　　乔木。北海、南宁有栽培。中国华南地区有栽培。原产于澳大利亚。

315. 露兜树科
PANDANACEAE

露兜树属 Pandanus Parkinson

露兜草

Pandanus austrosinensis T. L. Wu

　　草本。花期 4 ~ 5 月；果期 9 月。产于钦州、防城、上思、大新、平果。生于林中、溪边或路旁，常见。分布于中国海南、广东、广西。

露兜树（露兜簕）

Pandanus tectorius Parkinson

　　小乔木。花期 1 ~ 5 月。产于北海、钦州、防城。生于海边沙地上，常见。分布于中国海南、广东、广西、福建、台湾、贵州、云南。亚洲热带地区、澳大利亚以及太平洋岛屿也有分布。

318. 仙茅科
HYPOXIDACEAE

仙茅属 Curculigo Gaertn.

短葶仙茅

Curculigo breviscapa S. C. Chen

　　草本。花期 4 ~ 5 月；果期 6 月。产于上思、南宁、扶绥、龙州。生于山谷或溪边密林下，很少见。分布于中国广东、广西。

大叶仙茅

Curculigo capitulata (Lour.) Kuntze

　　草本。花期 5 ~ 6 月；果期 8 ~ 9 月。产于陆川、防城、隆安、扶绥、龙州、百色、平果、那坡。生于海拔 350 ~ 1200 m 的山谷林下，常见。分布于中国海南、广东、广西、福建、台湾、贵州、云南、四川、西藏。越南、老挝、泰国、缅甸、马来西亚、印度尼西亚、菲律宾、印度、尼泊尔、不丹、孟加拉国、斯里兰卡、日本、巴布亚新几内亚也有分布。

321. 蒟蒻薯科
TACCACEAE

裂果薯属 Schizocapsa Hance

裂果薯
Schizocapsa plantaginea Hance

草本。花、果期 4 ~ 11 月。产于博白、南宁、扶绥、宁明、龙州、百色、田阳、平果。生于海拔 200 ~ 600 m 的水边、山谷、林下，少见。分布于中国广东、广西、湖南、江西、贵州、云南。越南、老挝、泰国也有分布。

蒟蒻薯属 Tacca J. R. Forst. & G. Forst.

箭根薯（大叶屈头鸡、蒟蒻薯）
Tacca chantrieri André

草本。花、果期 4 ~ 11 月。产于防城、隆安、龙州、百色、田阳、平果、那坡。生于海拔 150 ~ 1300 m 的林下或山谷阴湿处，少见。分布于中国海南、广东、广西、湖南、贵州、云南、西藏。越南、老挝、泰国、柬埔寨、缅甸、马来西亚、印度、孟加拉国、斯里兰卡也有分布。

322. 田葱科
PHILYDRACEAE

田葱属 Philydrum Banks & Sol. ex Gaertn.

田葱

Philydrum lanuginosum Banks & Sol. ex Gaertn.

　　草本。花期 6 ~ 7 月；果期 9 ~ 10 月。产于博白、防城、南宁。生于池塘、沼泽或水田中，很少见。分布于中国海南、广东、广西、福建、台湾。越南、泰国、缅甸、马来西亚、印度、日本、澳大利亚、巴布亚新几内亚也有分布。

323. 水玉簪科

BURMANNIACEAE

水玉簪属 Burmannia L.

纤草

Burmannia itoana Makino

　　腐生草本。花、果期 6 ~ 12 月。产于合浦、防城。生于山地林下，很少见。分布于中国海南、广东、广西、台湾、云南。日本也有分布。

326. 兰科
ORCHIDACEAE

脆兰属 Acampe Lindl.

多花脆兰

Acampe rigida (Buch.-Ham. ex Smith) P. F. Hunt

　　附生草本。花期 8 ~ 9 月；果期 10 ~ 11 月。产于隆安、龙州、大新、田阳、田东、平果、德保、靖西、那坡。生于海拔 1300 m 以下的疏林中树上或岩石上，常见。分布于中国海南、广东、广西、台湾、贵州、云南。越南、老挝、泰国、柬埔寨、缅甸、马来西亚、印度、尼泊尔、不丹、斯里兰卡以及非洲也有分布。

坛花兰

Acanthephippium sylhetense Lindl.

地生草本。花期 4 ~ 7 月。产于百色、平果。生于海拔 300 ~ 800 m 的密林下或沟谷阴湿处，很少见。分布于中国海南、广西、台湾、云南。老挝、泰国、缅甸、马来西亚、印度、孟加拉国、日本也有分布。

多花指甲兰

Aerides rosea Lodd. ex Lindl. & Paxt.

附生草本。花期 7 月；果期 8 月至翌年 5 月。产于宁明、龙州、大新、凭祥、靖西、那坡。生于海拔 300 ~ 1500 m 的山地林缘或阔叶林树干上，少见。分布于中国广西、贵州、云南。越南、老挝、泰国、缅甸、印度、不丹也有分布。

金线兰（花叶开唇兰）

Anoectochilus roxburghii (Wall.) Lindl.

地生草本。花期 8 ~ 12 月。产于防城、上思、南宁、隆安、龙州、那坡。生于海拔 200 ~ 1000 m 的密林下或近溪边潮湿处，常见。分布于中国海南、广东、广西、湖南、江西、福建、浙江、云南、四川、西藏。越南、老挝、泰国、印度、尼泊尔、不丹、孟加拉国、日本也有分布。

无叶兰属 Aphyllorchis Blume

无叶兰

Aphyllorchis montana Rchb. f.

腐生草本。花期 7 ~ 9 月。产于靖西、那坡。生于海拔 600 m 的山谷密林阴湿处，很少见。分布于中国海南、广西、台湾、云南。越南、泰国、柬埔寨、马来西亚、印度尼西亚、菲律宾、印度、斯里兰卡、日本也有分布。

牛齿兰

Appendicula cornuta Blume

　　附生草本。花期7～8月；果期9～10月。产于容县、防城、上思、龙州。生于林下潮湿石上，少见。分布于中国海南、广东、广西。越南、泰国、柬埔寨、缅甸、马来西亚、印度尼西亚、菲律宾、印度也有分布。

竹叶兰属 Arundina Blume

竹叶兰

Arundina graminifolia (D. Don) Hochr.

　　地生草本。花、果期6～11月，有时1～4月。产于容县、防城、上思、东兴、宁明、田东、靖西、那坡。生于海拔200～1000 m的林下、草坡或溪谷旁，常见。分布于中国海南、广东、广西、湖南、江西、福建、台湾、浙江、贵州、云南、四川、西藏。越南、老挝、泰国、柬埔寨、缅甸、马来西亚、印度尼西亚、印度、尼泊尔、不丹、斯里兰卡也有分布。

黄花白及

Bletilla ochracea Schltr.

地生草本。花期 5 ~ 8 月。产于靖西、那坡。生于海拔 300 ~ 1500 m 的山坡、沟边或灌草丛，很少见。分布于中国广西、湖南、湖北、贵州、云南、四川、甘肃、陕西、河南。越南也有分布。

白及

Bletilla striata (Thunb. ex A. Murray) Rchb. f.

地生草本。花期 3 ~ 5 月。产于玉林、靖西、那坡。生于海拔 100 ~ 1500 m 的山坡林下或路边草丛，少见。分布于中国广东、广西、湖南、江西、福建、浙江、江苏、安徽、湖北、贵州、四川、陕西。日本、朝鲜也有分布。

短距苞叶兰

Brachycorythis galeandra (Rchb. f.) Summerh.

地生草本。花期 5 ~ 7 月。产于崇左。生于海拔 400 ~ 1000 m 的山坡或沟谷林下阴湿处，少见。分布于中国广东、广西、湖南、台湾、贵州、云南、四川。越南、泰国、缅甸、印度也有分布。

石豆兰属 Bulbophyllum Thouars

芳香石豆兰

Bulbophyllum ambrosia (Hance) Schltr.

附生草本。花期 1 ~ 5 月；果期 11 ~ 12 月。产于宁明、龙州、大新、靖西、那坡。生于海拔 1300 m 以下的山地林中树干上，少见。分布于中国海南、广东、广西、福建、云南。越南也有分布。

梳帽卷瓣兰

Bulbophyllum andersonii
(Hook. f.) J. J. Smith

附生草本。花期 2 ~ 11
月。产于龙州、平果、靖西、
那坡。生于海拔 400 ~ 1600 m
的山地林中树干上或林下岩
石上，少见。分布于中国广
西、贵州、云南、四川。越南、
缅甸、印度也有分布。

广东石豆兰

Bulbophyllum kwangtungense Schltr.

附生草本。花期 5 ~ 8 月。产于防城。生于山地林中树干上或岩石上，很少见。分布于中国海南、广东、
广西、湖南、江西、福建、浙江、湖北、贵州、云南。

齿瓣石豆兰

Bulbophyllum levinei Schltr.

附生草本。花期 5 ~ 8 月。产于钦州、上思。生于海拔 800 m 的山地林中树干上或沟谷岩石上，很少见。分布于中国海南、广东、广西、湖南、江西、福建、浙江、云南。越南也有分布。

密花石豆兰

Bulbophyllum odoratissimum (Smith) Lindl.

附生草本。花期 4 ~ 8 月。产于防城、上思、东兴、德保、靖西、那坡。生于海拔 200 ~ 1500 m 的山地林中树干上或山谷岩石上，少见。分布于中国海南、广东、广西、福建、云南、四川、西藏。越南、老挝、泰国、缅甸、印度、尼泊尔、不丹也有分布。

斑唇卷瓣兰

Bulbophyllum pecten-veneris (Gagnep.) Seidenf.

附生草本。花期 4 ~ 9 月。产于防城、上思。生于山地林中树干上或林下岩石上，少见。分布于中国海南、广西、福建、台湾、安徽、湖北。越南、老挝也有分布。

等萼卷瓣兰

Bulbophyllum violaceolabellum Seidenf.

附生草本。花期 4 ~ 5 月。产于龙州、平果、靖西、那坡。生于海拔 300 ~ 700 m 的石灰岩疏林中树干上或岩石上，很少见。分布于中国广西、云南。老挝也有分布。

泽泻虾脊兰

Calanthe alismatifolia Lindl.

地生草本。花期 6 ~ 7 月。产于龙州、那坡。生于海拔 800 ~ 1600 m 的常绿阔叶林下，少见。分布于中国海南、广西、台湾、湖北、云南、四川、西藏。越南、印度、日本也有分布。

银带虾脊兰

Calanthe argenteostriata C. Z. Tang & S. J. Cheng

地生草本。花期 4 ~ 5 月。产于宁明、龙州、大新、凭祥、平果、靖西、那坡。生于海拔 400 m 的石灰岩石缝中，少见。分布于中国海南、广东、广西、贵州、云南。

剑叶虾脊兰

Calanthe davidii Franch.

地生草本。花期 6 ~ 7 月；果期 9 ~ 10 月。产于那坡。生于密林下或山谷溪边，少见。分布于中国广西、湖南、台湾、湖北、贵州、云南、四川、西藏、陕西。

钩距虾脊兰

Calanthe graciliflora Hayata

地生草本。花期 3 ~ 5 月。产于德保。生于海拔 600 ~ 1500 m 的山地林下或山谷溪边，少见。分布于中国广东、广西、湖南、江西、台湾、浙江、安徽、湖北、贵州、云南、四川。

镰萼虾脊兰

Calanthe puberula Lindl.

　　地生草本。花期 7 ~ 8 月。产于龙州、平果。生于阔叶林下，很少见。分布于中国广西、云南、西藏。越南、印度、尼泊尔、不丹、日本也有分布。

二列叶虾脊兰

Calanthe speciosa (Blume) Lindley
Calanthe formosana Rolfe

　　地生草本。花期 7 ~ 10 月。产于防城。生于海拔 500 ~ 1000 m 的山谷林下阴湿处，很少见。分布于中国海南、香港、台湾，广西首次记录。

三褶虾脊兰

Calanthe triplicata (Willemet) Ames

　　地生草本。花期 4 ~ 5 月。产于宁明、龙州、大新、靖西、那坡。生于海拔 1500 m 以下的阔叶林下或沟边阴湿处，少见。分布于中国海南、广东、广西、福建、台湾、云南。越南、老挝、柬埔寨、马来西亚、印度尼西亚、菲律宾、印度、斯里兰卡、日本、澳大利亚、马达加斯加以及太平洋岛屿也有分布。

钟兰属 Campanulorchis Brieger

钟兰（石豆毛兰）

Campanulorchis thao (Gagnep.) S. C. Chen & J. J. Wood

Eria thao Gagnep.

Eria bulbophylloides T. Tang & F. T. Wang

　　附生草本。花期 8 ~ 10 月；果期 12 月至翌年 2 月。产于防城、上思。生于林中树上或岩石上，很少见。分布于中国海南、广西。越南也有分布。

黄兰

Cephalantheropsis obcordata (Lindl.) Ormer.

Cephalantheropsis gracilis (Lindl.) S. Y. Hu

Calanthe gracilis Lindl.

　　地生草本。花期 9 ~ 12 月；果期 11 月至翌年 3 月。产于防城、上思、东兴。生于海拔 450 m 的密林下，少见。分布于中国海南、广东、广西、福建、台湾、云南。越南、老挝、泰国、缅甸、马来西亚、印度尼西亚、菲律宾、印度、日本也有分布。

叉柱兰属 Cheirostylis Blume

中华叉柱兰

Cheirostylis chinensis Rolfe

　　匍匐草本。花期 1 ~ 3 月。产于靖西、那坡。生于海拔 200 ~ 800 m 的山坡或溪旁林下，少见。分布于中国海南、广西、台湾、贵州。越南、缅甸、菲律宾也有分布。

勐海隔距兰

Cleisostoma menghaiense Z. H. Tsi

　　附生草本。花期 7 ~ 10 月。产于龙州。生于疏林中或林缘树干上，很少见。分布于中国海南、广西、云南。

南贡隔距兰

Cleisostoma nangongense Z. H. Tsi

　　附生草本。花期 6 月。产于靖西、那坡。生于疏林中树干上，很少见。分布于中国广西、云南。

大序隔距兰

Cleisostoma paniculatum (Ker-Gawl.) Garay

附生草本。花期 5 ~ 6 月。产于上思、宁明、龙州、大新、凭祥、靖西、那坡。生于海拔 400 ~ 800 m 的林中树干上或沟谷林下岩石上，少见。分布于中国海南、广东、广西、江西、福建、台湾、贵州、云南、四川、西藏。越南、泰国、印度也有分布。

尖喙隔距兰

Cleisostoma rostratum (Lodd. ex Lindl.) Garay

附生草本。花期 7 ~ 8 月。产于防城、上思、宁明、龙州、大新、凭祥、平果、靖西、那坡。生于海拔 300 ~ 800 m 的阔叶林中树上或岩石上，少见。分布于中国海南、广西、贵州、云南。越南、老挝、泰国、柬埔寨也有分布。

红花隔距兰

Cleisostoma williamsonii (Rchb. f.) Garay

Cleisostoma hongkongense (Rolfe) Garay

　　附生草本。花期 4 ~ 6 月。产于容县、防城、上思、宁明、龙州、大新、平果、靖西、那坡。生于海拔 300 ~ 1600 m 的山地林中树干上或山谷林下岩石上，少见。分布于中国海南、广东、广西、贵州、云南。越南、泰国、缅甸、马来西亚、印度尼西亚、印度、不丹也有分布。

贝母兰属 Coelogyne Lindl.

流苏贝母兰

Coelogyne fimbriata Lindl.

　　附生草本。花期 8 ~ 10 月；果期翌年 4 ~ 8 月。产于容县、博白、上思、平果、靖西、那坡。生于海拔 500 ~ 1200 m 的溪旁岩石上或树干上，少见。分布于中国海南、广东、广西、江西、福建、云南、西藏。越南、老挝、泰国、柬埔寨、马来西亚、印度、尼泊尔、不丹也有分布。

栗鳞贝母兰

Coelogyne flaccida Lindl.

附生草本。花期 3 月。产于大新、靖西、那坡。生于疏林中树上或岩石上，少见。分布于中国广西、贵州、云南。老挝、缅甸、印度、尼泊尔也有分布。

蛤兰属 Conchidium Griff.

蛤兰（对茎毛兰、小毛兰）

Conchidium pusillum Griff.
Eria pusilla (Griff.) Lindl.
Eria sinica (Lindl.) Lindl.

附生草本。花期 10 ~ 11 月。产于防城、上思。生于密林下阴湿岩石上，很少见。分布于中国海南、广东、广西、福建、云南、西藏。越南、泰国、缅甸、印度也有分布。

菱唇蛤兰（菱唇毛兰）

Conchidium rhomboidale (T. Tang & F. T. Wang) S. C. Chen & J. J. Wood

Eria rhomboidalis T. Tang & F. T. Wang

　　附生草本。花期 4 ~ 5 月。产于防城、上思、靖西、那坡。生于海拔 700 ~ 1300 m 的林下岩石上，少见。分布于中国海南、广西、贵州、云南。

杜鹃兰属 Cremastra Lindl.

杜鹃兰

Cremastra appendiculata (D. Don) Makino

　　地生草本。花期 5 ~ 6 月；果期 9 ~ 12 月。产于靖西、那坡。生于海拔 500 ~ 1600 m 的山谷密林下，少见。分布于中国广东、广西、湖南、江西、台湾、浙江、江苏、安徽、湖北、贵州、云南、四川、西藏、陕西、山西、河南。越南、泰国、印度、尼泊尔、不丹、日本也有分布。

二耳沼兰

Crepidium biauritum (Lindl.) Szlach.

Malaxis biaurita (Lindl.) Kuntze

　　地生草本。花期 6 月。产于靖西、那坡。生于海拔 1350 m 的山坡林下，少见。分布于中国广西、云南。老挝、泰国、缅甸、印度也有分布。

深裂沼兰

Crepidium purpureum (Lindl.) Szlach.

Malaxis purpurea (Lindl.) Kuntze

　　地生草本。花期 6 ~ 7 月。产于防城、靖西。生于海拔 450 ~ 1500 m 的林下或灌丛中阴湿处，少见。分布于中国广西、云南、四川。越南、老挝、泰国、菲律宾、印度、斯里兰卡也有分布。

纹瓣兰

Cymbidium aloifolium (L.) Sw.

　　附生草本。花期 4 ~ 5 月，偶至 10 月。产于东兴、扶绥、宁明、龙州、大新、田阳、平果、那坡。生于海拔 200 ~ 600 m 的疏林、灌丛树上或溪谷岩壁上，常见。分布于中国海南、广东、广西、贵州、云南。越南、老挝、泰国、柬埔寨、缅甸、马来西亚、印度尼西亚、印度、尼泊尔、孟加拉国、斯里兰卡也有分布。

莎叶兰

Cymbidium cyperifolium Wall. ex Lindl.

　　地生或半附生草本。花期 10 月至翌年 2 月。产于上思、靖西、那坡。生于海拔 700 ~ 1000 m 的林下阴湿处或山顶疏林下石上，少见。分布于中国海南、广东、广西、贵州、云南、四川。越南、泰国、柬埔寨、缅甸、菲律宾、印度、尼泊尔、不丹也有分布。

冬凤兰

Cymbidium dayanum Rchb. f.

附生草本。花期8～12月；果期2～4月。产于宁明、龙州、靖西、那坡。生于海拔200～1600 m的林中树上或岩石上，少见。分布于中国海南、广东、广西、福建、台湾、云南。越南、老挝、泰国、柬埔寨、缅甸、马来西亚、印度尼西亚、菲律宾、印度、不丹、日本也有分布。

多花兰

Cymbidium floribundum Lindl.

附生草本。花期4～8月。产于宁明、龙州、大新、德保、靖西、那坡。生于海拔100～1400 m的林中或林缘树上以及溪谷旁透光的岩石上，少见。分布于中国海南、广东、广西、湖南、江西、福建、台湾、浙江、湖北、贵州、云南、四川。

春兰

Cymbidium goeringii (Rchb. f.) Rchb. f.

地生草本。花期 1 ~ 3 月。产于百色。生于海拔 300 ~ 1300 m 的疏林或灌丛下，少见。分布于中国广东、广西、湖南、江西、福建、台湾、浙江、江苏、安徽、湖北、贵州、云南、四川、陕西、河南。日本、朝鲜半岛也有分布。

寒兰

Cymbidium kanran Makino

地生草本。花期 8 ~ 12 月；果期 2 ~ 4 月。产于防城、那坡。生于海拔 400 ~ 1500 m 的林下或山谷旁，少见。分布于中国海南、广东、广西、湖南、江西、福建、台湾、浙江、安徽、贵州、云南、四川。日本、朝鲜半岛也有分布。

兔耳兰

Cymbidium lancifolium Hook.

　　地生草本。花期5~8月；果期10~12月。产于龙州、平果、靖西。生于海拔200~1500 m的密林下，少见。分布于中国海南、广东、广西、湖南、福建、台湾、浙江、贵州、云南、四川、西藏。越南、老挝、泰国、柬埔寨、缅甸、马来西亚、印度尼西亚、印度、尼泊尔、日本、巴布亚新几内亚也有分布。

邱北冬蕙兰

Cymbidium qiubeiense K. M. Feng & H. Li

　　地生草本。花期10~12月。产于靖西、那坡。生于海拔700~1500 m的石灰岩疏林下，很少见。分布于中国广西、贵州、云南。

墨兰

Cymbidium sinense (Jackson ex Andrews) Willd.

地生草本。花期10月至翌年3月。产于容县、龙州、靖西、那坡。生于海拔250～900 m的林下、溪边或山谷阴湿处，少见。分布于中国海南、广东、广西、江西、福建、台湾、安徽、贵州、云南、四川。越南、泰国、缅甸、印度、琉球群岛也有分布。

石斛属 Dendrobium Sw.

钩状石斛

Dendrobium aduncum Wall. ex Lindl.

附生草本。花期5～8月。产于上思、龙州、大新、百色、靖西、那坡。生于海拔200～900 m的林中树上或岩石上，少见。分布于中国海南、广东、广西、湖南、贵州、云南。越南、泰国、缅甸、印度、不丹也有分布。

束花石斛

Dendrobium chrysanthum Lindl.

　　附生草本。花期 5 ~ 6 月。产于龙州、百色、平果、德保、靖西、那坡。生于海拔 400 ~ 500 m 的山谷林中树干或岩石上，少见。分布于中国海南、广西、贵州、云南、西藏。越南、老挝、泰国、缅甸、印度、尼泊尔、不丹也有分布。

叠鞘石斛

Dendrobium denneanum Kerr

Dendrobium aurantiacum Rchb. f. var. *denneanum* (Kerr) Z. H. Tsi

　　附生草本。花期 5 ~ 6 月。产于龙州、德保、靖西、那坡。生于山地疏林中树干或沟谷岩石上，少见。分布于中国海南、广西、贵州、云南。越南、老挝、泰国、缅甸、印度、尼泊尔也有分布。

流苏石斛

Dendrobium fimbriatum Hook.

　　附生草本。花期 4 ~ 6 月。产于防城、龙州、天等、平果、靖西、那坡。生于山地林中树干或陡峭石壁上，少见。分布于中国广西、贵州、云南。越南、泰国、缅甸、印度、尼泊尔、不丹也有分布。

细叶石斛

Dendrobium hancockii Rolfe

　　附生草本。花期 5 ~ 6 月。产于靖西、那坡。生于海拔 700 ~ 1500 m 的山地林中树干或山谷岩石上，少见。分布于中国广西、湖南、湖北、贵州、云南、四川、甘肃、陕西、河南。

疏花石斛

Dendrobium henryi Schltr.

附生草本。花期 6 ~ 9 月。产于防城。生于山地林中树干或山谷阴湿岩石上，很少见。分布于中国广西、湖南、贵州、云南。越南、泰国也有分布。

重唇石斛

Dendrobium hercoglossum Rchb. f.

Dendrobium wangii C. L. Tso

附生草本。花期 4 ~ 5 月。产于东兴。生于山地密林树干或山谷湿润岩石上，少见。分布于中国海南、广东、广西、湖南、江西、安徽、贵州、云南。越南、老挝、泰国、马来西亚也有分布。

聚石斛

Dendrobium lindleyi Stendel

　　附生草本。花期 4 ～ 5 月。产于玉林、博白、隆安、扶绥、龙州、大新、凭祥、百色、平果、靖西、那坡。生于海拔 1000 m 以下的阳光充裕的疏林中树干上，少见。分布于中国海南、广东、广西、贵州。越南、老挝、泰国、缅甸、印度、不丹也有分布。

美花石斛

Dendrobium loddigesii Rolfe

　　附生草本。花期 4 ～ 8 月。产于上思、龙州、平果、靖西、那坡。生于海拔 400 ～ 800 m 的林中树干或岩石上，少见。分布于中国海南、广东、广西、贵州、云南。越南、老挝也有分布。

罗河石斛

Dendrobium lohohense T. Tang & F. T. Wang

附生草本。花期 6 月；果期 7 ~ 8 月。产于容县、德保、靖西。生于海拔 900 ~ 1500 m 的山谷或林缘的岩石上，少见。分布于中国广东、广西、湖南、湖北、重庆、贵州、云南。

石斛

Dendrobium nobile Lindl.

附生草本。花期 4 ~ 5 月。产于百色、靖西、那坡。生于山地林中树上或岩石上，很少见。分布于中国海南、广西、台湾、湖北、贵州、云南、四川、西藏。越南、老挝、泰国、缅甸、印度、尼泊尔、不丹也有分布。

铁皮石斛

Dendrobium officinale Kimura & Migo

附生草本。花期 3 ~ 6 月。产于南宁。生于山地疏林中树干或岩石上，很少见。分布于中国广西、湖南、福建、浙江、安徽、云南、四川。日本也有分布。

紫瓣石斛

Dendrobium parishii Rchb.

附生草本。花期 5 ~ 6 月。产于龙州、大新、凭祥、靖西、那坡。生于树干或岩石上，很少见。分布于中国广西、贵州、云南。越南、老挝、泰国、缅甸、印度也有分布。

无耳沼兰（阔叶沼兰）

Dienia ophrydis (J. König) Ormer. & Seidenf.

Malaxis latifolia Smith

地生或半附生草本。花期 5 ~ 8 月；果期 8 ~ 12 月。产于容县、上思、宁明、龙州、靖西、那坡。生于海拔 1600 m 以下的林下、灌丛或溪旁阴蔽处岩石上，少见。分布于中国海南、广东、广西、福建、台湾、云南。越南、老挝、泰国、柬埔寨、缅甸、马来西亚、印度尼西亚、菲律宾、印度、尼泊尔、日本、澳大利亚、新几内亚也有分布。

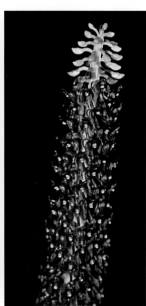

蛇舌兰属 Diploprora Hook. f.

蛇舌兰

Diploprora championii (Lindl.) Hook. f.

附生草本。花、果期 2 ~ 9 月。产于钦州、上思、扶绥、宁明、龙州。生于山地林中树干或沟谷岩石上，很少见。分布于中国海南、广西、福建、台湾、云南。越南、泰国、缅甸、印度、斯里兰卡也有分布。

宽叶厚唇兰

Epigeneium amplum (Lindl.) Summerh.

　　附生草本。花期11月。产于上思、龙州、大新、靖西、那坡。生于海拔800～1500 m的林下、溪边岩石上或山地林中树上，很少见。分布于中国广西、云南、西藏。越南、泰国、缅甸、印度、尼泊尔、不丹也有分布。

厚唇兰

Epigeneium clemensiae Gagnep.

　　附生草本。花期10～11月。产于防城、上思、横县、靖西、那坡。生于海拔800～1300 m的林中树干上，少见。分布于中国海南、广西、贵州、云南。越南、老挝也有分布。

半柱毛兰

Eria corneri Rchb. f.

　　附生草本。花期 8 ～ 9 月；果期 10 ～ 12 月。产于上思、宁明、龙州、百色、平果、德保、靖西、那坡。生于海拔 400 ～ 1000 m 的林中树上或山谷岩石上，少见。分布于中国海南、广东、广西、福建、台湾、贵州、云南。越南、琉球群岛也有分布。

足茎毛兰

Eria coronaria (Lindl.) Rchb. f.

　　附生草本。花期 5 ～ 6 月。产于防城、上思、靖西、那坡。生于海拔 700 ～ 1000 m 的林下岩石上，少见。分布于中国海南、广西、云南、西藏。越南、泰国、印度、尼泊尔、不丹也有分布。

香港毛兰

Eria gagnepainii Hawkes & Heller

附生草本。花期 2 ~ 4 月。产于防城、上思、靖西。生于海拔 1500 m 以下的林中树上或岩石上，很少见。分布于中国海南、香港、广西、云南、西藏。越南也有分布。

钳唇兰属 Erythrodes Blume

钳唇兰

Erythrodes blumei (Lindl.) Schltr.

附生草本。花期 4 ~ 5 月。产于防城、上思。生于海拔 400 ~ 1400 m 的山坡或沟谷阔叶林下阴湿处，少见。分布于中国广东、广西、台湾、云南。越南、泰国、缅甸、印度、斯里兰卡也有分布。

无茎盆距兰

Gastrochilus obliquus (Lindl.) Kuntze

　　附生草本。花期10～12月。产于龙州。生于海拔400～800 m的林中树干上,很少见。分布于中国海南、广西、云南、四川。越南、老挝、泰国、缅甸、印度、尼泊尔、不丹也有分布。

地宝兰属 Geodorum Jacks.

地宝兰

Geodorum densiflorum (Lam.) Schltr.
Geodorum nutans (C. Presl) Ames

　　地生草本。花期5～7月。产于玉林、博白、东兴、龙州、大新、田东、平果、德保、靖西、那坡。生于海拔260～1000 m的疏林下或灌草丛,常见。分布于中国海南、广东、广西、台湾、贵州、云南、四川。越南、老挝、泰国、柬埔寨、缅甸、马来西亚、印度尼西亚、印度、斯里兰卡、澳大利亚、新几内亚、琉球群岛也有分布。

高斑叶兰

Goodyera procera (Ker-Gawl.) Hook.

地生草本。花期 4 ~ 5 月。产于陆川、博白、钦州、防城、上思、东兴、南宁、横县、扶绥、龙州、大新、那坡。生于海拔 100 ~ 700 m 的山谷或溪边潮湿处，少见。分布于中国海南、广东、广西、福建、台湾、浙江、安徽、贵州、云南、四川、西藏。越南、老挝、泰国、柬埔寨、缅甸、马来西亚、印度尼西亚、菲律宾、印度、尼泊尔、不丹、孟加拉国也有分布。

斑叶兰

Goodyera schlechtendaliana Rchb. f.

地生草本。花期 8 ~ 10 月。产于防城、那坡。生于海拔 600 ~ 1300 m 的山坡或沟谷阔叶林下，少见。分布于中国海南、广东、广西、湖南、江西、福建、台湾、浙江、江苏、安徽、湖北、贵州、云南、四川、西藏、陕西、山西、河南。越南、泰国、印度尼西亚、印度、尼泊尔、不丹、日本、朝鲜也有分布。

毛莛玉凤花

Habenaria ciliolaris Kraenzl.

　　地生草本。花期 7 ~ 8 月；果期 9 ~ 10 月。产于隆安、宁明、龙州、平果。生于海拔 100 ~ 600 m 的密林下潮湿处，常见。分布于中国海南、广东、广西、湖南、江西、福建、台湾、浙江、湖北、贵州、云南、四川、甘肃。越南也有分布。

鹅毛玉凤花

Habenaria dentata (Sw.) Schltr.

　　地生草本。花期 8 ~ 10 月。产于隆安、宁明、龙州、凭祥、百色、田东、平果、靖西、那坡。生于海拔 100 ~ 900 m 的山坡林下或沟边，常见。分布于中国海南、广东、广西、湖南、江西、福建、台湾、浙江、安徽、湖北、贵州、云南、四川、西藏。越南、老挝、泰国、柬埔寨、缅甸、印度、尼泊尔、日本也分布。

橙黄玉凤花

Habenaria rhodocheila Hance

　　地生草本。花期 7 ~ 8 月；果期 10 ~ 11 月。产于容县、防城、上思、平果。生于海拔 300 ~ 1000 m 的山坡、沟谷林下阴处或岩石上，少见。分布于中国海南、广东、广西、湖南、江西、福建、贵州。越南、老挝、泰国、柬埔寨、马来西亚、菲律宾也有分布。

舌喙兰属 Hemipilia Lindl.

广西舌喙兰

Hemipilia kwangsiensis T. Tang & F. T. Wang ex K. Y. Lang

　　地生草本。花期 6 ~ 8 月。产于龙州、大新、平果、靖西、那坡。生于海拔 350 ~ 1000 m 的山坡、沟谷林下阴湿处或石缝中，很少见。分布于中国广西、云南。

叉唇角盘兰

Herminium lanceum (Thunb. ex Sw.) Vuijk

　　地生草本。花期 6 ~ 8 月。产于南宁。生于海拔 500 ~ 1000 m 的林下、灌丛或草地，很少见。分布于中国广东、广西、湖南、江西、福建、台湾、浙江、安徽、湖北、贵州、云南、四川、陕西、河南。越南、泰国、缅甸、马来西亚、印度尼西亚、菲律宾、印度、尼泊尔、克什米尔地区、日本、朝鲜半岛也有分布。

羊耳蒜属 Liparis Rich.

镰翅羊耳蒜

Liparis bootanensis Griff.

　　附生草本。花期 8 ~ 10 月；果期翌年 3 ~ 5 月。产于容县、上思、东兴、宁明、靖西。生于林中、山谷阴处的树上或岩壁上，常见。分布于中国海南、广东、广西、湖南、江西、福建、台湾、贵州、云南、四川、西藏。越南、泰国、缅甸、马来西亚、印度尼西亚、菲律宾、印度、不丹、日本也有分布。

大花羊耳蒜

Liparis distans C. B. Clarke

　　附生草本。花期 10 月至翌年 2 月；果期 6 ~ 7 月。产于龙州、大新、那坡。生于海拔 100 ~ 1000 m 的密林树上或林下岩石上，少见。分布于中国海南、广西、台湾、贵州、云南、四川、西藏。越南、老挝、泰国、印度也有分布。

见血青

Liparis nervosa (Thunb. ex A. Murray) Lindl.

　　地生草本。花期 2 ~ 7 月；果期 10 月。产于浦北、龙州、大新、百色、平果、靖西、那坡。生于海拔 500 ~ 1300 m 的林下阴湿处或山谷溪边，少见。分布于中国海南、广东、广西、湖南、江西、福建、台湾、浙江、湖北、贵州、云南、四川、西藏。世界热带、亚热带地区广泛分布。

紫花羊耳蒜

Liparis nigra Seidenf.

　　地生草本。花期 2 ~ 3 月。产于龙州、平果。生于海拔 300 m 的林下阴湿处，少见。分布于中国海南、广东、广西、台湾、贵州、云南、西藏。越南、泰国也有分布。

长茎羊耳蒜

Liparis viridiflora (Blume) Lindl.

　　附生草本。花期 9 ~ 12 月；果期翌年 1 ~ 4 月。产于容县、防城、龙州、大新、德保、靖西、那坡。生于海拔 500 ~ 1500 m 的石灰岩林中树上或岩石上，常见。分布于中国海南、广东、广西、福建、台湾、云南、四川、西藏。越南、老挝、泰国、柬埔寨、缅甸、马来西亚、印度尼西亚、菲律宾、印度、尼泊尔、不丹、孟加拉国、斯里兰卡以及太平洋岛屿也有分布。

叉唇钗子股

Luisia teres (Thunb. ex A. Murray) Blume

附生草本。花期 4 ~ 5 月。产于容县、龙州、大新、德保、靖西、那坡。生于海拔 400 ~ 1300 m 的林中树上或岩石上，少见。分布于中国广西、台湾、贵州、云南、四川。日本、朝鲜半岛也有分布。

芋兰属 Nervilia Comm. ex Gaudich.

毛唇芋兰（青天葵）

Nervilia fordii (Hance) Schltr.

地生草本。花期 5 月。产于南宁、隆安、扶绥、宁明、龙州、大新、天等、田阳、平果、靖西、那坡。生于海拔 200 ~ 850 m 的山坡或沟谷林下阴湿处，常见。分布于中国广东、广西、云南、四川。越南、泰国也有分布。

毛叶芋兰

Nervilia plicata (Andrews) Schltr.

地生草本。花期 5 ~ 6 月。产于大新、平果、靖西、那坡。生于山坡或沟谷密林下阴湿处，很少见。分布于中国广东、广西、福建、台湾、云南、四川、甘肃。越南、老挝、泰国、缅甸、马来西亚、印度尼西亚、菲律宾、印度、不丹、孟加拉国、澳大利亚、新几内亚也有分布。

鸢尾兰属 Oberonia Lindl.

棒叶鸢尾兰

Oberonia cavaleriei Finet

附生草本。花、果期 8 ~ 10 月。产于靖西、那坡。生于海拔 1000 ~ 1500 m 的山谷旁树上或岩石上，很少见。分布于中国广西、江西、贵州、云南、四川。越南、泰国、缅甸、印度、尼泊尔也有分布。

广西鸢尾兰

Oberonia kwangsiensis Seidenf.

　　附生草本。花期 11 月。产于龙州、平果。生于海拔 500 m 的石灰岩山顶疏林中石上，少见。分布于中国广西、云南、西藏。越南、泰国也有分布。

齿唇兰属 Odontochilus Blume

西南齿唇兰

Odontochilus elwesii C. B. Clarke ex Hook. f.
Anoectochilus elwesii (C. B. Clarke ex Hook. f.) King & Pantl.

　　地生草本。花期 6 ~ 8 月。产于上思、那坡。生于海拔 700 ~ 1000 m 的山坡或沟谷林下阴湿处，很少见。分布于中国广西、台湾、贵州、云南、四川。越南、泰国、缅甸、印度、不丹也有分布。

羽唇兰

Ornithochilus difformis (Wall. ex Lindl.) Schltr.

Aerides difformis Wall. ex Lindl.

　　附生草本。花期5～7月。产于宁明、龙州、大新、凭祥、平果、靖西、那坡。生于海拔500～1600 m的山地疏林中树上或岩石上，少见。分布于中国广东、广西、云南、四川。越南、老挝、泰国、缅甸、马来西亚、印度尼西亚也有分布。

曲唇兰属 Panisea (Lindl.) Steud.

平卧曲唇兰

Panisea cavalerei Schltr.

　　附生草本。花期12月至翌年4月；果期10～11月。产于那坡。生于疏林下或林缘石壁上，很少见。分布于中国海南、广西、贵州、云南。

曲唇兰

Panisea tricallosa Rolfe

附生草本。花期 12 月；果期翌年 5 ~ 6 月。产于那坡。生于海拔 1600 m 以下的林中树上或岩石上，很少见。分布于中国海南、广西、云南。越南、老挝、泰国、印度、不丹也有分布。

兜兰属 Paphiopedilum Pfitzer

同色兜兰

Paphiopedilum concolor (Bateman) Pfitz.

地生或半附生草本。花期 4 ~ 8 月。产于南宁、隆安、崇左、扶绥、龙州、大新、田阳、田东、平果。生于海拔 300 ~ 1000 m 的石灰岩多腐殖质土壤、岩壁缝隙或积土处，少见。分布于中国广西、贵州、云南。越南、老挝、泰国、柬埔寨、缅甸也有分布。

长瓣兜兰

Paphiopedilum dianthum T. Tang & F. T. Wang

附生草本。花期 8～9 月；果期 11 月。产于龙州、靖西、那坡。生于海拔 800～1600 m 的石灰岩林下，很少见。分布于中国广西、贵州、云南。越南也有分布。

巧花兜兰（海伦兜兰）

Paphiopedilum helenae Aver.

地生草本。花期 8～10 月。产于龙州、大新、靖西、那坡。生于石灰岩山顶阴蔽岩石上，很少见。越南也有分布。

带叶兜兰

Paphiopedilum hirsutissimum (Lindl. ex Hook.) Stein

　　地生或半附生草本。花期 4 ~ 5 月。产于龙州、大新、天等、田阳、德保、靖西。生于海拔 700 ~ 1500 m 的石灰岩林下、林缘石缝或多石湿润土壤上，很少见。分布于中国广西、贵州、云南。越南、老挝、泰国、印度也有分布。

麻栗坡兜兰

Paphiopedilum malipoense S. C. Chen & Z. H. Tsi

　　地生或半附生草本。花期 12 月至翌年 3 月。产于那坡。生于海拔 1100 ~ 1600 m 的石灰岩山坡林下多石处或积土岩壁上，很少见。分布于中国广西、重庆、贵州、云南。越南也有分布。

硬叶兜兰

Paphiopedilum micranthum T. Tang & F. T. Wang

地生或半附生草本。花期 3 ～ 5 月。产于龙州、大新、百色、靖西、那坡。生于海拔 1000 ～ 1600 m 的石灰岩山坡林下或石壁缝隙，很少见。分布于中国广西、重庆、贵州、云南。越南也有分布。

紫纹兜兰

Paphiopedilum purpuratum (Lindl.) Stein

地生或半附生草本。花期 10 月至翌年 1 月。产于容县、浦北、防城、上思、宁明、那坡。生于海拔 1200 m 以下的林下或溪谷旁，很少见。分布于中国海南、广东、广西、云南。越南也有分布。

小花阔蕊兰

Peristylus affinis (D. Don) Seidenf.

地生草本。花期 6 ~ 8 月。产于德保、那坡。生于海拔 300 ~ 1150 m 的山坡或山谷林下，少见。分布于中国广东、广西、湖南、江西、湖北、贵州、云南、四川。老挝、泰国、缅甸、印度、尼泊尔也有分布。

鹤顶兰属 Phaius Lour.

仙笔鹤顶兰

Phaius columnaris C. Z. Tang & S. J. Cheng

地生草本。花期 5 ~ 6 月。产于龙州、大新、靖西、那坡。生于石灰岩山谷密林下，很少见。分布于中国广东、广西、贵州、云南。越南也有分布。

紫花鹤顶兰

Phaius mishmensis (Lindl. & Paxt.) Rchb. f.

　　地生草本。花期 10 月至翌年 1 月。产于防城、上思。生于常绿阔叶林下阴湿处，很少见。分布于中国广东、广西、台湾、云南、西藏。越南、老挝、泰国、缅甸、菲律宾、印度、不丹、日本也有分布。

鹤顶兰

Phaius tancarvilleae (L' Hér.) Blume

　　地生草本。花期 3 月。产于龙州、平果、德保。生于海拔 350 ~ 1500 m 的林缘、沟谷或溪边阴湿处，少见。分布于中国海南、广东、广西、福建、台湾、云南、西藏。亚洲热带、亚热带地区以及大洋洲也有分布。

中越鹤顶兰

Phaius tonkinensis (Aver.) Aver.

地生草本。花期11月至翌年1月。产于龙州、大新、平果、靖西。生于海拔180～800 m的石灰岩山谷，很少见。分布于中国广西。越南也有分布。

蝴蝶兰属 Phalaenopsis Blume

尖囊蝴蝶兰（尖囊兰）

Phalaenopsis braceana (Hook. f.) Christenson

Kingidium braceanum (Hook. f.) Seidenf.

附生草本。花期5月。产于靖西、那坡。生于山地疏林中树干上，很少见。分布于中国广西、贵州、云南。越南、不丹也有分布。

大尖囊蝴蝶兰（大尖囊兰）

Phalaenopsis deliciosa Rchb. f.

Kingidium deliciosum (Rchb. f.) Sweet

　　附生草本。花期7月。产于防城、上思。生于海拔200~1300 m的林中树上或沟谷边岩石上，很少见。分布于中国海南、广西、云南。越南、老挝、泰国、柬埔寨、缅甸、马来西亚、印度尼西亚、菲律宾、印度、尼泊尔、斯里兰卡也有分布。

罗氏蝴蝶兰

Phalaenopsis lobbii (Rchb.f.) H. R. Sweet

　　附生草本。花期3~5月。产于隆安、龙州、大新、凭祥、靖西、那坡。生于海拔150~900 m的林中树上，很少见。分布于中国广西、云南。越南、缅甸、印度、不丹也有分布。

华西蝴蝶兰

Phalaenopsis wilsonii Rolfe

附生草本。花期 4 ~ 7 月；果期 8 ~ 9 月。产于靖西、那坡。生于海拔 800 ~ 1600 m 的山地疏林中树上或林下岩石上，很少见。分布于中国广西、贵州、云南、四川、西藏。越南也有分布。

石仙桃属 Pholidota Lindl. ex Hook.

石仙桃

Pholidota chinensis Lindl.

附生草本。花期 4 ~ 5 月；果期 9 月至翌年 1 月。产于容县、陆川、上思、东兴、南宁、隆安、宁明、龙州、平果、德保、靖西、那坡。生于海拔 1500 m 以下的林中或林缘树上、岩石上，常见。分布于中国海南、广东、广西、福建、浙江、贵州、云南、西藏。越南、缅甸也有分布。

单叶石仙桃

Pholidota leveilleana Schltr.

　　附生草本。花期5月。产于大新、平果、靖西、那坡。生于海拔500～900 m的疏林下或稍阴蔽的岩石上，常见。分布于中国广西、贵州。

长足石仙桃

Pholidota longipes S. C. Chen & Z. H. Tsi

　　附生草本。花期12月至翌年2月。产于大新、平果、靖西、那坡。生于石灰岩疏林下，少见。分布于中国广西、云南。

尖叶石仙桃

Pholidota missionariorum Gagnep.

　　附生草本。花期 10 ~ 11 月。产于靖西、那坡。生于林中树上或稍阴蔽的岩石上，少见。分布于中国广西、贵州、云南。

云南石仙桃

Pholidota yunnanensis Rolfe

　　附生草本。花期 5 月；果期 9 ~ 10 月。产于龙州、靖西、那坡。生于海拔 850 ~ 1000 m 的林中树上或沟谷边石上，少见。分布于中国海南、广西、湖南、湖北、贵州、云南、四川。越南也有分布。

滇越长足兰（西蒙长足兰）

Pteroceras simondianus (Gagnep.) Aver.

　　草本。花期2～5月。产于龙州。生于石灰岩阔叶林下树干上，很少见。越南也有分布。

火焰兰属 Renanthera Lour.

火焰兰

Renanthera coccinea Lour.

　　附生草本。花期4～6月。产于扶绥。生于海拔700 m以下的林中树上或岩石上、灌丛中，少见。分布于中国海南、广西、云南。越南、老挝、泰国、缅甸也有分布。

寄树兰

Robiquetia succisa (Lindl.) Seidenf. & Garay

　　附生草本。花期8～9月。产于上思、宁明、龙州、大新、靖西、那坡。生于海拔200～1500 m的山地疏林中树上或石壁上，少见。分布于中国海南、广东、广西、福建、云南。越南、老挝、泰国、柬埔寨、缅甸、印度、不丹也有分布。

苞舌兰属 Spathoglottis Blume

苞舌兰

Spathoglottis pubescens Lindl.

　　地生草本。花期7～10月。产于容县、靖西、那坡。生于海拔350～1500 m的山坡草丛或疏林下，常见。分布于中国广东、广西、湖南、江西、福建、浙江、贵州、云南、四川。越南、老挝、泰国、柬埔寨、缅甸、印度也有分布。

绥草

Spiranthes sinensis (Pers.) Ames

　　地生草本。花期 7 ~ 8 月。产于玉林市、北海市、钦州市、防城港市、南宁市、崇左市、百色市。生于海拔 200 ~ 1600 m 的山坡林下、灌丛、草地或河滩沼泽中，少见。分布于中国各地。越南、老挝、泰国、缅甸、马来西亚、菲律宾、印度、尼泊尔、不丹、阿富汗、克什米尔地区、蒙古、日本、朝鲜、俄罗斯、澳大利亚也有分布。

带唇兰属 Tainia Blume

香港带唇兰

Tainia hongkongensis Rolfe

　　地生草本。花期 4 ~ 5 月。产于钦州、防城、上思。生于海拔 150 ~ 500 m 的山坡林下或溪边，少见。分布于中国海南、广东、广西、福建。越南也有分布。

绿花带唇兰

Tainia penangiana Hook. f.
Tainia hookeriana King & Pantl.

地生草本。花期 2 ~ 3 月。产于靖西。生于海拔 700 ~ 1000 m 的林下或溪边，很少见。分布于中国海南、广西、台湾。越南、泰国、印度也有分布。

万代兰属 Vanda Jones ex R. Br.

琴唇万代兰

Vanda concolor Blume

附生草本。花期 4 ~ 5 月。产于隆安、宁明、龙州、大新、平果、靖西。生于山地林缘树干或岩壁上，少见。分布于中国广西、贵州、云南。越南也有分布。

拟万代兰

Vandopsis gigantea (Lindl.) Pfitz.

　　附生草本。花期 3 ～ 4 月。产于龙州、大新、天等、平果、德保、靖西、那坡。生于山地林缘岩石上或疏林中大树上，常见。分布于中国广西、云南。越南、老挝、泰国、缅甸、马来西亚也有分布。

香荚兰属 Vanilla Plum. ex Mill.

台湾香荚兰

Vanilla somae Hayata

　　攀援草质藤本。产于钦州、上思、宁明、龙州、凭祥、平果、那坡。生于海拔 1200 m 以下的石壁或树上，很少见。分布于中国广西、台湾。

线柱兰

Zeuxine strateumatica (L.) Schltr.

　　地生草本。花期 3 ~ 7 月。产于容县、南宁、横县、龙州、百色、田阳。生于低海拔草地上，常见。分布于中国海南、广东、广西、福建、台湾、湖北、云南、四川。亚洲热带、亚热带地区广泛分布。

拟线柱兰属 Zeuxinella Aver.

拟线柱兰

Zeuxinella vietnamica (Aver.) Aver.

　　地生草本。花期 3 ~ 4 月。产于大新、靖西。生于海拔 700 m 的石灰岩石缝中，很少见。分布于中国广西。越南也有分布。

327. 灯心草科

JUNCACEAE

灯心草属 Juncus L.

灯心草

Juncus effusus L.

草本。花期 4 ~ 7 月；果期 5 ~ 9 月。产于玉林、合浦、防城、平果、那坡。生于林缘、沼泽、湖边、河岸、田野等地阴湿处，少见。分布于中国各地。世界各地广泛分布。

330. 帚灯草科

RESTIONACEAE

薄果草属 Dapsilanthus B. G. Briggs & L. A. S. Johnson

薄果草

Dapsilanthus disjunctus (Mast.) B. G. Briggs & L. A. S. Johnson
Leptocarpus disjunctus Mast.

草本。花期 4 ~ 7 月；果期 5 ~ 8 月。产于防城、东兴。生于海滨沙地上，少见。分布于中国海南、广西。越南、老挝、泰国、柬埔寨、马来西亚也有分布。

331. 莎草科
CYPERACEAE

薹草属 Carex L.

浆果薹草
Carex baccans Nees

　　草本。花、果期 7 ~ 10 月。产于容县、北流、上思、龙州、百色、平果、德保、靖西、那坡。生于林下、路旁、沟边，常见。分布于中国海南、广东、广西、福建、台湾、贵州、云南、四川。越南、老挝、泰国、柬埔寨、马来西亚、印度、尼泊尔也有分布。

十字薹草

Carex cruciata Wahlenb.

草本。花、果期 7 ~ 11 月。产于容县、上思、龙州、平果。生于海拔 300 ~ 1500 m 的山坡草地或林下阴湿处，很常见。分布于中国海南、广东、广西、湖南、江西、福建、台湾、浙江、湖北、贵州、云南、四川、西藏。越南、泰国、印度尼西亚、印度、尼泊尔、不丹、日本、马达加斯加也有分布。

签草

Carex doniana Spreng.

草本。花、果期 4 ~ 6 月。产于容县、龙州、平果。生于溪边、林下、灌丛或草丛中潮湿处，少见。分布于中国广东、广西、福建、台湾、浙江、江苏、湖北、云南、四川、陕西。菲律宾、尼泊尔、日本、朝鲜也有分布。

蕨状薹草

Carex filicina Nees

草本。花、果期 7 ~ 10 月。产于宁明、龙州、平果。生于林下草丛，少见。分布于中国海南、广东、广西、湖南、江西、福建、台湾、浙江、湖北、贵州、云南、四川、西藏。越南、泰国、缅甸、马来西亚、印度尼西亚、菲律宾、印度、尼泊尔、斯里兰卡也有分布。

花莛薹草

Carex scaposa C. B. Clarke

草本。花、果期 8 ~ 10 月。产于容县、博白、防城、平果、德保、那坡。生于海拔 200 ~ 1500 m 的林下、山谷、水旁，常见。分布于中国海南、广东、广西、湖南、江西、福建、浙江、贵州、云南、四川。越南也有分布。

砖子苗

Cyperus cyperoides (L.) Kuntze

Mariscus cyperoides Urb

　　草本。抽穗期夏、秋季；花、
果期 4～10 月。产于容县、龙州、
田阳、平果。生于山坡、路旁、溪
边或林下草地上，很常见。分布于
中国海南、广东、广西、湖南、江
西、福建、浙江、安徽、湖北、贵
州、云南、四川。亚洲、非洲、大
洋洲以及美洲热带地区也有分布。

异型莎草

Cyperus difformis L.

　　草本。抽穗期夏、秋季；花、果期 6～10 月。产于龙州、百色、平果。生于田边、溪旁潮湿地上，
常见。分布于中国南、北各地。亚洲、非洲、欧洲以及中美洲热带和温带地区也有分布。

畦畔莎草

Cyperus haspan L.

　　草本。抽穗期夏、秋季；花、果期 7 ~ 10 月。产于合浦、防城、上思、宁明、龙州、百色。生于田边潮湿地或路边草地上，很常见。分布于中国海南、广东、广西、湖南、江西、福建、台湾、浙江、江苏、安徽、湖北、云南、西藏、河南。世界热带和温带地区均有分布。

风车草

Cyperus involucratus Rottb.

　　草本。花、果期 5 ~ 12 月。玉林市、北海市、钦州市、防城港市、南宁市、崇左市、百色市有栽培。中国南方有栽培。原产于非洲东部和亚洲西南部（阿拉伯半岛），现世界各地广泛栽培。

碎米莎草

Cyperus iria L.

草本。抽穗期夏、秋季；花、果期 6 ~ 10 月。产于北海、合浦、钦州、防城、上思、南宁、宁明、龙州、百色、平果。生于田野、山坡、路旁阴湿处，很常见。分布于中国南、北各地。亚洲、非洲以及大洋洲热带、温带地区也有分布。

短叶茳芏

Cyperus malaccensis Lam. subsp. **monophyllus** (Vahl) T. Koyama
Cyperus malaccensis Lam. var. *brevifolius* Bocklr.

草本。花、果期 6 ~ 11 月。产于玉林、博白、北海、钦州、宁明。生于海拔 700 m 以下的河旁、沟边、田野，少见。分布于中国海南、广东、广西、江西、福建、台湾、浙江、江苏、四川。越南、印度尼西亚、日本也有分布。

香附子

Cyperus rotundus L.

　　草本。抽穗期全年；花、果期 5 ~ 11 月。产于玉林、陆川、博白、北海、合浦、浦北、防城、上思、东兴、南宁、横县、百色、田阳、平果、靖西、那坡。生于田野、空旷草丛或水边潮湿处，很常见。分布于中国各地（东北除外）。世界热带和温带地区广泛分布。

荸荠属 Eleocharis R. Br.

荸荠

Eleocharis dulcis (Burm. f.)
Trin. ex Hensch.

　　草本。抽穗期夏、秋季。玉林市、北海市、钦州市、防城港市、南宁市、崇左市、百色市有栽培。分布于中国海南、广东、广西、湖南、江西、浙江、江苏、云南、湖北、河北。越南、泰国、缅甸、马来西亚、印度尼西亚、菲律宾、印度、尼泊尔、斯里兰卡、巴基斯坦、日本、朝鲜、澳大利亚、巴布亚新几内亚以及太平洋岛屿、印度洋岛屿、热带非洲也有分布。

夏飘拂草

Fimbristylis aestivalis (Retz.) Vahl

　　草本。抽穗期夏、秋季；花、果期 5 ~ 8 月。产于北海、防城、宁明、龙州。生于草地、沼泽、田野，常见。分布于中国海南、广东、广西、湖南、江西、福建、台湾、浙江、安徽、湖北、重庆、贵州、云南、四川、陕西、黑龙江。东亚、东南亚至南亚、大洋洲以及太平洋岛屿也有分布。

水虱草

Fimbristylis littoralis Grandich

Fimbristylis miliacea (L.) Vahl

　　草本。抽穗期夏、秋季；花、果期 7 ~ 10 月。产于防城、龙州、百色、平果。生于河边、水旁、田野等潮湿地上，很常见。分布于中国东部、南部、西南部。越南、老挝、柬埔寨、缅甸、印度、斯里兰卡、日本、朝鲜、澳大利亚、波利尼西亚、马达加斯加以及非洲、美洲、太平洋岛屿、印度洋岛屿也有分布。

芙兰草（异花草）

Fuirena umbellata Rottb.

　　草本。抽穗期夏、秋季；花期6～11月。产于防城、横县。生于田间草丛或河边湿地，少见。分布于中国海南、广东、广西、福建、台湾、云南、西藏。世界热带、亚热带地区广泛分布。

黑莎草属 Gahnia J. R. Forst. & G. Forst.

黑莎草

Gahnia tristis Nees

　　草本。抽穗期夏、秋季。产于防城、上思。生于海拔100～750 m的干燥山坡或灌丛中，常见。分布于中国海南、广东、广西、湖南、江西、福建、台湾、浙江、江苏、贵州。越南、泰国、马来西亚、印度尼西亚、印度、日本也有分布。

割鸡芒

Hypolytrum nemorum (Vahl) Spreng.

草本。抽穗期夏季；花、果期 4 ~ 8 月。产于钦州、上思、宁明、龙州。生于林下或山谷阴湿处，常见。分布于中国海南、广东、广西、台湾、云南。亚洲、大洋洲、非洲和美洲热带地区以及印度洋岛屿也有分布。

水蜈蚣属 Kyllinga Rottb.

短叶水蜈蚣

Kyllinga brevifolia Rottb.

草本。抽穗期夏季；花、果期 5 ~ 10 月。产于容县、陆川、博白、上思、南宁、隆安、横县、扶绥、龙州、大新、百色、平果、那坡。生于田野、溪边、沙滩、山坡荒地或路旁草丛，常见。分布于中国海南、广东、广西、湖南、江西、福建、浙江、安徽、湖北、贵州、云南、四川。越南、缅甸、马来西亚、印度尼西亚、菲律宾、印度、日本、大洋洲以及非洲、美洲也有分布。

三头水蜈蚣

Kyllinga bulbosa P. Beauv.

　　草本。抽穗期夏、秋季；花、果期 7 ~ 10 月。产于平果。生于田边潮湿地上，少见。分布于中国海南、广东、广西。越南、缅甸、印度以及大洋洲、非洲也有分布。

单穗水蜈蚣

Kyllinga nemoralis (J. R. Forst. & G. Forst.) Dandy ex Hatch. & Dalziel

Kyllinga monocephala Rottb.

　　草本。抽穗期夏、秋季；花、果期 5 ~ 8 月。产于容县、博白、扶绥、龙州、平果。生于林下、溪旁、田边近水处或旷野潮湿地，常见。分布于中国海南、广东、广西、云南。越南、泰国、缅甸、马来西亚、印度尼西亚、菲律宾、印度、日本、澳大利亚以及美洲也有分布。

球穗扁莎

Pycreus flavidus (Retz.) T. Koyama
Pycreus globosus Rchb.

　　草本。抽穗期秋季；花、果期8～11月。产于龙州、平果。生于田野、溪边或潮湿草地上，常见。分布于中国各地。越南、印度、日本、朝鲜、澳大利亚以及非洲南部也有分布。

多枝扁莎（多穗扁莎）

Pycreus polystachyos (Rottb.) P. Beauv.

　　草本。抽穗期夏、秋季；花、果期5～10月。产于北海。生于水田边、山谷或阴湿处草地上，常见。分于中国海南、广东、广西、福建、台湾。越南、印度、日本、朝鲜以及大洋洲、非洲、美洲也有分布。

三俭草（伞房刺子莞）

Rhynchospora corymbosa (L.) Britt.

　　草本。抽穗期夏、秋季；花、果期 5 ~ 10 月。产于防城、上思。生于海拔 100 ~ 900 m 的溪旁或山谷草地上，少见。分布于中国海南、广东、广西、湖南、台湾、云南。世界热带、亚热带地区也有分布。

水葱属 Schoenoplectus (Rchb.) Palla

萤蔺

Schoenoplectus juncoides (Roxb.) Palla

Scirpus juncoides Roxb.

　　草本。抽穗期夏、秋季；花、果期 4 ~ 12 月。产于玉林、钦州、防城、南宁、隆安、龙州、平果、那坡。生于田野、池塘等潮湿处，常见。分布于中国各地（西藏、甘肃、内蒙古除外）。世界热带、亚热带地区广泛分布。

水毛花

Schoenoplectus mucronatus (L.) Palla subsp. **robustus** (Miq.) T. Koyama

Scirpus triangulatus Roxb.

　　草本。抽穗期夏、秋季；花、果期 5 ~ 8 月。产于南宁、宁明、平果、靖西。生于水塘、沼泽、溪边、少见。分布于中国各地（西藏、新疆除外）。马来西亚、印度尼西亚、印度、日本、朝鲜、马达加斯加以及欧洲也有分布。

珍珠茅属 Scleria P. J. Bergius

毛果珍珠茅（珍珠茅）

Scleria levis Retz.

Scleria herbecarpa Nees

　　草本。抽穗期夏、秋季；花、果期 6 ~ 10 月。产于容县、博白、北海、上思、南宁、龙州、百色、田阳、平果。生于海拔 1500 m 以下的山坡、路旁、林下，常见。分布于中国海南、广东、广西、湖南、福建、台湾、浙江、贵州、云南、四川。越南、马来西亚、印度尼西亚、印度、斯里兰卡、日本、澳大利亚也有分布。

高秆珍珠茅（陆生珍珠茅）

Scleria terrestris (L.) Fassett

Scleria elata Thwaites.

　　草本。抽穗期夏季；花、果期 5 ~ 10 月。产于容县、防城、上思、隆安、龙州、百色、平果。生于海拔 1500 m 以下的田野、路边、山坡或林中，很常见。分布于中国海南、广东、广西、湖南、江西、福建、台湾、浙江、江苏、重庆、贵州、云南、四川、西藏。越南、泰国、马来西亚、印度尼西亚、印度、斯里兰卡、澳大利亚也有分布。

越南珍珠茅

Scleria tonkinensis C. B. Clarke

　　草本。抽穗期夏、秋季；花、果期 4 ~ 7 月。产于东兴。生于海拔 100 m 以下的潮湿草地或灌丛中，少见。分布于中国海南、广东、广西。越南、泰国、柬埔寨也有分布。

332. 禾本科 POACEAE
332A. 竹亚科 BAMBUSOIDEAE

箣竹属 Bambusa Schreb.

箣竹

Bambusa blumeana Schult. f.

　　乔木型。笋期 6 ~ 9 月，花期春季（11 月中旬亦可见开花）。玉林市、北海市、钦州市、防城港市、南宁市、崇左市、百色市有栽培，多植于河流两岸或村落周围。中国广西、福建、台湾、云南有栽培。原产于印度尼西亚和马来西亚。

粉单竹

Bambusa chungii McClure

　　乔木型。玉林市、北海市、钦州市、防城港市、南宁市、崇左市、百色市有栽培，见于村旁及山脚。分布于中国广东、广西、湖南、福建。

佛肚竹

Bambusa ventricosa McClure

　　乔木型。玉林市、北海市、钦州市、防城港市、南宁市、崇左市、百色市有栽培。中国南方有栽培。

黄金间碧竹

Bambusa vulgaris Schrad. 'Vittata'

乔木型。玉林、北海、南宁有栽培。中国南方有栽培。

越南竹属 Bonia Balansa

芸香竹

Bonia amplexicaulis (L. C. Chia & al.) N. H. Xia

Monocladus amplexicaulis L. C. Chia & al.

灌木状。产于隆安、崇左、龙州、大新、天等、凭祥、平果。生于海拔 200 ~ 500 m 的石灰岩山上，很常见。分布于中国广西。

算盘竹

Indosasa glabrata C. D. Chu & C. S. Chao

　　灌木状。笋期4月下旬。产于钦州、上思。生于空旷山坡或山顶，很少见。分布于中国广西。

梨藤竹属 Melocalamus Benth.

澜沧梨藤竹

Melocalamus arrectus T. P. Yi

　　攀援状。花、果期2~6月。产于防城、凭祥。生于海拔1000 m以下的常绿阔叶林中，少见。分布于中国广西、云南。

332B. 禾亚科

ORYZOIDEAE

水蔗草属 Apluda L.

水蔗草

Apluda mutica L.

草本。花、果期 7 ~ 12 月。产于龙州、百色、平果。生于海拔 1300 m 以下的河边、溪旁或旷野，常见。分布于中国海南、广东、广西、湖南、江西、福建、台湾、浙江、贵州、云南、四川、西藏。越南、老挝、泰国、柬埔寨、缅甸、马来西亚、印度尼西亚、菲律宾、印度、尼泊尔、不丹、斯里兰卡、巴基斯坦、阿富汗、日本、澳大利亚、新几内亚以及西亚、太平洋岛屿、印度洋岛屿、马达加斯加也有分布。

石芒草

Arundinella nepalensis Trin.

　　草本。花、果期 9 ~ 11 月。产于容县、上思、宁明、龙州、百色、德保、靖西、那坡。生于山坡、旷野灌草丛中，常见。分布于中国海南、广东、广西、福建、湖北、贵州、云南、西藏。越南、泰国、缅甸、印度、尼泊尔、不丹、巴基斯坦、澳大利亚以及非洲也有分布。

芦竹属 Arundo L.

芦竹

Arundo donax L.

　　草本。花、果期 10 ~ 12 月。产于钦州、南宁、大新、百色、平果。生于河岸或溪边，常见。分布于中国海南、广东、广西、湖南、福建、浙江、江苏、贵州、云南、四川、西藏。越南、老挝、泰国、柬埔寨、缅甸、马来西亚、印度尼西亚、印度、尼泊尔、不丹、巴基斯坦、阿富汗、日本以及亚洲中部和西南部、非洲北部、欧洲南部也有分布。

花叶芦竹

Arundo donax L. var. **versiocolor** Stokes

  草本。南宁有栽培。中国广泛栽培。原产于地中海。

地毯草属 Axonopus P. Beauv.

地毯草

Axonopus compressus (Sw.) P. Beauv.

  草本。花、果期秋、冬季。产于玉林、北海、南宁、大新、平果,栽培或逸为野生。生于村旁路边或旷野草地,常见。分布于中国海南、广东、广西、台湾、云南,栽培或逸为野生。原产于美洲热带地区,现世界热带和亚热带地区多有栽培。

蒺藜草

Cenchrus echinatus L.

草本。花、果期夏季。产于北海。生于海滨沙地上，很少见。分布于中国海南、广东、福建、台湾、云南，广西首次记录。原产于美洲，现世界热带、亚热带地区广泛分布。

酸模芒属 Centotheca Desv.

酸模芒（假淡竹叶）

Centotheca lappacea (L.) Desv.

草本。花、果期 11 月至翌年 4 月。产于钦州、上思、宁明、龙州、百色。生于路旁、林缘或疏林下，少见。分布于中国海南、广东、广西。热带亚洲、澳大利亚以及非洲也有分布。

台湾虎尾草

Chloris formosana (Honda) Keng

　　草本。花、果期 7 ～ 10 月。产于北海。生于海边沙地，很少见。分布于中国海南、广东、福建、台湾，广西首次记录。越南也有分布。

金须茅属 Chrysopogon Trin.

香根草

Chrysopogon zizanioides (L.) Roberty

Vetiveria zizanioides (L.) Nash

　　草本。花、果期 8 ～ 10 月。产于玉林、博白、南宁、龙州，栽培或逸为野生。中国海南、广东、广西、福建、台湾、浙江、江苏、云南、四川有栽培。原产于印度，现广泛栽培于世界热带地区。

薏苡

Coix lacryma-jobi L.

草本。花、果期 6 ~ 12 月。产于容县、陆川、北流、钦州、防城、上思、南宁、扶绥、龙州、大新、百色、德保、靖西、那坡，栽培或逸为野生。生于河边、溪畔或路旁湿润处，常见。分布于中国各地。越南、老挝、泰国、缅甸、印度尼西亚、菲律宾、印度、尼泊尔、斯里兰卡、新几内亚也有分布。

香茅属 Cymbopogon Spreng.

柠檬草

Cymbopogon citratus (DC.) Stapf

草本。花、果期夏季。陆川、北流、南宁、宁明、龙州有栽培。中国海南、广东、广西、福建、台湾、浙江、湖北、贵州、云南有栽培。世界热带地区广为栽培。

狗牙根

Cynodon dactylon (L.) Pers.

草本。花、果期 5 ~ 10 月。产于容县、北流、合浦、横县、龙州、凭祥。生于路旁、田边、旷野，常见。分布于中国海南、广东、广西、福建、台湾、浙江、江苏、湖北、云南、四川、甘肃、陕西、山西。世界热带和暖温带地区也有分布。

弓果黍属 Cyrtococcum Stapf

弓果黍

Cyrtococcum patens (L.) A. Camus

草本。花、果期 9 月至翌年 2 月。产于北流、上思、龙州、百色、那坡。生于林下、灌丛或草地较阴湿处，少见。分布于中国海南、广东、广西、江西、福建、台湾、云南。越南、泰国、缅甸、马来西亚、印度尼西亚、菲律宾、印度、尼泊尔、不丹、孟加拉国、斯里兰卡、日本以及太平洋岛屿也有分布。

散穗弓果黍

Cyrtococcum patens (L.) A. Camus var. **latifolium** (Honda) Ohwi
Cyrtococcum accrescens (Trin.) Stapf

　　草本。花、果期 5 ~ 12 月。产于上思。生于山地或丘陵林下，很少见。分布于中国海南、广东、广西、湖南、台湾、贵州、云南、西藏。泰国、马来西亚、印度、日本也有分布。

龙爪茅属 Dactyloctenium Willd.

龙爪茅

Dactyloctenium aegyptium (L.) Willd.

　　草本。花、果期 5 ~ 10 月。产于玉林、百色。生于山坡、草丛或耕地，少见。分布于中国海南、广东、广西、福建、台湾、浙江、贵州、云南、四川。世界热带、亚热带地区广泛分布。

光头稗

Echinochloa colona (L.) Link

　　草本。花、果期夏、秋季。产于南宁、龙州、百色、平果。生于田野、园圃或路边潮湿处，少见。分布于中国各地。世界温暖地区广泛分布。

稗

Echinochloa crusgalli (L.) P. Beauv.

　　草本。花、果期夏、秋季。产于北流、合浦、钦州、隆安、崇左、大新、靖西。生于水田、沟边或沼泽地，常见。分布于中国各地。世界温暖地区广泛分布。

孔雀稗

Echinochloa cruspavonis (Kunth) Schult.

　　草本。花期夏、秋季。产于北海。生于溪沟边或沼泽地，少见。分布于中国海南、广东、广西、福建、安徽、贵州、四川、陕西。世界热带地区广泛分布。

稗属 Eleusine Gaertn.

牛筋草

Eleusine indica (L.) Gaertn.

　　草本。花、果期夏、秋季。产于北流、北海、浦北、防城、上思、南宁、隆安、崇左、宁明、龙州、大新、凭祥、百色、平果、那坡。生于荒地或路旁，常见。分布于中国各地。世界热带、温带地区广泛分布。

鼠妇草

Eragrostis atrovirens (Desf.) Trin. ex Steud.

草本。花、果期夏、秋季。产于北流、龙州、平果。生于田野、路旁、水边，少见。分布于中国海南、广东、广西、湖南、福建、贵州、云南、四川。亚洲、非洲的热带、亚热带地区广泛分布。

知风草

Eragrostis ferruginea (Thunb.) P. Beauv.

草本。花期 8 ~ 12 月。产于百色。生于路边、田野，少见。分布于中国各地。越南、老挝、印度、尼泊尔、不丹也有分布。

乱草

Eragrostis japonica (Thunb.) Trin.

草本。花、果期 6 ~ 11 月。产于南宁、龙州、百色、田阳、那坡。生于田野、路旁、河边，常见。分布于中国广东、广西、江西、福建、台湾、浙江、江苏、安徽、湖北、贵州、云南、河南。越南、泰国、缅甸、马来西亚、印度尼西亚、菲律宾、印度、尼泊尔、不丹、日本、新几内亚也有分布。

画眉草

Eragrostis pilosa (L.) P. Beauv.

草本。花、果期 8 ~ 11 月。产于合浦、钦州、防城、上思、南宁、横县、平果。生于田野或阴湿地，少见。分布于中国各地。世界热带、温带地区广泛分布。

假俭草

Eremochloa ophiuroides (Munro) Hack.

草本。花、果期 6 ~ 10 月。产于北海、钦州。生于河岸、路旁或潮湿草地，少见。分布于中国海南、广东、广西、湖南、福建、台湾、浙江、江苏、安徽、湖北、贵州。越南也有分布。

鹧鸪草属 Eriachne R. Br.

鹧鸪草

Eriachne pallescens R. Br.

草本。花、果期 5 ~ 10 月。产于容县。生于山坡、林下或潮湿草地上，少见。分布于中国海南、广东、广西、江西、福建。越南、泰国、缅甸、马来西亚、印度尼西亚、菲律宾、印度、澳大利亚也有分布。

黄茅

Heteropogon contortus (L.) P. Beauv. ex Roem. & Schult.

　　草本。花、果期夏、秋季。产于北海、龙州、百色。生于草地上，少见。分布于中国海南、广东、广西、湖南、江西、福建、台湾、浙江、湖北、贵州、云南、四川、西藏、甘肃、陕西、河南。世界各地广泛分布。

水禾属 Hygroryza Nees

水禾

Hygroryza aristata (Retz.) Nees ex Wight & Arn.

　　草本。花期秋季。产于南宁。生于池沼或缓流溪水中，很少见。分布于中国海南、广东、广西、福建。亚洲热带地区广泛分布。

白茅

Imperata cylindrica (L.) Raeusch.

草本。花、果期 4 ~ 6 月。产于容县、钦州、南宁、宁明、平果、那坡。生于旷野、草坡，很常见。分布于中国大部分地区。亚洲热带、亚热带地区广泛分布。

柳叶箬属 Isachne R. Br.

柳叶箬

Isachne globosa (Thunb.) Kuntze

草本。花、果期夏、秋季。产于容县、钦州、防城、南宁、宁明、龙州、大新、平果。生于稻田或浅水中，常见。分布于中国各地。马来西亚、菲律宾、印度、日本、太平洋岛屿以及大洋洲也有分布。

李氏禾

Leersia hexandra Swartz

草本。花、果期 5 ~ 12 月。产于容县、龙州、平果、靖西。生于沼泽地或湿润处，常见。分布于中国海南、广东、广西、福建、台湾、贵州、云南、四川。亚洲、大洋洲、非洲以及美洲热带、亚热带地区广泛分布。

淡竹叶属 Lophatherum Brongn.

淡竹叶

Lophatherum gracile Brongn.

草本。花、果期 5 ~ 11 月。产于上思、龙州。生于疏林下或山地路边，常见。分布于中国海南、广东、广西、湖南、江西、福建、台湾、浙江、江苏、安徽、湖北、贵州、云南、四川。柬埔寨、缅甸、马来西亚、印度尼西亚、菲律宾、印度、尼泊尔、日本、朝鲜、新几内亚也有分布。

红毛草

Melinis repens (Willd.) Zizka

　　草本。花、果期 6 ~ 11 月。产于北海。生于路边、荒地，常见。分布于中国海南、广东、福建、台湾，广西首次记录。原产于热带非洲。

莠竹属 Microstegium Nees

刚莠竹

Microstegium ciliatum (Trin.) A. Camus

　　草本。花、果期 9 ~ 12 月。产于容县、合浦、钦州、防城、上思、南宁、龙州、德保、靖西、那坡。生于海拔 1300 m 以下的空旷潮湿地或林下，常见。分布于中国海南、广东、广西、湖南、江西、福建、台湾、贵州、云南、四川。越南、泰国、缅甸、马来西亚、印度、尼泊尔、不丹、斯里兰卡也有分布。

五节芒

Miscanthus floridulus (Lab.) Warb. ex K. Schum. & Laut.

　　草本。花、果期 5 ~ 10 月。产于玉林市、北海市、钦州市、防城港市、南宁市、崇左市、百色市。生于草坡或林缘，很常见。分布于中国东部、南部和西南部。菲律宾、日本以及太平洋岛屿也有分布。

芒

Miscanthus sinensis Andersson

　　草本。花、果期秋、冬季。产于容县、南宁、大新、百色、平果、那坡。生于旷地、草坡或林缘，常见。分布于中国各地。越南、马来西亚、菲律宾、日本也有分布。

类芦

Neyraudia reynaudiana (Kunth) Keng

草本。花、果期 8 ~ 12 月。产于容县、防城、龙州、百色、平果。生于海拔 300 ~ 1500 m 的河边或草坡，常见。分布于中国海南、广东、广西、湖南、江西、福建、台湾、浙江、江苏、安徽、湖北、贵州、云南、四川、西藏、甘肃。越南、老挝、泰国、柬埔寨、缅甸、马来西亚、印度尼西亚、印度、尼泊尔、不丹、日本也有分布。

求米草属 Oplismenus P. Beauv.

竹叶草

Oplismenus compositus (L.) P. Beauv.

草本。花、果期 9 ~ 11 月。产于龙州、百色。生于疏林下或阴湿处，常见。分布于中国海南、广东、广西、江西、台湾、贵州、云南、四川。东半球热带地区广泛分布。

稻

Oryza sativa L.

　　草本。玉林市、北海市、钦州市、防城港市、南宁市、崇左市、百色市有栽培。原产于亚洲热带地区，现广植于世界热带至温带地区。

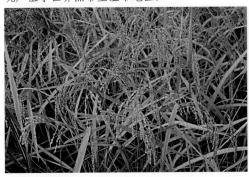 

黍属 Panicum L.

短叶黍

Panicum brevifolium L.

　　草本。花、果期 5 ~ 12 月。产于容县、上思、平果。生于潮湿地或林缘，少见。分布于中国海南、广东、广西、福建、云南。亚洲、非洲热带地区广泛分布。

大罗湾草（大罗网草）

Panicum luzonense J. Presl

　　草本。花、果期 8 ~ 11 月。产于北海。生于田野或林缘，少见。分布于中国海南、广西。柬埔寨、缅甸、菲律宾、印度尼西亚、斯里兰卡也有分布。

铺地黍

Panicum repens L.

　　草本。花、果期 6 ~ 11 月。产于玉林、龙州、平果、靖西。生于溪流、沼泽等潮湿处，常见。分布于中国海南、广东、广西、江西、福建、台湾、浙江、云南、四川。世界热带、亚热带地区广泛分布。

两耳草

Paspalum conjugatum C. Cordem.

　　草本。花、果期 5 ~ 10 月。产于那坡。生于阴湿草地上，少见。分布于中国海南、广东、广西、福建、台湾、云南。世界热带地区广泛分布。

狼尾草属 Pennisetum Rich.

狼尾草

Pennisetum alopecuroides (L.) Spreng.

　　草本。花、果期夏、秋季。产于防城、崇左、扶绥、龙州、百色、平果。生于田边、旷野、路旁，常见。分布于中国海南、广东、广西、江西、福建、台湾、浙江、江苏、安徽、湖北、贵州、云南、四川、西藏、甘肃、陕西、河南、山东、天津、北京、黑龙江。缅甸、马来西亚、印度尼西亚、菲律宾、印度、日本、朝鲜、澳大利亚以及太平洋岛屿也有分布。

象草

Pennisetum purpureum Schumach.

草本。花、果期 8 ~ 12 月。玉林市、北海市、钦州市、防城港市、南宁市、崇左市、百色市有栽培。中国海南、广东、广西、江西、云南、四川有栽培。原产于非洲热带地区。

芦苇属 Phragmites Adans.

芦苇

Phragmites australis (Cav.) Trin. ex Steud.

草本。花、果期 7 ~ 11 月。产于北流、北海、防城、南宁、隆安、宁明。生于池沼或河岸堤边，少见。分布于中国各地。世界各地广泛分布。

卡开芦

Phragmites karka (Retz.) Trin

　　草本。花、果期秋、冬季。产于合浦、靖西。生于海拔 1000 m 以下的河岸、溪旁或湿润处，很少见。分布于中国海南、广东、广西、福建、台湾、云南、四川。亚洲热带地区、澳大利亚北部以及非洲也有分布。

金发草属 Pogonatherum P. Beauv.

金丝草

Pogonatherum crinitum (Thunb.) Kunth

　　草本。花、果期 5 ~ 9 月。产于容县、上思、龙州、百色、平果。生于海拔 1300 m 以下的河边、山坡、旷野，常见。分布于中国海南、广东、广西、湖南、江西、福建、台湾、浙江、安徽、湖北、贵州、云南、四川。越南、泰国、马来西亚、印度尼西亚、菲律宾、印度、尼泊尔、不丹、斯里兰卡、巴基斯坦、日本、澳大利亚、新几内亚也有分布。

棒头草

Polypogon fugax Nees ex Steud.

　　草本。花、果期 4 ~ 9 月。产于平果。生于海拔 200 m 的田边潮湿处，少见。分布于中国广东、广西、福建、台湾、浙江、江苏、安徽、湖北、贵州、云南、四川、西藏、陕西、山西、河南、山东、新疆。缅甸、印度、尼泊尔、不丹、巴基斯坦、日本、朝鲜、俄罗斯以及西亚、中亚也有分布。

筒轴茅属 Rottboellia L. f.

筒轴茅

Rottboellia cochinchinensis (Lour.) Clayton

Rottboellia exaltata L. f.

　　草本。花、果期 7 ~ 10 月。产于龙州、大新、百色、平果。生于田野、旷地或疏林下，常见。分布于中国海南、广东、广西、福建、台湾、贵州、云南、四川。亚洲、非洲以及大洋洲热带地区也有分布。

斑茅

Saccharum arundinaceum Retz.

　　草本。花、果期 8 ~ 12 月。产于容县、上思、崇左、龙州、百色、平果。生于山坡、河岸或溪涧草地，常见。分布于中国秦岭以南。越南、老挝、泰国、柬埔寨、缅甸、马来西亚、印度也有分布。

竹蔗

Saccharum sinense Roxb.

　　草本。花、果期 11 月至翌年 3 月。玉林市、北海市、钦州市、防城港市、南宁市、崇左市、百色市有栽培。中国广东、广西、湖南、江西、福建、云南、四川有栽培。

棕叶狗尾草

Setaria palmifolia (J. König) Stapf

草本。花、果期 8 ~ 12 月。产于龙州、百色、平果。生于山谷林下或山坡阴湿地，常见。分布于中国海南、广东、广西、湖南、江西、福建、台湾、浙江、安徽、湖北、贵州、云南、四川、西藏。热带亚洲以及非洲西部也有分布。

皱叶狗尾草

Setaria plicata (Lam.) T. Cooke

草本。花、果期 6 ~ 10 月。产于龙州、靖西。生于山坡或山谷林下，常见。分布于中国广东、广西、湖南、江西、福建、台湾、浙江、江苏、安徽、湖北、贵州、云南、四川、西藏。泰国、马来西亚、印度、尼泊尔、日本也有分布。

金色狗尾草

Setaria pumila (Poir.) Roem. & Schult.

Setaria glauca (L.) P. Beauv.

　　草本。花、果期 6 ~ 10 月。产于容县。生于田边或路旁潮湿处，常见。分布于中国各地。欧亚大陆热带和温带地区广泛分布。

狗尾草

Setaria viridis (L.) P. Beauv.

　　草本。花、果期 5 ~ 10 月。产于北海、平果。生于海拔 600 m 以下的荒地或路旁，常见。分布于中国各地。世界各地广泛分布。

高粱

Sorghum bicolor (L.) Moench

　　草本。花、果期 6～9 月。北海、龙州、百色有栽培。中国各地广泛栽培。原产于亚洲或非洲，现广植于世界温带、亚热带地区。

米草属 Spartina Schreb. ex J. F. Gmél.

互花米草

Spartina alterniflora Lois.

　　草本。产于北海、合浦、钦州，逸为野生。生于海滨淤地，常见。分布于中国广东、广西、福建、浙江、江苏、山东、河北，栽培或逸为野生。原产于北美洲大西洋海岸。

老鼠芳（鬣刺）

Spinifex littoreus (Burm. f.) Merr.

草本。花、果期夏、秋季。产于北海、钦州。生于海边沙地上，常见。分布于中国海南、广东、广西、福建、台湾。越南、泰国、柬埔寨、缅甸、马来西亚、印度尼西亚、菲律宾、印度、斯里兰卡也有分布。

鼠尾粟属 Sporobolus R. Br.

鼠尾粟

Sporobolus fertilis (Steud.) W. D. Clayton

草本。花、果期 3 ~ 12 月。产于横县、龙州、平果、靖西。生于田野、路边或山坡草地上，常见。分布于中国海南、广东、广西、湖南、江西、福建、台湾、浙江、江苏、安徽、湖北、贵州、云南、四川、西藏、甘肃、陕西、河南、山东。越南、泰国、缅甸、马来西亚、印度尼西亚、菲律宾、印度、尼泊尔、不丹、斯里兰卡、日本也有分布。

黄背草

Themeda triandra Forssk.

　　草本。花、果期 6 ~ 12 月。产于容县、南宁、百色。生于林缘、路旁或干燥山坡，少见。分布于中国海南、广西、湖南、江西、福建、台湾、浙江、江苏、安徽、湖北、贵州、云南、四川、西藏、陕西、河南、山东、河北。越南、泰国、缅甸、马来西亚、印度尼西亚、菲律宾、印度、尼泊尔、不丹、斯里兰卡、日本、朝鲜、澳大利亚以及亚洲西南部、非洲也有分布。

菅

Themeda villosa (Poir.) A. Camus

Themeda gigantea (Cav.) Hack. var. *villosa* (Poir.) Keng

　　草本。花、果期 8 月至翌年 1 月。产于百色、靖西、那坡。生于山坡草地上，常见。分布于中国海南、广东、广西、湖南、江西、福建、浙江、湖北、贵州、云南、四川、西藏、河南。泰国、马来西亚、印度尼西亚、菲律宾、印度、尼泊尔、不丹、孟加拉国也有分布。

蒭雷草（沙丘草）

Thuarea involuta (G. Forst.) R. Br. ex Roem. & Schult

　　草本。花、果期 4 ~ 12 月。产于北海。生于海岸沙滩，很少见。分布于中国海南、广东、台湾，广西首次记录。越南、泰国、马来西亚、印度尼西亚、菲律宾、斯里兰卡、澳大利亚、新几内亚、太平洋岛屿、印度洋岛屿、马达加斯加也有分布。

粽叶芦属 Thysanolaena Nees

粽叶芦

Thysanolaena latifolia (Roxb. ex Hornem.) Honda

　　草本。花、果期夏、秋季。产于玉林市、北海市、钦州市、防城港市、南宁市、崇左市、百色市。生于山坡、山谷、疏林下或灌丛中，很常见。分布于中国海南、广东、广西、台湾、贵州、云南。越南、老挝、泰国、柬埔寨、缅甸、马来西亚、印度尼西亚、菲律宾、印度、尼泊尔、不丹、孟加拉国、斯里兰卡、新几内亚以及印度洋岛屿也有分布。

玉蜀黍（玉米）

Zea mays L.

草本。花、果期夏、秋季。玉林市、北海市、钦州市、防城港市、南宁市、崇左市、百色市有栽培。中国各地有栽培。原产于美洲，现世界各地有栽培。

菰属 Zizania L.

菰（茭白）

Zizania latifolia (Griseb.) Turcz. ex Stapf

草本。花期秋季。玉林市、北海市、钦州市、防城港市、南宁市、崇左市、百色市有栽培。分布于中国各地。缅甸、印度、日本、朝鲜、俄罗斯也有分布。

沟叶结缕草

Zoysia matrella (L.) Merr.

Zoysia serrulata Mez

Zoysia tenuifolia Thiele.

　　草本。花、果期 6 ~ 10 月。产于北海。生于海边沙地上，常见。分布于中国海南、广东、广西、台湾。越南、泰国、马来西亚、印度尼西亚、菲律宾、印度、斯里兰卡、日本也有分布。

参考文献

[1] 邢福武，陈红锋，秦新生，等．中国热带雨林地区植物图鉴——海南植物 [M]．武汉：华中科技大学出版社，2014.

[2] 邢福武，周劲松，王发国，等．海南植物物种多样性编目 [M]．武汉：华中科技大学出版社，2012.

[3] 覃海宁，刘演．广西植物名录 [M]．北京：科学出版社，2010.

[4] 广西植物研究所．广西植物志（1-6卷）[M]．南宁：广西科学技术出版社，1991 ~ 2017.

[5] *Flora of China*. Science Press, Beijing & Missouri Botanical Garden Press, St. Louis

[6] 中国植物志编辑委员会．中国植物志（各卷）[M]．北京：科学出版社，1959 ~ 1999.

[7] 傅立国，陈潭清，郎楷永，等．中国高等植物（各卷）[M]．青岛：青岛出版社，1999 ~ 2013.

[8] 黄忠良，宋柱秋，吴林芳，等．鼎湖山野生植物 [M]．广州：广东科技出版社，2019.

中文名索引
Index to Chinese Names

A

阿拉伯婆婆纳...............1173
矮裸柱草...............1206
矮牵牛...............1137
矮陀陀...............860
艾纳香...............1074
艾纳香属...............1074
安息香科...............954
安息香属...............954
暗消藤...............1002
凹脉紫金牛...............938

B

八角枫...............895
八角枫科...............894
八角枫属...............894
巴戟天...............1032
巴戟天属...............1032
巴西铁树...............1362
巴西鸢尾...............1354
巴西鸢尾属...............1354
芭蕉科...............1286
芭蕉属...............1286
菝葜...............1330
菝葜科...............1328

菝葜属...............1329
霸王棕...............1365
霸王棕属...............1365
白苞蒿...............1070
白苞爵床...............1208
白背枫...............962
白萼素馨...............967
白粉藤...............823
白粉藤属...............822
白钩藤...............1058
白骨壤...............1226
白鹤灵芝...............1216
白鹤灵芝属...............1216
白鹤藤...............1147
白花丹...............1118
白花丹科...............1118
白花丹属...............1118
白花灯笼...............1234
白花地胆草...............1085
白花鹅掌柴...............908
白花鬼针草...............1072
白花蒿...............1070
白花夹竹桃...............983
白花苦灯笼...............1055
白花龙...............955

白花龙船花...............1026
白花牛角瓜...............992
白花蛇舌草...............1021
白花酸藤果...............947
白及...............1388
白及属...............1388
白接骨...............1203
白接骨属...............1203
白簕...............904
白马骨...............1049
白马骨属...............1049
白脉爵床...............1208
白毛长叶紫珠...............1229
白茅...............1482
白茅属...............1482
白皮乌口树...............1054
白绒草...............1257
白薯莨...............1358
白树沟瓣...............784
白檀...............959
白棠子树...............1227
白藤...............1367
白雪花...............1118
白叶藤...............1004
白叶藤属...............1004

白英 1141
白长春花 979
白珠树属 921
白子菜 1093
百部科 1355
百部属 1355
百合科 1308
百两金 939
百能葳 1073
百能葳属 1073
百日菊 1111
百日菊属 1111
百足藤 1344
败酱叶菊芹 1086
稗 1476
稗属 1476
斑唇卷瓣兰 1392
斑鸠菊 1109
斑鸠菊属 1108
斑茅 1493
斑叶兰 1420
斑叶兰属 1420
斑种草属 1126
板蓝 1221
半边莲 1124
半边莲科 1124
半边莲属 1124
半蒴苣苔 1179
半蒴苣苔属 1179
半枝莲 1266
半柱毛兰 1417
蚌花 1280

棒头草 1492
棒头草属 1492
棒叶鸢尾兰 1427
苞舌兰 1442
苞舌兰属 1442
苞叶兰属 1389
苞叶木 809
薄果草 1448
薄果草属 1448
薄荷属 1258
薄叶山橙 982
薄叶山矾 957
宝铎草 1319
宝塔姜 1296
保亭柿 928
报春花科 1114
报春苣苔属 1186
抱茎菝葜 1332
爆仗竹 1169
爆仗竹属 1169
杯菊 1082
杯菊属 1082
贝母兰属 1400
荸荠 1455
荸荠属 1455
闭鞘姜 1296
闭鞘姜属 1296
碧冬茄 1137
碧冬茄属 1137
扁担藤 829
扁莎属 1460
扁蒴藤属 787

扁桃 881
扁桃杧 881
变黑蛇根草 1039
变色山槟榔 1039
变叶裸实 785
变叶美登木 785
变叶树参 903
滨木患 863
滨木患属 863
滨盐麸木 884
槟榔青属 884
槟榔属 1364
柄果木 868
柄果木属 868
波叶异木患 862
菠萝 1284
驳骨九节 1044
布迪椰子 1366

C

彩叶草 1262
菜豆树 1197
菜豆树属 1196
䅟属 1477
苍耳 1110
苍耳属 1110
糙叶丰花草 1051
草豆蔻 1291
草海桐 1125
草海桐科 1125
草海桐属 1125
叉唇钗子股 1426
叉唇角盘兰 1423

叉柱兰属 1397
茶条木 864
茶条木属 864
茶茱萸科 790
钗子股属 1426
菖蒲 1333
菖蒲属 1333
长瓣兜兰 1431
长苞马蓝 1223
长柄杜若 1279
长柄恋岩花 1219
长柄七叶树 870
长柄山姜 1292
长柄紫珠 1230
长春花 979
长春花属 979
长刺楤木 900
长萼兰花蕉 1289
长隔木 1018
长隔木属 1018
长梗粗叶木 1027
长梗吊石苣苔 1181
长梗石柑 1343
长梗岩黄树 1060
长花厚壳树 1130
长花龙血树 1361
长花枝杜若 1278
长节耳草 1024
长茎沿阶草 1321
长茎羊耳蒜 1425
长毛醉魂藤 997
长蒴母草 1165

长药蜘蛛抱蛋 1312
长叶冻绿 810
长叶蝴蝶草 1171
长叶阔苞菊 1098
长叶轮钟花 1121
长叶香茶菜 1256
长叶竹根七 1318
长圆吊石苣苔 1181
长柱山丹 1016
长柱山丹属 1016
长足兰属 1441
长足石仙桃 1439
常春藤 904
常春藤属 904
车前 1119
车前科 1119
车前属 1119
车桑子 866
车桑子属 866
赪桐 1235
橙黄玉凤花 1422
匙羹藤 996
匙羹藤属 996
匙叶合冠鼠麴草 1090
匙叶螺序草 1052
匙叶鼠麴草 1090
齿瓣石豆兰 1391
齿唇兰属 1428
齿叶黄皮 838
齿叶水蜡烛 1253
赤苞花 1212
赤苞花属 1212

赤苍藤 793
赤苍藤属 793
翅果耳草 1023
翅果菊 1095
翅茎白粉藤 822
翅子藤科 787
重唇石斛 1411
重楼属 1325
绸缎藤 1147
臭茉莉 1233
蒭雷草 1499
蒭雷草属 1499
雏菊 1072
雏菊属 1072
川杜若 1278
穿鞘花 1272
穿鞘花属 1272
穿心草 1113
穿心草属 1112
穿心莲 1202
穿心莲属 1202
串花马蓝 1222
垂茉莉 1237
春兰 1406
春羽 1342
唇形科 1249
慈姑 1270
慈姑属 1270
刺齿唇柱苣苔 1189
刺瓜 993
刺葵 1374
刺葵属 1374

刺葡萄................................831
刺芹................................914
刺芹属..............................914
刺蕊草属...........................1263
刺天茄............................1146
刺通草.............................909
刺通草属...........................909
刺芋..............................1341
刺芋属............................1341
刺芫荽............................914
刺子莞属..........................1461
葱莲.............................1353
葱莲属............................1353
楤木属.............................899
丛花山矾..........................960
粗柄械............................873
粗茎崖角藤........................1345
粗糠树...........................1129
粗毛玉叶金花......................1034
粗丝木.............................790
粗丝木属...........................790
粗丝蜘蛛抱蛋......................1311
粗叶耳草..........................1024
粗叶木...........................1027
粗叶木属..........................1027
粗棕竹...........................1376
脆兰属...........................1384

D

打铁树.............................952
大百部...........................1355
大苞寄生...........................800
大苞寄生属.........................800

大苞姜属.........................1301
大苞水竹叶.......................1276
大盖球子草.......................1323
大管.............................841
大果人面子.......................880
大果三翅藤.......................1158
大花老鸦嘴.......................1225
大花芦莉.........................1217
大花美人蕉.......................1304
大花三翅藤.......................1157
大花羊耳蒜.......................1424
大蓟.............................1079
大尖囊蝴蝶兰.....................1437
大尖囊兰.........................1437
大节竹属.........................1467
大丽花...........................1082
大丽花属.........................1082
大罗伞树...........................942
大罗湾草.........................1488
大罗网草.........................1488
大藻.............................1342
大藻属...........................1342
大青.............................1233
大青属...........................1232
大沙叶...........................1041
大沙叶属.........................1041
大薯.............................1356
大田基黄.........................1116
大王椰属.........................1377
大王椰子.........................1377
大尾摇...........................1131
大序隔距兰.......................1399

大野芋...........................1339
大叶白纸扇.......................1036
大叶吊兰.........................1317
大叶钩藤.........................1056
大叶皇冠草.......................1269
大叶毛刺茄.......................1141
大叶屈头鸡.......................1381
大叶蛇总管.......................1255
大叶石龙尾.......................1164
大叶石上莲.......................1184
大叶仙茅.........................1380
大叶沿阶草.......................1321
大叶紫珠.........................1230
带唇兰属.........................1443
带叶兜兰.........................1432
单毛桤叶树.........................918
单色蝴蝶草.......................1172
单穗水蜈蚣.......................1459
单穗鱼尾葵.......................1369
单叶蔓荆.........................1248
单叶石仙桃.......................1439
单柱山柳...........................918
淡竹叶...........................1483
淡竹叶属.........................1483
蛋黄果...........................933
当归属...........................910
当归藤...........................947
倒地铃...........................864
倒地铃属.........................864
倒吊笔...........................990
倒吊笔属.........................990
稻.............................1487

稻属.............................1487
灯台树...........................892
灯心草...........................1447
灯心草科.........................1447
灯心草属.........................1447
等萼卷瓣兰.......................1392
滴锡藤...........................995
滴锡眼树莲.......................995
地宝兰...........................1419
地宝兰属.........................1419
地胆草...........................1084
地胆草属.........................1084
地柑............................1344
地瓜............................1150
地黄连属.........................860
地锦属...........................825
地毯草...........................1470
地毯草属.........................1470
地旋花...........................1158
地旋花属.........................1158
地涌金莲.........................1287
地涌金莲属.......................1287
滇白珠...........................921
滇刺枣...........................815
滇丁香...........................1031
滇丁香属.........................1031
滇桂豆腐柴.......................1241
滇黄精...........................1324
滇越长足兰.......................1441
吊灯花...........................992
吊灯花属.........................992
吊灯树...........................1192

吊瓜树...........................1192
吊瓜树属.........................1192
吊兰属...........................1316
吊球草...........................1255
吊山桃...........................1001
吊石苣苔.........................1182
吊石苣苔属.......................1181
吊钟花...........................920
吊钟花属.........................920
吊竹梅...........................1280
叠鞘石斛.........................1409
钉头果...........................996
钉头果属.........................996
顶花杜茎山.......................950
顶头马蓝.........................1220
定心藤...........................792
定心藤属.........................792
东方泽泻.........................1269
东方紫金牛.......................940
东风草...........................1075
东京银背藤.......................1148
东南茜草.........................1047
冬凤兰...........................1405
冬红............................1239
冬红属...........................1239
董棕............................1369
兜兰属...........................1430
豆腐柴属.........................1241
豆蔻属...........................1295
豆叶九里香.......................842
毒根斑鸠菊.......................1108
独脚金...........................1170

独脚金属.........................1170
独子藤...........................782
杜虹花...........................1228
杜茎山属.........................950
杜鹃............................923
杜鹃花科.........................919
杜鹃花属.........................922
杜鹃兰...........................1402
杜鹃兰属.........................1402
杜若属...........................1278
杜仲藤...........................989
度量草属.........................966
短柄紫珠.........................1227
短梗幌伞枫.......................905
短距苞叶兰.......................1389
短穗鱼尾葵.......................1368
短莛仙茅.........................1380
短叶茳芏.........................1454
短叶黍...........................1487
短叶水蜈蚣.......................1458
短枝香草.........................1114
断肠草...........................965
对茎毛兰.........................1401
对叶百部.........................1355
钝果寄生属.......................799
钝叶臭黄荆.......................1243
盾果草...........................1131
盾果草属.........................1131
多痕唇柱苣苔.....................1178
多痕奇柱苣苔.....................1178
多花脆兰.........................1384
多花勾儿茶.......................805

多花兰 1405
多花茜草 1047
多花山猪菜 1155
多花沿阶草 1323
多花指甲兰 1385
多茎鼠麹草 1091
多毛茜草树 1008
多穗扁莎 1460
多须公 1089
多叶勾儿茶 806
多枝扁莎 1460

E

鹅毛玉凤花 1421
鹅绒藤属 993
鹅掌柴 907
鹅掌柴属 906
鹅掌藤 906
耳草 1019
耳草属 1019
耳挖草 1267
二叉破布木 1128
二耳沼兰 1403
二花蝴蝶草 1171
二列叶虾脊兰 1395
二籽扁蒴藤 787

F

番龙眼 869
番龙眼属 869
番茄 1136
番薯 1150
番薯属 1150

蕃茄属 1136
饭包草 1273
芳香石豆兰 1389
防城蜘蛛抱蛋 1311
飞蛾藤 1149
飞蛾藤属 1149
飞机草 1077
飞机草属 1077
飞龙掌血 847
飞龙掌血属 847
飞蓬属 1087
非洲楝 859
非洲楝属 859
非洲凌霄 1195
非洲凌霄属 1195
菲律宾谷精草 1283
肥牛草 1186
粉单竹 1465
粉绿异裂苣苔 1190
粉条儿菜属 1308
粉叶菝葜 1330
丰花草属 1050
风车草 1453
风车果 788
风铃木属 1191
风轮菜 1252
风轮菜属 1252
风湿木 985
风箱树 1012
风箱树属 1012
风雨花 1353
枫寄生 801

枫香槲寄生 801
枫杨 889
枫杨属 889
凤梨 1284
凤梨科 1284
凤梨属 1284
凤眼蓝 1326
凤眼蓝属 1326
凤眼莲 1326
佛肚竹 1465
扶芳藤 783
芙兰草 1457
芙兰草属 1457
浮萍 1348
浮萍科 1348
浮萍属 1348
辐花蜘蛛抱蛋 1315
辐叶鹅掌柴 906
福建茶 1127
复羽叶栾树 866
腹水草属 1174

G

盖裂果 1031
盖裂果属 1031
甘蔗属 1493
柑橘 837
柑橘属 836
橄榄 853
橄榄科 853
橄榄属 853
刚莠竹 1484
杠柳科 1004

高斑叶兰	1420	钩序苣苔属	1182	光叶闭鞘姜	1297
高秆珍珠茅	1463	钩状石斛	1408	光叶蝴蝶草	1171
高良姜	1293	狗肝菜	1205	光叶山矾	958
高粱	1496	狗肝菜属	1205	光叶山香圆	878
高粱属	1496	狗骨柴	1015	光叶蛇葡萄	820
割鸡芒	1458	狗骨柴属	1015	光叶柿	925
割鸡芒属	1458	狗头七	1094	光枝勾儿茶	807
割舌树	861	狗尾草	1495	广东大沙叶	1042
割舌树属	861	狗尾草属	1494	广东假木荷	919
革命菜	1081	狗牙根	1474	广东金叶子	919
革叶鼠李	810	狗牙根属	1474	广东酒饼簕	835
革叶铁榄	934	狗牙花	987	广东蛇葡萄	818
隔距兰属	1398	狗牙花属	987	广东石豆兰	1390
蛤兰	1401	枸杞	1136	广东万年青	1334
蛤兰属	1401	枸杞属	1136	广东万年青属	1334
葛藟葡萄	831	菰	1500	广防风	1251
个溥	990	菰属	1500	广防风属	1251
梗花雀梅藤	812	菰腺忍冬	1062	广藿香	1263
弓果黍	1474	古钩藤	1004	广寄生	799
弓果黍属	1474	谷精草科	1283	广西莪术	1298
弓果藤	1002	谷精草属	1283	广西火焰花	1215
弓果藤属	1002	牯岭勾儿茶	805	广西九里香	843
勾儿茶属	805	瓜叶菊	1097	广西美登木	786
沟瓣属	784	瓜叶菊属	1097	广西密花树	952
沟叶结缕草	1501	拐枣	808	广西牡荆	1246
钩距虾脊兰	1394	观音草	1214	广西舌喙兰	1422
钩藤	1057	观音草属	1214	广西香花藤	974
钩藤属	1056	光萼唇柱苣苔	1180	广西崖爬藤	828
钩吻	965	光萼汉克苣苔	1180	广西玉叶金花	1035
钩吻属	965	光亮山矾	959	广西鸢尾兰	1428
钩序唇柱苣苔	1182	光皮梾木	893	广西醉魂藤	997
钩序苣苔	1182	光头稗	1476	广州蛇根草	1038

桄榔 1365
桄榔属 1365
龟背竹 1341
龟背竹属 1341
鬼针草 1072
鬼针草属 1072
桂花 973
桂南爵床 1207
桂南省藤 1366
桂叶山牵牛 1225
桂叶素馨 969
桂越马蓝 1220
果冻椰子属 1366
过江藤 1241
过江藤属 1241
过山枫 781

H

孩儿草属 1217
海榄雌 1226
海榄雌属 1226
海伦兜兰 1431
海杧果 980
海杧果属 980
海南菜豆树 1197
海南赪桐 1234
海南链珠藤 977
海南龙船花 1025
海南茄 1144
海南山姜 1291
海南树参 902
海南崖爬藤 829
海南翼核果 814

海通 1236
海芋 1336
海芋属 1335
海枣 1374
韩信草 1267
寒兰 1406
汉克苣苔属 1180
旱芹 911
旱田草 1168
蒿属 1068
禾本科 1464
禾亚科 1468
合耳菊属 1105
合冠鼠麴草属 1090
合丝肖菝葜 1328
荷秋藤 998
盒果藤 1157
盒果藤属 1157
褐苞薯蓣 1359
褐叶柄果木 868
鹤顶兰 1435
鹤顶兰属 1434
鹤望兰 1288
鹤望兰属 1288
黑莎草 1457
黑莎草属 1457
黑藻 1268
黑藻属 1268
黑足菊属 1096
横蒴苣苔 1177
横蒴苣苔属 1177
红苞半蒴苣苔 1179

红苞花 1213
红翅槭 871
红椿 860
红冬蛇菰 804
红豆蔻 1290
红凤菜 1092
红花隔距兰 1400
红花螺序草 1052
红花文殊兰 1350
红鸡蛋花 983
红蕉 1287
红酒杯花 988
红楼花 1213
红楼花属 1213
红马蹄草 914
红毛草 1484
红球姜 1303
红丝线 1135
红丝线属 1135
红芽大戟 1026
红芽大戟属 1026
红药 1187
红叶藤属 886
红掌 1337
红紫珠 1231
侯钩藤 1057
猴头杜鹃 923
厚唇兰 1416
厚唇兰属 1416
厚壳树 1129
厚壳树属 1129
厚皮树 880

厚皮树属 880
厚藤 1153
厚叶白花酸藤果 948
厚叶素馨 970
忽地笑 1352
狐尾椰属 1378
狐尾椰子 1378
胡萝卜 913
胡萝卜属 913
胡麻科 1200
胡麻属 1200
胡桃科 887
胡颓子科 816
胡颓子属 816
槲寄生 800
槲寄生属 800
蝴蝶草属 1171
蝴蝶兰属 1436
虎舌红 943
虎尾草属 1472
虎尾兰 1363
虎尾兰属 1363
互花米草 1496
护耳草 998
花椒簕 850
花椒属 847
花莛薹草 1451
花叶假连翘 1239
花叶开唇兰 1386
花叶芦竹 1470
花叶艳山姜 1295
花烛 1337

花烛属 1337
华南栲叶树 918
华南青皮木 794
华南忍冬 1061
华南省藤 1367
华南兔儿风 1068
华女贞 971
华山姜 1293
华西蝴蝶兰 1438
华夏慈姑 1270
华腺萼木 1036
华泽兰 1089
化香树 889
化香树属 888
画笔南星 1338
画眉草 1479
画眉草属 1478
焕镛螺序草 1051
黄鹌菜 1111
黄鹌菜属 1111
黄背草 1498
黄蝉 975
黄蝉属 974
黄帝菊 1096
黄独 1357
黄瓜菜 1081
黄瓜假还阳参 1081
黄果茄 1146
黄花白及 1388
黄花大苞姜 1301
黄花风铃木 1191
黄花蒿 1068

黄花蝴蝶草 1172
黄花夹竹桃 987
黄花夹竹桃属 987
黄花爵床 1211
黄花恋岩花 1218
黄花美人蕉 1305
黄花木曼陀罗 1132
黄姜花 1300
黄金间碧竹 1466
黄荆 1246
黄精属 1324
黄兰 1397
黄兰属 1397
黄梨木 863
黄梨木属 863
黄连木 882
黄连木属 882
黄梁木 1038
黄脉爵床 1218
黄脉爵床属 1218
黄毛豆腐柴 1242
黄茅 1481
黄茅属 1481
黄皮 839
黄皮属 837
黄杞 887
黄杞属 887
黄芩属 1266
黄秋英 1080
黄藤 1370
黄藤属 1370
黄眼草 1282

黄眼草科 1282
黄眼草属 1282
黄钟树 1199
黄钟树属 1199
幌伞枫 905
幌伞枫属 905
灰莉 964
灰莉属 964
灰毛大青 1232
灰毛浆果楝 857
灰楸 1191
茴茴苏 1261
活血丹 1254
活血丹属 1254
火烧花 1194
火烧花属 1194
火筒树 825
火筒树属 825
火焰花属 1215
火焰兰 1441
火焰兰属 1441
火焰树 1198
火焰树属 1198
藿香 1249
藿香蓟 1067
藿香蓟属 1067
藿香属 1249

J

鸡蛋花 984
鸡蛋花属 983
鸡骨常山属 976
鸡脚参属 1260

鸡矢藤 1040
鸡矢藤属 1040
鸡眼藤 1032
鸡仔木 1050
鸡仔木属 1050
鸡爪簕 1009
鸡爪簕属 1009
积雪草 911
积雪草属 911
基及树 1127
基及树属 1127
蒺藜草 1471
蒺藜草属 1471
寄生藤 802
寄生藤属 802
寄树兰 1442
寄树兰属 1442
蓟 1079
蓟属 1079
鲫鱼胆 951
鲫鱼藤 1001
鲫鱼藤属 1001
加拿大一枝黄花 1102
嘉榄属 854
夹竹桃 982
夹竹桃科 974
夹竹桃属 982
荚蒾属 1063
假败酱 1244
假槟榔 1364
假槟榔属 1364
假糙苏 1260

假糙苏属 1260
假臭草 1099
假臭草属 1099
假淡竹叶 1471
假稻属 1483
假杜鹃 1203
假杜鹃属 1203
假桂乌口树 1053
假还阳参属 1081
假海芋 1335
假蒿 1088
假红芽大戟 1026
假俭草 1480
假九节 1045
假连翘 1238
假连翘属 1238
假马鞭 1244
假马鞭属 1244
假马齿苋 1161
假马齿苋属 1161
假茉莉 1235
假木荷 920
假通草 901
假卫矛属 786
假烟叶树 1140
假益智 1292
假紫珠 1245
假紫珠属 1245
尖瓣花 1123
尖瓣花科 1123
尖瓣花属 1123
尖苞柊叶 1306

尖萼茜树 1007
尖萼山黄皮 1007
尖槐藤 1000
尖槐藤属 1000
尖喙隔距兰 1399
尖囊蝴蝶兰 1436
尖囊兰 1436
尖山橙 981
尖尾芋 1335
尖叶菝葜 1329
尖叶酒饼簕 834
尖叶木 1058
尖叶木属 1058
尖叶清风藤 876
尖叶石仙桃 1440
尖叶眼树莲 994
菅 1498
菅属 1498
见血青 1424
剑麻 1360
剑叶耳草 1020
剑叶龙血树 1362
剑叶虾脊兰 1394
剑叶紫金牛 940
箭根薯 1381
江边刺葵 1375
江南越橘 924
姜花 1300
姜花属 1300
姜黄 1298
姜黄属 1297
姜科 1290

姜属 1302
浆果楝 857
浆果楝属 857
浆果薹草 1449
降真香 834
茭白 1500
角萼唇柱苣苔 1180
角萼汉克苣苔 1180
角花胡颓子 817
角花乌蔹莓 820
角盘兰属 1423
角叶鞘柄木 893
接骨草 1062
接骨木属 1062
节节草 1274
结缕草属 1501
金苞花 1213
金苞花属 1213
金边吊兰 1316
金边虎尾兰 1363
金疮小草 1250
金发草属 1491
金果椰属 1371
金鸡菊 1079
金鸡菊属 1079
金剑草 1046
金毛耳草 1020
金钮扣 1065
金钮扣属 1065
金钱豹 1120
金钱豹属 1120
金钱蒲 1334

金色狗尾草 1495
金丝草 1491
金线兰 1386
金须茅属 1472
金腰箭 1105
金腰箭属 1105
金叶假连翘 1238
金叶子 920
金叶子属 919
金鱼草 1160
金鱼草属 1160
金钟藤 1155
金珠柳 951
筋骨草属 1250
筋藤 977
锦屏藤 824
锦绣杜鹃 922
茎花来江藤 1161
茎花山柚 796
茎花崖爬藤 827
靖西海菜花 1268
九节 1044
九节属 1044
九里香 842
九里香属 842
九头狮子草 1214
韭莲 1353
酒饼簕 835
酒饼簕属 834
桔梗 1121
桔梗科 1120
桔梗属 1121

菊花..........................1078
菊科..........................1065
菊芹属.......................1086
菊三七属....................1092
菊属..........................1078
咀签属.......................807
蒟蒻薯.......................1381
蒟蒻薯科....................1381
蒟蒻薯属....................1381
锯叶合耳菊.................1105
聚花草.......................1275
聚花草属....................1275
聚花过路黄.................1115
聚石斛.......................1412
绢冠茜.......................1043
绢冠茜属....................1043
蕨状薹草....................1451
爵床..........................1210
爵床科.......................1201
爵床属.......................1207

K

咖啡属.......................1013
咖啡素馨....................968
喀西茄.......................1138
卡开芦.......................1491
开唇兰属....................1386
开口箭.......................1315
开口箭属....................1315
可爱花.......................1205
可爱花属....................1205
孔雀稗.......................1477
苦苣菜.......................1103

苦苣菜属....................1103
苦苣苔科....................1177
苦郎树.......................1235
苦郎藤.......................822
苦木..........................852
苦木科.......................851
苦树..........................852
苦树属.......................852
苦玄参.......................1169
苦玄参属....................1169
苦蘵..........................1138
块根紫金牛.................944
宽叶厚唇兰.................1416
宽叶十万错.................1202
宽叶沿阶草.................1322
筐条菝葜....................1330
阔苞菊.......................1098
阔苞菊属....................1098
阔蕊兰属....................1434
阔托叶耳草.................1023
阔叶丰花草.................1050
阔叶萝芙木.................985
阔叶沼兰....................1415

L

拉拉藤属....................1017
喇叭花.......................1152
蜡烛果.......................936
蜡烛果属....................936
来江藤.......................1162
来江藤属....................1161
兰草..........................1089
兰花蕉科....................1289

兰花蕉属....................1289
兰科..........................1384
兰属..........................1404
兰香草.......................1232
蓝耳草属....................1274
蓝果树.......................898
蓝果树科....................897
蓝果树属....................898
蓝花草.......................1216
蓝花楹.......................1192
蓝花楹属....................1192
蓝猪耳.......................1173
澜沧梨藤竹.................1467
狼杷草.......................1073
狼尾草.......................1489
狼尾草属....................1489
老鼠芳.......................1497
老鼠簕.......................1201
老鼠簕属....................1201
簕欓花椒....................848
簕茜..........................1009
簕竹..........................1464
簕竹属.......................1464
肋果慈姑属.................1269
类芦..........................1486
类芦属.......................1486
狸藻科.......................1176
狸藻属.......................1176
离瓣寄生....................798
离瓣寄生属.................798
梨藤竹属....................1467
犁头尖.......................1347

犁头尖属 1347
黎檬 836
篱栏网 1155
李氏禾 1483
李树刚柿 926
鳢肠 1084
鳢肠属 1084
丽叶沿阶草 1322
利黄藤 882
荔枝 867
荔枝草 1265
荔枝属 867
栗鳞贝母兰 1401
帘子藤 984
帘子藤属 984
莲座紫金牛 943
镰翅羊耳蒜 1423
镰萼虾脊兰 1395
恋岩花属 1218
链珠藤 978
链珠藤属 977
楝 859
楝科 855
楝属 859
楝叶吴萸 845
两耳草 1489
两广马蓝 1223
两广石山棕 1372
两面针 849
两色三七草 1092
亮叶械 872
谅山鹅掌柴 908

列当科 1175
裂果金花 1048
裂果金花属 1048
裂果薯 1381
裂果薯属 1381
裂舌姜 1302
鬣刺 1497
鬣刺属 1497
林泽兰 1090
临时救 1115
鳞花草 1211
鳞花草属 1211
灵山醉魂藤 997
灵枝草 1216
菱唇蛤兰 1402
菱唇毛兰 1402
零余薯 1357
岭罗麦 1055
岭罗麦属 1055
岭南来江藤 1162
岭南柿 929
岭南酸枣 884
留兰香 1258
流苏贝母兰 1400
流苏石斛 1410
流苏树属 967
流苏子 1014
流苏子属 1014
流星谷精草 1283
琉璃草属 1128
瘤果槲寄生 801
瘤皮孔酸藤子 948

瘤枝微花藤 791
柳叶白前 993
柳叶箬 1482
柳叶箬属 1482
六耳铃 1076
六月雪 1049
龙船花 1025
龙船花属 1025
龙胆科 1112
龙葵 1143
龙荔 865
龙舌兰科 1360
龙舌兰属 1360
龙血树属 1361
龙眼 865
龙眼属 865
龙爪茅 1475
龙爪茅属 1475
龙州恋岩花 1219
龙州水锦树 1059
漏斗苣苔属 1190
芦荟 1309
芦荟属 1309
芦莉草 1216
芦莉草属 1216
芦苇 1490
芦苇属 1490
芦竹 1469
芦竹属 1469
陆生珍珠茅 1463
路边菊 1070
露兜草 1379

露兜簕...................1379
露兜树...................1379
露兜树科...................1379
露兜树属...................1379
李花菊属...................1110
栾树属...................866
卵叶蓬莱葛...................965
卵叶野丁香...................1030
乱草...................1479
轮钟草属...................1121
轮钟花...................1121
罗浮粗叶木...................1028
罗浮槭...................871
罗浮柿...................927
罗河石斛...................1413
罗勒...................1259
罗勒属...................1259
罗伞...................901
罗伞属...................901
罗伞树...................944
罗氏蝴蝶兰...................1437
罗星草...................1112
萝芙木...................986
萝芙木属...................985
萝藦科...................991
螺序草属...................1051
裸花紫珠...................1231
裸实属...................785
裸柱草属...................1206
裸柱菊...................1103
裸柱菊属...................1103
络石...................988

络石属...................988
旅人蕉...................1288
旅人蕉科...................1288
旅人蕉属...................1288
绿苞爵床...................1208
绿花带唇兰...................1444
绿萝...................1339
绿叶地锦...................826
绿樟...................875

M

麻栗坡兜兰...................1432
麻楝...................857
麻楝属...................857
马鞍藤...................1153
马鞭草...................1245
马鞭草科...................1226
马鞭草属...................1245
马刺花属...................1262
马甲子...................809
马甲子属...................808
马兰...................1070
马蓝属...................1220
马利筋...................991
马利筋属...................991
马莲鞍...................1002
马莲鞍属...................1002
马铃苣苔属...................1183
马铃薯...................1145
马钱科...................962
马钱属...................966
马蹄参...................903
马蹄参属...................903

马蹄金...................1149
马蹄金属...................1149
马蹄犁头尖...................1347
马尾树...................890
马尾树科...................890
马尾树属...................890
马缨丹...................1240
马缨丹属...................1240
曼陀罗...................1135
曼陀罗属...................1134
蔓胡颓子...................817
蔓荆...................1248
蔓九节...................1045
蔓马缨丹...................1240
芒...................1485
芒属...................1485
杧果...................881
杧果属...................881
猫乳属...................809
猫尾木属...................1193
毛八角枫...................896
毛扁蒴藤...................788
毛唇芋兰...................1426
毛地黄...................1163
毛地黄属...................1163
毛钩藤...................1056
毛狗骨柴...................1015
毛果珍珠茅...................1462
毛过山龙...................1346
毛狐臭柴...................1243
毛花轴榈...................1373
毛咀签...................807

毛兰属......................1417
毛螺序草..................1053
毛脉崖爬藤..............830
毛曼陀罗..................1134
毛葡萄......................832
毛牵牛......................1151
毛茄..........................1141
毛球兰......................1000
毛麝香......................1159
毛麝香属..................1159
毛穗杜茎山..............950
毛莛玉凤花..............1421
毛乌敛莓..................821
毛叶黄杞..................888
毛叶猫尾木..............1194
毛叶铁榄..................934
毛叶芋兰..................1427
美登木属..................785
美花石斛..................1412
美人蕉......................1305
美人蕉科..................1304
美人蕉属..................1304
美叶菜豆树..............1196
勐海隔距兰..............1398
米草属......................1496
米仔兰......................855
米仔兰属..................855
密苞马蓝..................1221
密齿酸藤子..............949
密花胡颓子..............816
密花美登木..............785
密花石豆兰..............1391

密花树......................953
密脉木......................1037
密脉木属..................1037
密蒙花......................963
蜜楝吴萸..................846
蜜茱萸属..................840
绵毛葡萄..................832
敏果..........................932
膜萼茄......................1140
蘑芋属......................1336
茉莉花......................971
陌上菜......................1167
墨兰..........................1408
墨苜蓿......................1046
墨苜蓿属..................1046
母草..........................1166
母草属......................1165
牡蒿..........................1069
牡荆..........................1247
牡荆属......................1246
木蝴蝶......................1195
木蝴蝶属..................1195
木蜡树......................885
木曼陀罗属..............1132
木犀..........................973
木犀假卫矛..............786
木犀科......................967
木犀榄属..................973
木犀属......................973
木紫珠......................1226
牧根草属..................1120

N

南边杜鹃..................922
南丹参......................1264
南方荚蒾..................1063
南方紫金牛..............945
南贡隔距兰..............1398
南华杜鹃..................923
南岭山矾..................960
南美蟛蜞菊..............1104
南山花属..................1043
南山藤......................995
南山藤属..................995
南蛇藤属..................781
南酸枣......................879
南酸枣属..................879
南茼蒿......................1091
南烛..........................924
楠藤..........................1034
尼泊尔鼠李..............811
泥胡菜......................1095
泥胡菜属..................1095
泥花草......................1166
拟鼠麴草..................1099
拟鼠麴草属..............1099
拟万代兰..................1445
拟万代兰属..............1445
拟线柱兰..................1446
拟线柱兰属..............1446
拟砚壳花椒..............849
茑萝..........................1154
茑萝松......................1154
宁明唇柱苣苔..........1188

柠檬 836
柠檬草 1473
柠檬清风藤 876
牛白藤 1022
牛齿兰 1387
牛齿兰属 1387
牛科吴萸 846
牛轭草 1276
牛角瓜 991
牛角瓜属 991
牛筋草 1477
牛茄子 1139
牛乳树 932
牛栓藤科 886
牛栓藤属 886
牛尾菜 1332
牛眼马钱 966
扭肚藤 968
纽子果 946
浓子茉莉 1009
弄岗唇柱苣苔 1187
弄岗石山苣苔 1186
弄岗越南茜 1048
弄岗蜘蛛抱蛋 1313
女贞 972
女贞属 971

P

爬树龙 1345
泡花树属 874
炮仗花 1196
炮仗花属 1196
佩兰 1089

盆距兰属 1419
蓬莱葛 964
蓬莱葛属 964
蟛蜞菊属 1104
披针叶乌口树 1054
枇杷叶紫珠 1229
飘拂草属 1456
平卧菊三七 1093
平卧曲唇兰 1429
平叶酸藤子 949
坡柳 866
婆婆纳属 1173
破布木 1127
破布木属 1127
破铜钱 915
铺地黍 1488
匍匐九节 1045
葡萄 833
葡萄科 818
葡萄属 830
蒲儿根 1101
蒲儿根属 1101
蒲公英 1106
蒲公英属 1106
蒲葵 1373
蒲葵属 1373

Q

七叶薯蓣 1358
七叶树科 870
七叶树属 870
七叶一枝花 1325
七爪龙 1152

桤叶树科 918
桤叶树属 918
漆树科 879
漆树属 885
奇柱苣苔属 1178
畦畔莎草 1453
麒麟尾 1340
麒麟叶 1340
麒麟叶属 1339
气球果 996
槭属 871
槭树科 871
千里光 1100
千里光属 1100
千里香 843
千年健 1340
千年健属 1340
千头艾纳香 1075
牵牛 1152
签草 1450
钳唇兰 1418
钳唇兰属 1418
茜草科 1005
茜草属 1046
茜树 1007
茜树属 1006
乔木茵芋 844
巧花兜兰 1431
鞘柄木属 893
鞘花 798
鞘花属 798
鞘蕊花属 1252

茄 1142
茄科............................ 1132
茄属............................ 1138
茄叶斑鸠菊 1109
窃衣 917
窃衣属 917
芹菜 911
芹属 911
琴唇万代兰 1444
琴叶爵床 1210
青江藤............................ 782
青皮木属 794
青藤仔............................ 970
青天葵 1426
青榨槭 871
清风藤科 874
清风藤属 876
清香木 883
清香藤 969
邱北冬蕙兰 1407
秋英............................ 1080
秋英属............................ 1080
求米草属 1486
球果牧根草 1120
球花马蓝 1223
球兰属 998
球穗扁莎 1460
球子草属 1323
曲唇兰 1430
曲唇兰属 1429
曲梗崖摩 856
曲枝假蓝 1222
曲枝马蓝 1222

苣荬菜 1104
全缘叶紫珠 1228
雀稗属 1489
雀梅藤 813
雀梅藤属 811

R

髯毛八角枫 894
人参娃儿藤 1003
人面子 879
人面子属 879
人心果 931
忍冬科 1061
忍冬属 1061
日本粗叶木 1029
日本蛇根草 1039
日本薯蓣 1359
茸果鹧鸪花 858
柔毛艾纳香 1074
柔弱斑种草 1126
肉实树............................ 935
肉实树科 935
肉实树属 935
肉叶鞘蕊花 1252
乳茄............................ 1142
软叶刺葵 1375
软枝黄蝉 975
蕊木............................ 980
蕊木属 980
锐尖山香圆 878

S

三翅藤属 1157
三对节 1236

三俭草 1461
三角椰子 1371
三脉球兰 999
三脉叶荚蒾 1064
三脉紫菀 1071
三台花 1237
三头水蜈蚣 1459
三峡槭 873
三桠苦 840
三药槟榔 1364
三叶天南星 1338
三叶香草 1117
三叶崖爬藤 827
三褶虾脊兰 1396
伞房刺子莞 1461
伞房花耳草 1021
伞形科 910
伞序臭黄荆 1243
伞柱蜘蛛抱蛋 1312
散穗弓果黍 1475
散尾葵 1371
桑寄生............................ 799
桑寄生科 797
色萼花 1204
色萼花属 1204
沙丘草 1499
沙针............................ 802
沙针属 802
砂仁............................ 1295
莎草科 1449
莎草属 1452
莎叶兰 1404

山槟榔 1375
山槟榔属 1375
山橙 981
山橙属 981
山矾 961
山矾科 957
山矾属 957
山柑藤 795
山柑藤属 795
山菅 1317
山菅兰 1317
山菅属 1317
山姜 1291
山姜属 1290
山壳骨 1215
山壳骨属 1215
山榄科 930
山榄叶柿 929
山楝 856
山楝属 856
山柳科 918
山柳属 918
山麦冬 1320
山麦冬属 1320
山牡荆 1247
山蟛蜞菊 1110
山漆树 885
山牵牛 1225
山牵牛属 1224
山檨叶泡花树 875
山石榴 1011
山石榴属 1011
山香属 1255
山香圆 878
山香圆属 878
山小橘属 839
山血丹 942
山油柑 834
山油柑属 834
山柚子科 795
山茱萸科 891
山茱萸属 892
山猪菜 1156
珊瑚树 1064
珊瑚樱 1144
上思厚壳树 1130
上思蓝果树 898
少花龙葵 1139
少花山小橘 839
少花万寿竹 1319
舌喙兰属 1422
蛇床 912
蛇床属 912
蛇根草属 1038
蛇菰 804
蛇菰科 804
蛇菰属 804
蛇葡萄 819
蛇葡萄属 818
蛇舌兰 1415
蛇舌兰属 1415
蛇头王 1102
射干 1354
射干属 1354
深裂沼兰 1403
参薯 1356
肾茶 1251
肾茶属 1251
肾叶天胡荽 916
省沽油科 877
省藤属 1366
胜红蓟 1067
狮子尾 1346
十棱山矾 960
十蕊槭 872
十万错属 1202
十字薹草 1450
石菖蒲 1334
石刁柏 1310
石豆兰属 1389
石豆毛兰 1396
石柑属 1343
石柑子 1343
石胡荽 1077
石胡荽属 1077
石斛 1413
石斛属 1408
石蓝 1207
石龙尾属 1163
石芒草 1469
石荠苎 1259
石荠苎属 1258
石山豆腐柴 1242
石山花椒 848
石山苣苔属 1186
石山柿 928

石山吴萸 845
石山细梗香草................ 1115
石山蜘蛛抱蛋 1314
石山棕 1372
石山棕属 1372
石生鸡脚参.................... 1260
石蒜 1352
石蒜科............................ 1350
石蒜属 1352
石仙桃 1438
石仙桃属 1438
石香薷 1258
莳萝 910
莳萝属............................. 910
柿 926
柿科................................. 925
柿属................................. 925
绥草 1443
绥草属 1443
梳帽卷瓣兰.................... 1390
疏刺茄 1143
疏花杜茎山.................... 950
疏花雀梅藤.................... 812
疏花 804
疏花石斛 1411
疏花铁青树.................... 794
黍属 1487
鼠妇草 1478
鼠李科............................. 805
鼠李属 810
鼠麹草 1099
鼠麹草属 1091

鼠尾草属 1264
鼠尾粟 1497
鼠尾粟属 1497
薯莨 1357
薯蓣科............................ 1356
薯蓣属 1356
束花石斛 1409
树斑鸠菊 1108
树参................................. 902
树参属............................. 902
树番茄属 1134
栓叶安息香.................... 956
双翅舞花姜.................... 1299
双蝴蝶属 1113
双色木番茄.................... 1134
水八角 1164
水鳖科 1268
水车前属 1268
水葱属 1461
水鬼蕉 1351
水鬼蕉属 1351
水禾 1481
水禾属 1481
水红木 1063
水壶藤属.......................... 989
水葫芦 1326
水茴草 1117
水茴草属 1117
水锦树 1059
水锦树属 1059
水苦荬 1174
水蜡烛属 1253

水毛花 1462
水茄................................ 1145
水芹................................. 916
水芹属............................. 916
水虱草 1456
水石梓............................. 935
水蓑衣 1206
水蓑衣属 1206
水塔花 1285
水塔花属 1285
水团花 1005
水团花属 1005
水蜈蚣属 1458
水玉簪科 1383
水玉簪属 1383
水蔗草 1468
水蔗草属 1468
水珍珠菜 1263
水竹叶 1277
水竹叶属 1276
水竹芋 1307
水竹芋属 1307
水烛 1349
丝葵 1378
丝葵属 1378
丝叶泽兰 1088
四瓣崖摩 855
四翅蒎藜 1331
四方麻 1174
四孔草 1275
四棱白粉藤...................... 824
四蕊三角瓣花................ 1043

四数九里香......................844
四叶萝芙木......................985
松叶耳草......................1022
素馨属......................967
酸浆属......................1138
酸模芒......................1471
酸模芒属......................1471
酸藤子......................946
酸藤子属......................946
酸叶胶藤......................989
蒜头果......................793
蒜头果属......................793
蒜香藤......................1193
蒜香藤属......................1193
算盘竹......................1467
碎米莎草......................1454
穗序鹅掌柴......................907
梭鱼草......................1327
梭鱼草属......................1327
梭子果属......................930

T

台湾粗叶木......................1028
台湾虎尾草......................1472
台湾栾树......................867
台湾毛楤木......................900
台湾山柚属......................796
台湾香荚兰......................1445
薹草属......................1449
坛花兰......................1385
坛花兰属......................1385
檀香......................803
檀香科......................802

檀香属......................803
糖胶树......................976
糖蜜草属......................1484
桃榄......................932
桃榄属......................932
桃叶珊瑚......................891
桃叶珊瑚属......................891
藤漆属......................882
天胡荽......................915
天胡荽属......................914
天芥菜属......................1131
天门冬......................1309
天门冬属......................1309
天名精......................1076
天名精属......................1076
天南星科......................1333
天南星属......................1337
天桃木......................881
田葱......................1382
田葱科......................1382
田葱属......................1382
田基黄......................1092
田基黄属......................1091
甜果藤......................792
条萼田草......................1112
条叶唇柱苣苔......................1188
铁包金......................806
铁草鞋......................999
铁兰......................1285
铁兰属......................1285
铁榄......................933
铁榄属......................933

铁皮石斛......................1414
铁青树科......................793
铁青树属......................794
铁线子......................931
铁线子属......................931
铁仔属......................952
通泉草......................1168
通泉草属......................1168
同色兜兰......................1430
茼蒿属......................1091
桐花树......................936
铜锤玉带草......................1124
铜钱树......................808
筒轴茅......................1492
筒轴茅属......................1492
头花银背藤......................1147
头序楤木......................899
凸脉球兰......................999
土茯苓......................1331
土甘草......................1170
土坛树......................896
土田七......................1302
土田七属......................1302
兔儿风属......................1067
兔耳兰......................1407
菟丝子......................1148
菟丝子属......................1148
团花......................1038
团花属......................1038

W

挖耳草......................1176
娃儿藤......................1003

娃儿藤属........................1003
歪盾蜘蛛抱蛋............1314
弯管花............................1012
弯管花属........................1012
弯蕊开口箭....................1316
万代兰属........................1444
万寿菊............................1106
万寿菊属........................1106
万寿竹............................1319
万寿竹属........................1319
王棕................................1377
网脉酸藤子......................949
网子度量草......................966
望谟崖摩........................855
微斑唇柱苣苔...............1187
微花藤............................791
微花藤属........................791
尾叶崖爬藤....................826
卫矛科............................781
卫矛属............................783
文山粗叶木................1029
文殊兰............................1350
文殊兰属........................1350
文竹................................1310
纹瓣兰............................1404
蕹菜................................1150
莴苣................................1096
莴苣属............................1095
乌材................................926
乌饭树............................924
乌口树属........................1053
乌榄................................854

乌蔹莓............................821
乌蔹莓属........................820
无柄五层龙....................789
无耳沼兰....................1415
无耳沼兰属................1415
无患子............................869
无患子科........................862
无患子属........................869
无茎盆距兰................1419
无毛漏斗苣苔............1190
无叶兰........................1386
无叶兰属....................1386
吴茱萸............................846
吴茱萸属........................845
蜈蚣草属....................1480
蜈蚣藤........................1344
五彩苏........................1262
五层龙............................789
五层龙属........................789
五加科............................899
五加属............................904
五节芒........................1485
五膜草科....................1122
五膜草属....................1122
五蕊寄生........................797
五蕊寄生属....................797
五色梅........................1240
五星花........................1042
五星花属....................1042
五月艾........................1069
五爪金龙....................1151
舞花姜........................1299

舞花姜属....................1299

X

西红柿.........................1136
西蒙长足兰................1441
西南齿唇兰................1428
西南猫尾木................1193
豨莶............................1100
豨莶属........................1100
膝柄木............................781
膝柄木属........................781
喜花草........................1205
喜林芋属....................1342
喜马拉雅珊瑚................891
喜树................................897
喜树属............................897
细齿锥花....................1254
细罗伞............................937
细叶巴戟天................1032
细叶黄皮........................837
细叶石斛....................1410
细叶水团花................1006
细叶亚婆潮................1019
细竹篙草....................1277
细子龙............................862
细子龙属........................862
细棕竹........................1376
虾脊兰属....................1393
狭瓣粉条儿菜............1308
狭叶链珠藤....................978
狭叶泡花树....................874
狭叶山姜....................1290
狭叶栀子....................1018

狭叶紫金牛 941
下田菊 1066
下田菊属 1066
夏枯草 1264
夏枯草属 1264
夏飘拂草 1456
仙笔鹤顶兰 1434
仙茅科 1380
仙茅属 1380
纤草 1383
纤齿罗伞 901
纤穗爵床 1212
纤穗爵床属 1212
纤细雀梅藤 811
咸虾花 1109
显齿蛇葡萄 819
显脉香茶菜 1255
显柱南蛇藤 783
线柱兰 1446
线柱兰属 1446
腺萼木属 1036
腺梗豨莶 1101
腺叶杜茎山 950
腺叶山矾 957
香彩雀 1160
香彩雀属 1160
香茶菜属 1255
香椿 861
香椿属 860
香附子 1455
香港大沙叶 1042
香港带唇兰 1443

香港毛兰 1418
香港双蝴蝶 1113
香港四照花 892
香根草 1472
香果树 1016
香果树属 1016
香花藤属 974
香荚兰属 1445
香蕉 1286
香科科属 1267
香榄 932
香榄属 932
香龙血树 1362
香茅属 1473
香楠 1006
香蒲 1349
香蒲科 1349
香蒲属 1349
香薷属 1253
香丝草 1087
蘘荷 1303
降龙草 1179
向日葵 1094
向日葵属 1094
象草 1490
肖菝葜属 1328
肖笼鸡 1220
小驳骨 1209
小杜若 1278
小果葡萄 830
小果微花藤 792
小花八角枫 895

小花阔蕊兰 1434
小花琉璃草 1128
小花山小橘 840
小花蜘蛛抱蛋 1313
小黄皮 838
小蜡 972
小粒咖啡 1013
小毛兰 1401
小蓬草 1088
小窃衣 917
小心叶薯 1153
小叶红叶藤 886
小叶栾树 863
小一点红 1085
小芸木 841
小芸木属 841
小紫金牛 938
斜脉粗叶木 1030
心叶爵床 1209
心叶紫金牛 943
心翼果 790
心翼果属 790
星毛鸭脚木 909
星宿菜 1116
杏香兔儿风 1067
绣球防风属 1257
锈鳞木犀榄 973
锈毛梭子果 930
锈色蛛毛苣苔 1184
须叶藤 1281
须叶藤科 1281
须叶藤属 1281

许树.....................1235
萱草.....................1320
萱草属.....................1320
玄参科.....................1159
旋花科.....................1147
穴果木.....................1010
穴果木属.....................1010
雪花属.....................1008
雪下红.....................945
血见愁.....................1267

Y

鸦胆子.....................851
鸦胆子属.....................851
鸭儿芹.....................913
鸭儿芹属.....................913
鸭舌草.....................1327
鸭跖草.....................1273
鸭跖草科.....................1272
鸭跖草属.....................1273
鸭嘴花.....................1207
崖角藤属.....................1345
崖爬藤.....................828
崖爬藤属.....................826
烟草.....................1137
烟草属.....................1137
延龄草科.....................1325
延叶珍珠菜.....................1116
岩黄树.....................1060
岩黄树属.....................1060
岩上珠.....................1013
岩上珠属.....................1013
岩生羊角棉.....................976

岩雪花.....................1008
沿阶草属.....................1321
盐肤木.....................883
盐麸木.....................883
盐麸木属.....................883
眼树莲.....................994
眼树莲属.....................994
眼子菜科.....................1271
眼子菜属.....................1271
艳芦莉.....................1217
艳山姜.....................1294
羊耳菊.....................1083
羊耳菊属.....................1083
羊耳蒜属.....................1423
羊角拗.....................986
羊角拗属.....................986
羊角藤.....................1033
洋芋.....................1145
椰子.....................1370
椰子属.....................1370
野慈姑.....................1270
野楤头.....................899
野地钟萼草.....................1164
野丁香属.....................1030
野甘草.....................1170
野甘草属.....................1170
野菰.....................1175
野菰属.....................1175
野古草属.....................1469
野蕉.....................1286
野菊.....................1078
野漆.....................885

野生紫苏.....................1262
野茼蒿.....................1081
野茼蒿属.....................1081
野莴苣.....................1095
野鸦椿.....................877
野鸦椿属.....................877
野芋.....................1338
夜香牛.....................1108
夜香树.....................1133
夜香树属.....................1133
一把伞南星.....................1337
一串红.....................1266
一点红.....................1086
一点红属.....................1085
一年蓬.....................1087
一枝黄花.....................1102
一枝黄花属.....................1102
异花草.....................1457
异裂苣苔属.....................1190
异木患属.....................862
异型莎草.....................1452
异叶地锦.....................825
异叶花椒.....................850
益母草.....................1256
益母草属.....................1256
益智.....................1294
薏苡.....................1473
薏苡属.....................1473
翼核果.....................814
翼核果属.....................814
翼茎白粉藤.....................823
翼叶山牵牛.....................1224

茵芋属 844
银背藤属.............................1147
银边山菅兰 1318
银带虾脊兰 1393
银胶菊 1097
银胶菊属 1097
银鹊树 877
银叶安息香 954
印度枣 815
萤蔺 1461
瘿椒树 877
瘿椒树属 877
映山红 923
硬骨凌霄 1199
硬骨凌霄属 1199
硬核 803
硬核属 803
硬毛白鹤藤 1147
硬叶兜兰 1433
硬枝老鸦嘴 1224
油点草 1324
油点草属 1324
油柿 927
疣柄魔芋 1336
荻属 1232
莠竹属 1484
柚 836
柚木 1244
柚木属 1244
鱼骨木 1010
鱼骨木属 1010
鱼黄草.................................1155

鱼黄草属.............................1155
鱼尾葵 1368
鱼尾葵属 1368
鱼眼草 1083
鱼眼草属 1083
俞藤 833
俞藤属 833
羽唇兰 1429
羽唇兰属 1429
羽芒菊 1107
羽芒菊属 1107
羽叶白头树 854
羽叶楸 1198
羽叶楸属 1198
羽状地黄连 860
雨久花科 1326
雨久花属 1327
玉凤花属 1421
玉米 1500
玉蜀黍 1500
玉蜀黍属 1500
玉叶金花 1035
玉叶金花属 1033
芋兰属 1426
芋属 1338
郁金 1297
鸢尾科 1354
鸢尾兰属 1427
鸳鸯茉莉 1133
鸳鸯茉莉属 1133
芫荽 912
芫荽属 912

圆瓣姜花 1301
圆唇苣苔 1178
圆唇苣苔属 1178
圆果化香树 888
圆叶菝葜 1329
圆叶狸藻 1176
圆叶母草 1167
圆叶牵牛 1154
圆叶挖耳草 1176
越橘科 924
越橘属 924
越南安息香 956
越南密脉木 1037
越南茜属 1048
越南山矾 958
越南万年青 1335
越南珍珠茅 1463
越南竹属 1466
云桂鸡矢藤........................1040
云南黄杞 887
云南鸡矢藤 1041
云南牛栓藤 886
云南石仙桃 1440
芸香科.................................834
芸香竹 1466

Z

再力花 1307
枣属 815
泽兰属 1088
泽泻科.................................1269
泽泻属 1269
泽泻虾脊兰 1393

泽珍珠菜 1114
窄叶马铃苣苔 1183
展枝玉叶金花 1033
樟叶泡花树 875
掌叶山猪菜 1156
掌叶鱼黄草 1156
杖藤 1367
沼兰属 1403
鹧鸪草 1480
鹧鸪草属 1480
鹧鸪花 858
鹧鸪花属 858
针齿铁仔 953
珍珠菜属 1114
珍珠花 921
珍珠花属 921
珍珠茅 1462
珍珠茅属 1462
芝麻 1200
枝花李榄 967
枝花流苏树 967
知风草 1478
栀子 1017
栀子属 1017
蜘蛛抱蛋属 1311
直立山牵牛 1224
直序五膜草 1122
指甲兰属 1385
枳椇 808
枳椇属 808
中国苦树 852
中华安息香 955

中华叉柱兰 1397
中华石龙尾 1163
中粒咖啡 1014
中越报春苣苔 1189
中越杜茎山 950
中越鹤顶兰 1436
柊叶 1307
柊叶属 1306
钟萼草 1165
钟萼草属 1164
钟花草 1204
钟花草属 1204
钟兰 1396
钟兰属 1396
肿柄菊 1107
肿柄菊属 1107
轴榈属 1373
绢面草 1257
皱叶沟瓣 784
皱叶狗尾草 1494
皱叶雀梅藤 813
帚灯草科 1448
朱唇 1265
朱顶红 1351
朱顶红属 1351
朱蕉 1361
朱蕉属 1361
朱砂根 939
珠仔树 961
猪肚木 1011
猪殃殃 1017
蛛毛苣苔 1185

蛛毛苣苔属 1184
蛛丝毛蓝耳草 1274
竹根七属 1318
竹节菜 1274
竹亚科 1464
竹叶草 1486
竹叶花椒 847
竹叶兰 1387
竹叶兰属 1387
竹叶眼子菜 1271
竹芋科 1306
竹蔗 1493
砖子苗 1452
状元红 1235
锥花属 1254
锥序蛛毛苣苔 1185
梓属 1191
紫瓣石斛 1414
紫背金盘 1250
紫背万年青 1280
紫草科 1126
紫蝉花 974
紫花凤梨 1285
紫花鹤顶兰 1435
紫花马铃苣苔 1183
紫花前胡 910
紫花香薷 1253
紫花羊耳蒜 1425
紫金牛 942
紫金牛科 936
紫金牛属 937
紫茎泽兰 1066
紫茎泽兰属 1066

紫荆木.............................930
紫荆木属.........................930
紫露草属 1279
紫苏................................1261
紫苏属............................1261
紫菀属............................1070
紫葳科 1191
紫纹兜兰 1433
紫心牵牛 1153

紫珠属.............................1226
紫竹梅 1279
棕榈 1377
棕榈科 1364
棕榈属 1377
棕叶狗尾草 1494
棕竹属 1376
棕叶芦 1499
棕叶芦属 1499

走马胎.............................941
菹草...............................1271
足茎毛兰 1417
钻形紫菀 1071
钻叶紫菀 1071
醉魂藤属 997
醉鱼草.............................963
醉鱼草属.........................962

学名索引
Index to Scientific Names

A

Acampe 1384

Acampe rigida 1384

ACANTHACEAE.. 1201

Acanthephippium sylhetense 1385

Acanthopanax trifoliatus............................... 904

Acanthus 1201

Acanthus ilicifolius 1201

Acer.. 871

Acer davidii 871

Acer decandrum 872

Acer fabri 871

Acer laurinum 872

Acer lucidum... 872

Acer tonkinense 873

Acer wilsonii 873

Acer wilsonii var. *longicaudatum* 873

ACERACEAE.. 871

Acmella.. 1065

Acmella paniculata.. 1065

Acorus 1333

Acorus calamus 1333

Acorus gramineus 1334

Acorus tatarinowii 1334

Acronychia.. 834

Acronychia pedunculata 834

Adenosma 1159

Adenosma glutinosum 1159

Adenostemma 1066

Adenostemma lavenia 1066

Adina 1005

Adina pilulifera 1005

Adina rubella... 1006

Aegiceras... 936

Aegiceras corniculatum 936

Aeginetia 1175

Aeginetia indica 1175

Aerides 1385

Aerides difformis 1429

Aerides rosea 1385

Aesculus 870

Aesculus assamica 870

Aganosma 974

Aganosma siamensis 974

Agastache 1249

Agastache rugosa 1249

AGAVACEAE... 1360

Agave 1360

Agave sisalana 1360

Ageratina... 1066

Ageratina adenophora 1066

Ageratum... 1067

Ageratum conyzoides....................................... 1067

Aglaia 855

Aglaia dasyclada... 856

Aglaia lawii 855

Aglaia odorata 855

Aglaia odorata var. *microphyllina* 855

Aglaia spectabilis 856
Aglaonema 1334
Aglaonema modestum 1334
Aglaonema simplex 1335
Aglaonema tenuipes 1335
Aidia 1006
Aidia canthioides 1006
Aidia cochinchinensis 1007
Aidia oxyodonta 1007
Aidia pycnantha 1008
Ainsliaea 1067
Ainsliaea fragrans 1067
Ainsliaea walkeri 1068
Ajuga 1250
Ajuga decumbens 1250
Ajuga nipponensis 1250
ALANGIACEAE 894
Alangium 894
Alangium barbatum 894
Alangium chinense 895
Alangium faberi 895
Alangium kurzii 896
Alangium salviifolium 896
Aletris 1308
Aletris stenoloba 1308
Alisma 1269
Alisma orientale 1269
ALISMATACEAE 1269
Allamanda 974
Allamanda blanchetii 974
Allamanda cathartica 975
Allamanda schottii 975
Allemanda neriifolia 975
Allophylus 862
Allophylus caudatus 862
Alocasia 1335
Alocasia cucullata 1335
Alocasia odora 1336

Aloe 1309
Aloe vera 1309
Aloe vera var. *chinensis* 1309
Alpinia 1290
Alpinia galanga 1290
Alpinia graminifolia 1290
Alpinia hainanensis 1291
Alpinia henryi 1291
Alpinia japonica 1291
Alpinia katsumadai 1291
Alpinia kwangsiensis 1292
Alpinia maclurei 1292
Alpinia oblongifolia 1293
Alpinia officinarum 1293
Alpinia oxyphylla 1294
Alpinia suishaensis 1293
Alpinia zerumbet 1294
Alpinia zerumbet 'Variegata' 1295
Alstonia 976
Alstonia rupestris 976
Alstonia scholaris 976
Alyxia 977
Alyxia euonymifolia 977
Alyxia hainanensis 977
Alyxia levinei 977
Alyxia odorata 977
Alyxia schlechteri 978
Alyxia sinensis 978
AMARYLLIDACEAE 1350
Amesiodendron 862
Amesiodendron chinense 862
Amesiodendron integrifoliolatum 862
Amesiodendron tienlinense 862
Amischotolype 1272
Amischotolype hispida................................... 1272
Amomum 1295
Amomum villosum 1295
Amoora tetrapetala 855

Amoora yunnanensis 855
Amorphophallus 1336
Amorphophallus paeoniifolius 1336
Amorphophallus virosus 1336
Ampelopsis 818
Ampelopsis cantoniensis 818
Ampelopsis glandulosa 819
Ampelopsis grossedentata 819
Ampelopsis heterophylla var. hancei 820
ANACARDIACEAE 879
Ananas... 1284
Ananas comosus... 1284
Andrographis 1202
Andrographis paniculata 1202
Anethum... 910
Anethum graveolens 910
Angelica 910
Angelica decursiva 910
Angelonia 1160
Angelonia angustifolia 1160
Aniseia biflora 1151
Anisomeles... 1251
Anisomeles indica 1251
Anoectochilus 1386
Anoectochilus elwesii 1428
Anoectochilus roxburghii................................. 1386
Anthurium.. 1337
Anthurium andraeanum 1337
Antirrhinum... 1160
Antirrhinum majus 1160
Aphanamixis 856
Aphanamixis grandifolia................................ 856
Aphanamixis polystachya 856
Aphanamixis sinensis 856
Aphyllorchis... 1386
Aphyllorchis montana....................................... 1386
Apium 911
Apium graveolens 911

Apluda.. 1468
Apluda mutica... 1468
APOCYNACEAE.. 974
Appendicula 1387
Appendicula cornuta 1387
ARACEAE... 1333
Aralia.. 899
Aralia armata.. 899
Aralia chinensis 899
Aralia dasyphylla 899
Aralia dasyphylloides..................................... 899
Aralia decaisneana 900
Aralia spinifolia 900
ARALIACEAE... 899
Archontophoenix... 1364
Archontophoenix alexandrae 1364
Ardisia.. 937
Ardisia affinis... 937
Ardisia brunnescens 938
Ardisia chinensis.. 938
Ardisia crenata 939
Ardisia crispa 939
Ardisia elliptica.. 940
Ardisia ensifolia 940
Ardisia filiformis.. 941
Ardisia gigantifolia 941
Ardisia hanceana 942
Ardisia japonica 942
Ardisia linangensis... 939
Ardisia lindleyana 942
Ardisia maclurei... 943
Ardisia mamillata 943
Ardisia primulifolia.. 943
Ardisia pseudocrispa.. 944
Ardisia punctata 942
Ardisia quinquegona 944
Ardisia quinquegona var. *hainanensis* 944
Ardisia quinquegona var. *oblonga* 944

Ardisia thyrsiflora 945

Ardisia villosa 945

Ardisia villosa var. *ambovestita* 945

Ardisia virens 946

Areca 1364

Areca triandra 1364

ARECACEAE 1364

Arenga 1365

Arenga westerhoutii 1365

Argostemma 1008

Argostemma saxatile 1008

Argyreia 1147

Argyreia acuta 1147

Argyreia capitata 1147

Argyreia capitiformis 1147

Argyreia pierreana 1148

Arisaema 1337

Arisaema erubescens 1337

Arisaema penicillatum 1338

Artemisia 1068

Artemisia annua 1068

Artemisia dubia var. *acuminata* 1069

Artemisia indica 1069

Artemisia japonica 1069

Artemisia lactiflora 1070

Arundina 1387

Arundina graminifolia 1387

Arundinella 1469

Arundinella nepalensis 1469

Arundo 1469

Arundo donax 1469

Arundo donax var. versiocolor 1470

Arytera 863

Arytera littoralis 863

ASCLEPIADACEAE 991

Asclepias 991

Asclepias curassavica 991

Asparagus 1309

Asparagus cochinchinensis 1309

Asparagus officinalis 1310

Asparagus setaceus 1310

Aspidistra 1311

Aspidistra arnautovii var. angustifolia 1311

Aspidistra crassifila 1311

Aspidistra dolichanthera 1312

Aspidistra fungilliformis 1312

Aspidistra longgangensis 1313

Aspidistra minutiflora 1313

Aspidistra obliquipeltata 1314

Aspidistra saxicola 1314

Aspidistra subrotata 1315

Aster 1070

Aster ageratoides 1071

Aster indicus 1070

Aster subulatus 1071

Aster trinervius subsp. ageratoides 1071

ASTERACEAE 1065

Asyneuma 1120

Asyneuma chinense 1120

Asystasia 1202

Asystasia gangetica 1202

Asystasia neesiana 1203

Asystasiella 1203

Asystasiella neesiana 1203

Atalantia 834

Atalantia acuminata 834

Atalantia buxifolia 835

Atalantia kwangtungensis 835

Aucuba 891

Aucuba chinensis 891

Aucuba himalaica 891

Avicennia 1226

Avicennia marina 1226

Axonopus 1470

Axonopus compressus 1470

B

Baccharis indica 1098

Bacopa 1161

Bacopa monnieri 1161

Balanophora 804

Balanophora harlandii 804

Balanophora laxiflora 804

BALANOPHORACEAE 804

Bambusa 1464

Bambusa blumeana 1464

Bambusa chungii 1465

Bambusa ventricosa 1465

Bambusa vulgaris 1466

BAMBUSOIDEAE 1464

Barleria 1203

Barleria cristata 1203

Beccarinda 1177

Beccarinda sinensis 1177

Beccarinda tonkinensis 1177

Belamcanda 1354

Belamcanda chinensis 1354

Bellis 1072

Bellis perennis 1072

Benkara 1009

Benkara scandens 1009

Benkara sinensis 1009

Berchemia 805

Berchemia floribunda 805

Berchemia kulingensis 805

Berchemia lineata 806

Berchemia polyphylla 806

Berchemia polyphylla var. leioclada 807

Bhesa 781

Bhesa robusta 781

Bidens 1072

Bidens alba 1072

Bidens pilosa 1072

Bidens pilosa var. *radiata* 1072

Bidens tripartita 1073

BIGNONIACEAE 1191

Billbergia 1285

Billbergia pyramidalis 1285

Bismarckia 1365

Bismarckia nobilis 1365

Blainvillea 1073

Blainvillea acmella 1073

Bletilla 1388

Bletilla ochracea 1388

Bletilla striata 1388

Blumea 1074

Blumea axillaris 1074

Blumea balsamifera 1074

Blumea laciniata 1076

Blumea lanceolaria 1075

Blumea megacephala 1075

Blumea mollis 1074

Blumea sinuata 1076

Boea swinhoei 1185

Bonia 1466

Bonia amplexicaulis 1466

Boniodendron 863

Boniodendron minus 863

BORAGINACEAE 1126

Borreria hispida 1051

Borreria latifolia 1050

Bothriospermum 1126

Bothriospermum tenellum 1126

Bothriospermum zeylanicum 1126

Bothrocaryum controversum 892

Brachycorythis 1389

Brachycorythis galeandra 1389

Brandisia 1161

Brandisia cauliflora 1161

Brandisia hancei 1162
Brandisia swinglei 1162
Brassaiopsis 901
Brassaiopsis acuminata 901
Brassaiopsis ciliata 901
Brassaiopsis glomerulata 901
Brassaiopsis glomerulata var. *longipedicellata* 901
BROMELIACEAE 1284
Brucea 851
Brucea javanica 851
Brugmansia 1132
Brugmansia aurea 1132
Brunfelsia 1133
Brunfelsia brasiliensis 1133
Buddleja 962
Buddleja asiatica 962
Buddleja lindleyana 963
Buddleja officinalis 963
Bulbophyllum 1389
Bulbophyllum ambrosia 1389
Bulbophyllum andersonii 1390
Bulbophyllum kwangtungense 1390
Bulbophyllum levinei 1391
Bulbophyllum odoratissimum 1391
Bulbophyllum pecten-veneris 1392
Bulbophyllum violaceolabellum 1392
Burmannia 1383
Burmannia itoana 1383
BURMANNIACEAE 1383
BURSERACEAE 853
Butia 1366
Butia capitata 1366

C

Cacalia bicolor 1092
Caelospermum 1010
Caelospermum truncatum 1010
Calamus 1366

Calamus austroguangxiensis 1366
Calamus rhabdocladus 1367
Calamus tetradactylus 1367
Calanthe 1393
Calanthe alismatifolia 1393
Calanthe argenteostriata 1393
Calanthe davidii 1394
Calanthe formosana 1395
Calanthe graciliflora 1394
Calanthe gracilis 1397
Calanthe puberula 1395
Calanthe speciosa 1395
Calanthe triplicata 1396
Callicarpa 1226
Callicarpa arborea 1226
Callicarpa brevipes 1227
Callicarpa dichotoma 1227
Callicarpa formosana 1228
Callicarpa integerrima 1228
Callicarpa kochiana 1229
Callicarpa longifolia var. floccosa 1229
Callicarpa longipes 1230
Callicarpa macrophylla 1230
Callicarpa nudiflora 1231
Callicarpa pedunculata 1228
Callicarpa rubella 1231
Calotropis 991
Calotropis gigantea 991
Calotropis procera 992
CAMPANULACEAE 1120
Campanulorchis 1396
Campanulorchis thao 1396
Campanumoea 1120
Campanumoea javanica 1120
Campanumoea lancifolia 1121
Camptotheca 897
Camptotheca acuminata 897

Campylandra 1315
Campylandra chinensis 1315
Campylandra wattii 1316
Canarium 853
Canarium album 853
Canarium pimela 854
Canna 1304
Canna × generalis 1304
Canna indica 1305
Canna indica var. flava 1305
CANNACEAE 1304
Canscora 1112
Canscora andrographioides 1112
Canscora lucidissima 1113
Canscora melastomacea 1112
Cansjera 795
Cansjera rheedei 795
Canthium 1010
Canthium dicoccum 1010
Canthium horridum 1011
CAPRIFOLIACEAE 1061
Cardiopteris 790
Cardiopteris quinqueloba 790
Cardiospermum 864
Cardiospermum halicacabum 864
Carex 1449
Carex baccans 1449
Carex cruciata 1450
Carex doniana 1450
Carex filicina 1451
Carex scaposa 1451
Carmona 1127
Carmona microphylla 1127
Carpesium 1076
Carpesium abrotanoides 1076
Carpesium thunbergianum 1076
Caryopteris 1232

Caryopteris incana 1232
Caryota 1368
Caryota maxima 1368
Caryota mitis 1368
Caryota monostachya 1369
Caryota obtusa 1369
Caryota ochlandra 1368
Caryota urens 1369
Catalpa 1191
Catalpa fargesii 1191
Catharanthus 979
Catharanthus roseus 979
Catharanthus roseus 'Albus' 979
Catharanthus roseus var. albus 979
Catunaregam 1011
Catunaregam spinosa 1011
Caulokaempferia coenobialis 1301
Cayratia 820
Cayratia corniculata 820
Cayratia japonica 821
Cayratia japonica var. mollis 821
Cayratia mollis 821
Cayratia papillata 829
CELASTRACEAE 781
Celastrus 781
Celastrus aculeatus 781
Celastrus hindsii 782
Celastrus monospermus 782
Celastrus stylosus 783
Cenchrus 1471
Cenchrus echinatus 1471
Centella 911
Centella asiatica 911
Centipeda 1077
Centipeda minima 1077
Centotheca 1471
Centotheca lappacea 1471

Cephalantheropsis 1397
Cephalantheropsis gracilis 1397
Cephalantheropsis obcordata 1397
Cephalanthus.. 1012
Cephalanthus tetrandrus................................ 1012
Cerbera 980
Cerbera manghas.. 980
Ceropegia 992
Ceropegia trichantha 992
Cestrum 1133
Cestrum nocturnum.. 1133
Champereia 796
Champereia manillana var. longistaminea 796
Chassalia 1012
Chassalia curviflora.. 1012
Chaydaia rubrinervis 809
Cheirostylis 1397
Cheirostylis chinensis 1397
Chionanthus 967
Chionanthus ramiflorus.................................. 967
Chirita anachoreta 1180
Chirita ceratoscyphus 1180
Chirita cicatricosa 1178
Chirita corniculata....................................... 1180
Chirita hamosa... 1182
Chirita hedyotidea 1186
Chirita longgangensis.................................. 1187
Chirita longgangensis var. *hongyao* 1187
Chirita minutihamata................................... 1178
Chirita minutimaculata................................ 1187
Chirita ningmingensis 1188
Chirita ophiopogoides 1188
Chirita spinulosa.. 1189
Chloris 1472
Chloris formosana... 1472
Chlorophytum 1316
Chlorophytum comosum 'Variegatum' 1316

Chlorophytum malayense 1317
Choerospondias... 879
Choerospondias axillaris................................. 879
Chroesthes 1204
Chroesthes lanceolata 1204
Chromolaena 1077
Chromolaena odorata 1077
Chrysalidocarpus lutescens 1371
Chrysanthemum 1078
Chrysanthemum indicum................................ 1078
Chrysanthemum morifolium........................... 1078
Chrysanthemum segetum 1091
Chrysopogon... 1472
Chrysopogon zizanioides................................ 1472
Chukrasia 857
Chukrasia tabularis... 857
Cipadessa 857
Cipadessa baccifera.. 857
Cipadessa cinerascens 857
Cirsium... 1079
Cirsium japonicum.. 1079
Cissus 822
Cissus assamica.. 822
Cissus hexangularis.. 822
Cissus pteroclada 823
Cissus repens.. 823
Cissus sicyoides 824
Cissus subtetragona.. 824
Cissus verticillata 824
Citrus.. 836
Citrus grandis 836
Citrus limon 836
Citrus limonia 836
Citrus maxima... 836
Citrus reticulata.. 837
Clarkella... 1013
Clarkella nana 1013

Clausena 837

Clausena anisum-olens................................. 837

Clausena dunniana 838

Clausena emarginata 838

Clausena kwangsiensis 843

Clausena lansium 839

Cleisostoma 1398

Cleisostoma hongkongense 1400

Cleisostoma menghaiense............................ 1398

Cleisostoma nangongense........................... 1398

Cleisostoma paniculatum 1399

Cleisostoma rostratum 1399

Cleisostoma williamsonii........................... 1400

Clerodendranthus 1251

Clerodendranthus spicatus 1251

Clerodendrum 1232

Clerodendrum canescens 1232

Clerodendrum chinense var. simplex 1233

Clerodendrum cyrtophyllum........................ 1233

Clerodendrum fortunatum.......................... 1234

Clerodendrum hainanense......................... 1234

Clerodendrum inerme 1235

Clerodendrum japonicum.......................... 1235

Clerodendrum mandarinorum....................... 1236

Clerodendrum serratum 1236

Clerodendrum serratum var. amplexifolium .. 1237

Clerodendrum wallichii 1237

Clethra.. 918

Clethra bodinieri 918

Clethra fabri 918

Clethra fabri var. *brevipes* 918

Clethra fabri var. *laxiflora* 918

CLETHRACEAE.................................... 918

Clinopodium 1252

Clinopodium chinense 1252

Cnidium... 912

Cnidium monnieri 912

Cocos... 1370

Cocos nucifera 1370

Codonacanthus 1204

Codonacanthus pauciflorus 1204

Coelogyne 1400

Coelogyne fimbriata.............................. 1400

Coelogyne flaccida............................... 1401

Coffea... 1013

Coffea arabica 1013

Coffea canephora 1014

Coix 1473

Coix lacryma-jobi 1473

Coleus 1252

Coleus carnosifolius.............................. 1252

Coleus scutellarioides 1262

Colocasia.. 1338

Colocasia antiquorum........................... 1338

Colocasia esculenta var. antiquorum.............. 1338

Colocasia gigantea 1339

Commelina....................................... 1273

Commelina benghalensis 1273

Commelina communis 1273

Commelina diffusa............................... 1274

COMMELINACEAE 1272

Conchidium 1401

Conchidium pusillum............................. 1401

Conchidium rhomboidale.......................... 1402

CONNARACEAE 886

Connarus 886

Connarus yunnanensis 886

CONVOLVULACEAE.............................. 1147

Conyza bonariensis............................. 1087

Conyza canadensis............................. 1088

Coptosapelta.................................... 1014

Coptosapelta diffusa............................. 1014

Cordia.. 1127

Cordia dichotoma............................... 1127

Cordia furcans 1128

Cordyline 1361

Cordyline fruticosa 1361

Coreopsis 1079

Coreopsis basalis 1079

Coreopsis drummondii 1079

Coriandrum 912

Coriandrum sativum 912

CORNACEAE 891

Cornus 892

Cornus controversa 892

Cornus hongkongensis 892

Cornus wilsoniana 893

Cosmos 1080

Cosmos bipinnata 1080

Cosmos sulphureus 1080

Costus 1296

Costus barbatus 1296

Costus speciosus 1296

Costus tonkinensis 1297

Craibiodendron 919

Craibiodendron scleranthum var. kwangtungense
.... 919

Craibiodendron stellatum 920

Crassocephalum 1081

Crassocephalum crepidioides 1081

Cremastra 1402

Cremastra appendiculata 1402

Crepidiastrum 1081

Crepidiastrum denticulatum 1081

Crepidium 1403

Crepidium biauritum 1403

Crepidium purpureum 1403

Crinum 1350

Crinum × amabile 1350

Crinum asiaticum var. sinicum 1350

Cryptolepis 1004

Cryptolepis buchananii 1004

Cryptolepis sinensis 1004

Cryptotaenia 913

Cryptotaenia japonica 913

Curculigo 1380

Curculigo breviscapa 1380

Curculigo capitulata 1380

Curcuma 1297

Curcuma aromatica 1297

Curcuma kwangsiensis 1298

Curcuma longa 1298

Cuscuta 1148

Cuscuta chinensis 1148

Cyanotis 1274

Cyanotis arachnoidea 1274

Cyanotis cristata 1275

Cyathocline 1082

Cyathocline purpurea 1082

Cyclocodon 1121

Cyclocodon lancifolius 1121

Cymbidium 1404

Cymbidium aloifolium 1404

Cymbidium cyperifolium 1404

Cymbidium dayanum 1405

Cymbidium floribundum 1405

Cymbidium goeringii 1406

Cymbidium kanran 1406

Cymbidium lancifolium 1407

Cymbidium qiubeiense 1407

Cymbidium sinense 1408

Cymbopogon 1473

Cymbopogon citratus 1473

Cynanchum 993

Cynanchum corymbosum 993

Cynanchum stauntonii 993

Cynodon 1474

Cynodon dactylon 1474

Cynoglossum 1128

Cynoglossum lanceolatum 1128

CYPERACEAE 1449

Cyperus 1452

Cyperus cyperoides 1452

Cyperus difformis 1452

Cyperus haspan 1453

Cyperus involucratus 1453

Cyperus iria 1454

Cyperus malaccensis subsp. monophyllus 1454

Cyperus malaccensis var. *brevifolius* 1454

Cyperus rotundus 1455

Cyphomandra 1134

Cyphomandra crassifolia 1134

Cyrtococcum 1474

Cyrtococcum accrescens 1475

Cyrtococcum patens 1474

Cyrtococcum patens var. latifolium 1475

Cystacanthus colaniae 1215

D

Dactyloctenium 1475

Dactyloctenium aegyptium 1475

Daemonorops 1370

Daemonorops jenkinsiana 1370

Daemonorops margaritae 1370

Dahlia 1082

Dahlia pinnata 1082

Dapsilanthus 1448

Dapsilanthus disjunctus 1448

Datura 1134

Datura inoxia 1134

Datura stramonium 1135

Daucus 913

Daucus carota var. sativa 913

Deinostigma 1178

Deinostigma cicatricosa 1178

Delavaya 864

Delavaya toxocarpa 864

Dendranthema indicum 1078

Dendranthema morifolium 1078

Dendrobenthamia hongkongensis 892

Dendrobium 1408

Dendrobium aduncum 1408

Dendrobium aurantiacum var. *denneanum* 1409

Dendrobium chrysanthum 1409

Dendrobium denneanum 1409

Dendrobium fimbriatum 1410

Dendrobium hancockii 1410

Dendrobium henryi 1411

Dendrobium hercoglossum 1411

Dendrobium lindleyi 1412

Dendrobium loddigesii 1412

Dendrobium lohohense 1413

Dendrobium nobile 1413

Dendrobium officinale 1414

Dendrobium parishii 1414

Dendrobium wangii 1411

Dendropanax 902

Dendropanax dentiger 902

Dendropanax hainanensis 902

Dendropanax proteus 903

Dendrophthoe 797

Dendrophthoe pentandra 797

Dendrotrophe 802

Dendrotrophe frutescens 802

Dendrotrophe varians 802

Dianella 1317

Dianella ensifolia 1317

Dianella ensifolia 'White Variegated' 1318

Dichondra 1149

Dichondra micrantha 1149

Dichrocephala 1083

Dichrocephala auriculata 1083

Dichrocephala integrifolia 1083

Dicliptera 1205

Dicliptera chinensis 1205

Didissandra sinica 1190

Didymocarpus hedyotideus 1186

Didymocarpus oreocharis 1184

Dienia 1415

Dienia ophrydis 1415

Digitalis 1163

Digitalis purpurea 1163

Dimocarpus 865

Dimocarpus confinis 865

Dimocarpus longan 865

Dinetus 1149

Dinetus racemosus 1149

Dioscorea 1356

Dioscorea alata 1356

Dioscorea bulbifera 1357

Dioscorea cirrhosa 1357

Dioscorea esquirolii 1358

Dioscorea hispida 1358

Dioscorea japonica 1359

Dioscorea persimilis 1359

DIOSCOREACEAE 1356

Diospyros 925

Diospyros diversilimba 925

Diospyros eriantha 926

Diospyros kaki 926

Diospyros leei 926

Diospyros morrisiana 927

Diospyros oleifera 927

Diospyros potingensis 928

Diospyros saxatilis 928

Diospyros siderophylla 929

Diospyros tutcheri 929

Diplopanax 903

Diplopanax stachyanthus 903

Diploprora 1415

Diploprora championii 1415

Diplospora 1015

Diplospora dubia 1015

Diplospora fruticosa 1015

Dischidia 994

Dischidia alboflava 995

Dischidia australis 994

Dischidia chinensis 994

Dischidia tonkinensis 995

Disporopsis 1318

Disporopsis longifolia 1318

Disporum 1319

Disporum cantoniense 1319

Disporum sessile 1319

Disporum uniflorum 1319

Dodonaea 866

Dodonaea viscosa 866

Dolichandrone cauda-felina 1194

Dolichandrone stipulata 1193

Dracaena 1361

Dracaena angustifolia 1361

Dracaena cochinchinensis 1362

Dracaena fragrans 1362

Dracontomelon 879

Dracontomelon duperreanum 879

Dracontomelon macrocarpum 880

Dracontomelon sinense 879

Dregea 995

Dregea volubilis 995

Duhaldea 1083

Duhaldea cappa 1083

Duperrea 1016

Duperrea pavettifolia 1016

Duranta 1238

Duranta erecta 1238

Duranta erecta 'Golden Leaves' 1238

Duranta erecta 'Variegata' 1239

Dypsis 1371
Dypsis decaryi... 1371
Dypsis lutescens.. 1371
Dysophylla 1253
Dysophylla sampsonii.................................. 1253

E

EBENACEAE... 925
Eberhardtia 930
Eberhardtia aurata 930
Ecdysanthera rosea 989
Echinacanthus lofouensis............................ 1218
Echinacanthus longipes 1219
Echinacanthus longzhouensis 1219
Echinochloa 1476
Echinochloa colona..................................... 1476
Echinochloa crusgalli.................................. 1476
Echinochloa cruspavonis 1477
Echinodorus 1269
Echinodorus macrophyllus.......................... 1269
Eclipta 1084
Eclipta prostrata 1084
Ehretia 1129
Ehretia acuminata....................................... 1129
Ehretia dicksonii 1129
Ehretia longiflora 1130
Ehretia macrophylla.................................... 1129
Ehretia thyrsiflora 1129
Ehretia tsangii 1130
Eichhornia... 1326
Eichhornia crassipes................................... 1326
ELAEAGNACEAE 816
Elaeagnus 816
Elaeagnus conferta...................................... 816
Elaeagnus glabra 817
Elaeagnus gonyanthes.................................. 817
Eleocharis.. 1455

Eleocharis dulcis 1455
Elephantopus 1084
Elephantopus scaber.................................... 1084
Elephantopus tomentosus............................ 1085
Eleusine... 1477
Eleusine indica 1477
Eleutherococcus 904
Eleutherococcus trifoliatus........................... 904
Elsholtzia.. 1253
Elsholtzia argyi 1253
Embelia 946
Embelia laeta.. 946
Embelia oblongifolia..................................... 949
Embelia parviflora.. 947
Embelia ribes 947
Embelia ribes subsp. pachyphylla................. 948
Embelia rudis 949
Embelia scandens.. 948
Embelia undulata 949
Embelia vestita... 949
Emilia 1085
Emilia prenanthoidea 1085
Emilia sonchifolia 1086
Emmenopterys 1016
Emmenopterys henryi 1016
Engelhardia 887
Engelhardia colebrookeana 888
Engelhardia roxburghiana 887
Engelhardia spicata 887
Engelhardia spicata var. colebrookeana.......... 888
Enkianthus... 920
Enkianthus quinqueflorus............................. 920
Epigeneium 1416
Epigeneium amplum 1416
Epigeneium clemensiae 1416
Epimeredi indica 1251
Epipremnum.. 1339

Epipremnum aureum...................................... 1339
Epipremnum pinnatum................................... 1340
Eragrostis 1478
Eragrostis atrovirens 1478
Eragrostis ferruginea.................................... 1478
Eragrostis japonica 1479
Eragrostis pilosa... 1479
Eranthemum... 1205
Eranthemum pulchellum............................ 1205
Erechtites... 1086
Erechtites valerianifolius 1086
Eremochloa 1480
Eremochloa ophiuroides 1480
Eria... 1417
Eria bulbophylloides 1396
Eria corneri... 1417
Eria coronaria... 1417
Eria gagnepainii 1418
Eria pusilla.. 1401
Eria rhomboidalis 1402
Eria sinica.. 1401
Eria thao 1396
Eriachne 1480
Eriachne pallescens.................................... 1480
ERICACEAE... 919
Erigeron... 1087
Erigeron annuus 1087
Erigeron bonariensis 1087
Erigeron canadensis 1088
ERIOCAULACEAE..................................... 1283
Eriocaulon... 1283
Eriocaulon merrillii 1283
Eriocaulon truncatum.................................. 1283
Ervatamia divaricata 987
Eryngium... 914
Eryngium foetidum 914
Erythrodes 1418

Erythrodes blumei....................................... 1418
Erythropalum 793
Erythropalum scandens................................ 793
Euonymus 783
Euonymus fortunei...................................... 783
Euonymus geloniifolius................................ 784
Euonymus geloniifolius var. robustus 784
Euonymus hederaceus.................................. 783
Eupatorium 1088
Eupatorium adenophora 1066
Eupatorium capillifolium 1088
Eupatorium catarium 1099
Eupatorium chinense................................... 1089
Eupatorium fortunei.................................... 1089
Eupatorium lindleyanum.............................. 1090
Eupatorium odoratum 1077
Euscaphis 877
Euscaphis japonica..................................... 877
Evodia calcicola.. 845
Evodia glabrifolia 845
Evodia lepta 840
Evodia meliifolia 845
Evodia trichotoma...................................... 846

F

Fagerlindia scandens................................... 1009
Fagraea.. 964
Fagraea ceilanica....................................... 964
Fimbristylis 1456
Fimbristylis aestivalis.................................. 1456
Fimbristylis littoralis................................... 1456
Fimbristylis miliacea 1456
Flagellaria 1281
Flagellaria indica....................................... 1281
FLAGELLARIACEAE................................... 1281
Floscopa... 1275
Floscopa scandens...................................... 1275
Fuirena 1457

Fuirena umbellata..1457

G

Gahnia 1457

Gahnia tristis 1457

Galium...1017

Galium aparine var. *echinospermum* 1017

Galium spurium 1017

Gamochaeta...1090

Gamochaeta pensylvanica..............................1090

Gardenia 1017

Gardenia jasminoides.....................................1017

Gardenia stenophylla 1018

Gardneria..964

Gardneria multiflora...964

Gardneria ovata 965

Garuga 854

Garuga pinnata 854

Gastrochilus 1419

Gastrochilus obliquus......................................1419

Gaultheria 921

Gaultheria leucocarpa var. yunnanensis...........921

Gelsemium 965

Gelsemium elegans 965

Gendarussa vulgaris 1209

GENTIANACEAE 1112

Geodorum 1419

Geodorum densiflorum 1419

Geodorum nutans..1419

GESNERIACEAE 1177

Glebionis..1091

Glebionis segetum..1091

Glechoma 1254

Glechoma longituba 1254

Globba 1299

Globba racemosa...1299

Globba schomburgkii 1299

Glycosmis 839

Glycosmis oligantha..839

Glycosmis parviflora..840

Glyptopetalum 784

Glyptopetalum geloniifolium..........................784

Glyptopetalum rhytidophyllum 784

Gnaphalium 1091

Gnaphalium affine...1099

Gnaphalium pensylvanicum..........................1090

Gnaphalium polycaulon 1091

Gomphandra 790

Gomphandra tetrandra 790

Gomphocarpus 996

Gomphocarpus fruticosus 996

Gomphostemma 1254

Gomphostemma leptodon 1254

GOODENIACEAE 1125

Goodyera 1420

Goodyera procera..1420

Goodyera schlechtendaliana 1420

Gouania 807

Gouania javanica...807

Grangea 1092

Grangea maderaspatana 1092

Guihaia 1372

Guihaia argyrata...1372

Guihaia grossifibrosa 1372

Gymnema..996

Gymnema sylvestre..996

Gymnosporia...785

Gymnosporia diversifolia................................785

Gymnostachyum 1206

Gymnostachyum subrosulatum.......................1206

Gynura 1092

Gynura bicolor 1092

Gynura divaricata..1093

Gynura procumbens 1093

Gynura pseudochina..1094

Gyrocheilos 1178

Gyrocheilos chorisepalum 1178

Gyrocheilos chorisepalus 1178

H

Habenaria 1421

Habenaria ciliolaris 1421

Habenaria dentata.. 1421

Habenaria rhodocheila 1422

Hamelia.. 1018

Hamelia patens... 1018

Handroanthus 1191

Handroanthus chrysanthus 1191

Hedera... 904

Hedera nepalensis var. sinensis....................... 904

Hedychium... 1300

Hedychium coronarium 1300

Hedychium flavum.. 1300

Hedychium forrestii 1301

Hedyotis 1019

Hedyotis auricularia 1019

Hedyotis auricularia var. mina 1019

Hedyotis caudatifolia 1020

Hedyotis chrysotricha 1020

Hedyotis corymbosa...................................... 1021

Hedyotis diffusa 1021

Hedyotis hedyotidea...................................... 1022

Hedyotis pinifolia... 1022

Hedyotis platystipula 1023

Hedyotis pterita.. 1023

Hedyotis uncinella 1024

Hedyotis verticillata...................................... 1024

Helianthus 1094

Helianthus annuus.. 1094

Heliotropium.. 1131

Heliotropium indicum.................................... 1131

Helixanthera... 798

Helixanthera parasitica................................... 798

Hemerocallis 1320

Hemerocallis fulva.. 1320

Hemiboea 1179

Hemiboea henryi... 1179

Hemiboea rubribracteata................................ 1179

Hemiboea subcapitata 1179

Hemipilia 1422

Hemipilia kwangsiensis 1422

Hemisteptia 1095

Hemisteptia lyrata 1095

Hemistepta lyrata.. 1095

Henckelia 1180

Henckelia anachoreta 1180

Henckelia ceratoscyphus................................ 1180

Heptapleurum arboricola 906

Herminium 1423

Herminium lanceum...................................... 1423

Heteropanax 905

Heteropanax brevipedicellatus........................ 905

Heteropanax fragrans 905

Heteropanax fragrans var. *attenuatus* 905

Heteropogon 1481

Heteropogon contortus................................... 1481

Heterosmilax 1328

Heterosmilax gaudichaudiana......................... 1328

Heterostemma 997

Heterostemma renchangii 997

Heterostemma tsoongii................................... 997

Heterostemma villosum 997

Heynea 858

Heynea trijuga.. 858

Heynea velutina 858

Hippeastrum 1351

Hippeastrum rutilum 1351

HIPPOCASTANACEAE................................ 870

Hippocratea cambodina................................ 788

HIPPOCRATEACEAE................................... 787

Holmskioldia... 1239
Holmskioldia sanguinea...................................... 1239
Homalomena.. 1340
Homalomena occulta 1340
Hovenia... 808
Hovenia acerba.. 808
Hoya... 998
Hoya fungii 998
Hoya griffithii.. 998
Hoya lancilimba... 998
Hoya nervosa 999
Hoya pottsii 999
Hoya pottsii var. *angustifolia*.......................... 999
Hoya villosa 1000
Hydrilla 1268
Hydrilla verticillata 1268
HYDROCHARITACEAE 1268
Hydrocotyle.. 914
Hydrocotyle nepalensis 914
Hydrocotyle sibthorpioides................................ 915
Hydrocotyle sibthorpioides var. batrachium 915
Hydrocotyle wilfordi.. 916
Hygrophila 1206
Hygrophila ringens... 1206
Hygrophila salicifolia 1206
Hygroryza 1481
Hygroryza aristata... 1481
Hymenocallis 1351
Hymenocallis littoralis 1351
Hypolytrum 1458
Hypolytrum nemorum... 1458
HYPOXIDACEAE 1380
Hyptis.. 1255
Hyptis rhomboidea... 1255

I

ICACINACEAE 790
Imperata 1482

Imperata cylindrica 1482
Indosasa 1467
Indosasa glabrata.. 1467
Inula cappa 1083
Inula intermedia... 1083
Iodes.. 791
Iodes cirrhosa 791
Iodes ovalis var. *vitiginea* 792
Iodes seguini 791
Iodes vitiginea 792
Ipomoea 1150
Ipomoea aquatica 1150
Ipomoea batatas 1150
Ipomoea biflora 1151
Ipomoea cairica 1151
Ipomoea mauritiana 1152
Ipomoea nil 1152
Ipomoea obscura 1153
Ipomoea pes-caprae 1153
Ipomoea purpurea 1154
Ipomoea quamoclit... 1154
Ipomoea sinensis 1151
IRIDACEAE 1354
Isachne 1482
Isachne globosa.. 1482
Isodon 1255
Isodon nervosus 1255
Isodon walkeri... 1256
Ixora 1025
Ixora chinensis 1025
Ixora hainanensis 1025
Ixora henryi 1026

J

Jacaranda... 1192
Jacaranda mimosifolia 1192
Jasminum 967
Jasminum albicalyx... 967

Jasminum coffeinum 968
Jasminum elongatum 968
Jasminum lanceolaria 969
Jasminum laurifolium var. brachylobum 969
Jasminum nervosum 970
Jasminum pentaneurum 970
Jasminum sambac 971
JUGLANDACEAE 887
JUNCACEAE 1447
Juncus 1447
Juncus effusus 1447
Justicia 1207
Justicia adhatoda 1207
Justicia austroguangxiensis 1207
Justicia austroguangxiensis f. albinervia 1208
Justicia betonica 1208
Justicia cardiophylla 1209
Justicia gendarussa 1209
Justicia panduriformis 1210
Justicia procumbens 1210
Justicia pseudospicata 1211

K

Kalimeris indica 1070
Khaya 859
Khaya senegalensis 859
Kigelia 1192
Kigelia africana 1192
Kingidium braceanum 1436
Kingidium deliciosum 1437
Knoxia 1026
Knoxia corymbosa 1026
Knoxia sumatrensis 1026
Koelreuteria 866
Koelreuteria bipinnata 866
Koelreuteria elegans subsp. formosana 867
Kopsia 980
Kopsia arborea 980

Kopsia lancibracteolata 980
Kyllinga 1458
Kyllinga brevifolia 1458
Kyllinga bulbosa 1459
Kyllinga monocephala 1459
Kyllinga nemoralis 1459

L

LABIATAE 1249
Lactuca 1095
Lactuca indica 1095
Lactuca sativa 1096
Lannea 880
Lannea coromandelica 880
Lantana 1240
Lantana camara 1240
Lantana montevidensis 1240
Lasia 1341
Lasia spinosa 1341
Lasianthus 1027
Lasianthus bunzanensis 1029
Lasianthus chinensis 1027
Lasianthus filipes 1027
Lasianthus fordii 1028
Lasianthus formosensis 1028
Lasianthus hispidulus 1029
Lasianthus japonicus 1029
Lasianthus obliquinervis 1030
Lasianthus verticillatus 1030
Leea 825
Leea indica 825
Leersia 1483
Leersia hexandra 1483
Lemna 1348
Lemna minor 1348
LEMNACEAE 1348
LENTIBULARIACEAE 1176
Leonurus 1256

Leonurus artemisia 1256
Leonurus japonicus 1256
Lepidagathis.. 1211
Lepidagathis incurva...................................... 1211
Leptocarpus disjunctus 1448
Leptodermis 1030
Leptodermis ovata... 1030
Leptostachya 1212
Leptostachya wallichii 1212
Leucas 1257
Leucas mollissima.. 1257
Leucas zeylanica 1257
Licuala.. 1373
Licuala dasyantha.. 1373
Ligustrum... 971
Ligustrum lianum... 971
Ligustrum lucidum... 972
Ligustrum sinense 972
LILIACEAE.. 1308
Limnophila... 1163
Limnophila chinensis....................................... 1163
Limnophila rugosa 1164
Lindenbergia... 1164
Lindenbergia muraria....................................... 1164
Lindenbergia philippensis................................. 1165
Lindernia... 1165
Lindernia anagallis... 1165
Lindernia antipoda 1166
Lindernia crustacea 1166
Lindernia procumbens 1167
Lindernia rotundifolia 1167
Lindernia ruellioides 1168
Linociera ramiflora....................................... 967
Liparis 1423
Liparis bootanensis 1423
Liparis distans 1424
Liparis nervosa... 1424

Liparis nigra.. 1425
Liparis viridiflora 1425
Liriope.. 1320
Liriope spicata.. 1320
Litchi 867
Litchi chinensis 867
Livistona 1373
Livistona chinensis... 1373
Lobelia 1124
Lobelia chinensis 1124
Lobelia nummularia 1124
LOBELIACEAE 1124
Lochnera rosea var. *flava*.............................. 979
LOGANIACEAE... 962
Lonicera 1061
Lonicera confusa 1061
Lonicera hypoglauca 1062
Lophatherum 1483
Lophatherum gracile 1483
LORANTHACEAE 797
LOWIACEAE 1289
Luculia 1031
Luculia pinceana 1031
Luisia 1426
Luisia teres 1426
Lycianthes 1135
Lycianthes biflora.. 1135
Lycium 1136
Lycium chinense 1136
Lycopersicon 1136
Lycopersicon esculentum.................................. 1136
Lycoris... 1352
Lycoris aurea 1352
Lycoris radiata... 1352
Lyonia 921
Lyonia ovalifolia 921
Lysimachia 1114

Lysimachia aspera 1114
Lysimachia candida..1114
Lysimachia capillipes var. cavaleriei 1115
Lysimachia congestiflora 1115
Lysimachia decurrens...1116
Lysimachia fortunei 1116
Lysimachia insignis..1117
Lysionotus 1181
Lysionotus longipedunculatus....................... 1181
Lysionotus oblongifolius................................. 1181
Lysionotus pauciflorus 1182
Lysionotus pauciflorus var. *lancifolius*........... 1182
Lysionotus pauciflorus var. *latifolius* 1182
Lysionotus pauciflorus var. *linearis* 1182

M

Macrosolen.. 798
Macrosolen cochinchinensis 798
Madhuca.. 930
Madhuca pasquieri 930
Maesa 950
Maesa balansae 950
Maesa insignis... 950
Maesa membranacea... 950
Maesa montana 951
Maesa perlarius 951
Malania 793
Malania oleifera 793
Malaxis biaurita.. 1403
Malaxis latifolia 1415
Malaxis purpurea 1403
Mangifera... 881
Mangifera indica 881
Mangifera persiciforma..................................... 881
Manilkara 931
Manilkara hexandra 931
Manilkara zapota.. 931
Mansoa 1193

Mansoa alliacea... 1193
Mappianthus.. 792
Mappianthus iodoides 792
MARANTACEAE 1306
Mariscus cyperoides 1452
Markhamia 1193
Markhamia cauda-felina................................ 1194
Markhamia stipulata....................................... 1193
Markhamia stipulata var. kerrii 1194
Mayodendron 1194
Mayodendron igneum 1194
Maytenus 785
Maytenus confertiflora 785
Maytenus diversifolia.. 785
Maytenus guangxiensis.................................... 786
Mazus.. 1168
Mazus japonicus.. 1168
Mazus pumilus 1168
Megaskepasma 1212
Megaskepasma erythrochlamys 1212
Melampodium 1096
Melampodium divaricatum............................ 1096
Melia 859
Melia azedarach 859
Melia toosendan.. 859
MELIACEAE 855
Melicope 840
Melicope pteleifolia 840
Melinis 1484
Melinis repens... 1484
Meliosma.. 874
Meliosma angustifolia....................................... 874
Meliosma lepidota subsp. *squamulata*............. 875
Meliosma squamulata 875
Meliosma thorelii... 875
Melocalamus... 1467
Melocalamus arrectus 1467

Melodinus 981

Melodinus fusiformis 981

Melodinus suaveolens 981

Melodinus tenuicaudatus 982

Mentha 1258

Mentha spicata 1258

Merremia 1155

Merremia boisiana 1155

Merremia hederacea 1155

Merremia umbellata subsp. orientalis 1156

Merremia vitifolia 1156

Microchirita 1182

Microchirita hamosa 1182

Micromelum 841

Micromelum falcatum 841

Micromelum integerrimum 841

Microstegium 1484

Microstegium ciliatum 1484

Microtropis 786

Microtropis osmanthoides 786

Mimusops 932

Mimusops elengi 932

Miscanthus 1485

Miscanthus floridulus 1485

Miscanthus sinensis 1485

Mischocarpus 868

Mischocarpus pentapetalus 868

Mischocarpus sundaicus 868

Mitracarpus 1031

Mitracarpus hirtus 1031

Mitreola 966

Mitreola reticulata 966

Monochoria 1327

Monochoria vaginalis 1327

Monocladus amplexicaulis 1466

Monolophus 1301

Monolophus coenobialis 1301

Monstera 1341

Monstera deliciosa 1341

Morinda 1032

Morinda officinalis 1032

Morinda parvifolia 1032

Morinda umbellata subsp. obovata 1033

Mosla 1258

Mosla chinensis 1258

Mosla scabra 1259

Munronia 860

Munronia henryi 860

Munronia pinnata 860

Murdannia 1276

Murdannia bracteata 1276

Murdannia loriformis 1276

Murdannia simplex 1277

Murdannia triquetra 1277

Murraya 842

Murraya euchrestifolia 842

Murraya exotica 842

Murraya kwangsiensis 843

Murraya paniculata 843

Murraya tetramera 844

Musa 1286

Musa acuminata (AAA) 1286

Musa balbisiana 1286

Musa coccinea 1287

MUSACEAE 1286

Musella 1287

Musella lasiocarpa 1287

Mussaenda 1033

Mussaenda divaricata 1033

Mussaenda erosa 1034

Mussaenda esquirolii 1036

Mussaenda hirsutula 1034

Mussaenda kwangsiensis 1035

Mussaenda pubescens 1035

Mussaenda shikokiana 1036
Mycetia 1036
Mycetia sinensis... 1036
Myrioneuron 1037
Myrioneuron faberi 1037
Myrioneuron tonkinense 1037
MYRSINACEAE.. 936
Myrsine 952
Myrsine kwangsiensis.................................... 952
Myrsine linearis 952
Myrsine seguinii... 953
Myrsine semiserrata 953

N

Neolamarckia 1038
Neolamarckia cadamba................................ 1038
Neomarica 1354
Neomarica gracilis 1354
Nerium 982
Nerium indicum... 982
Nerium oleander... 982
Nerium oleander 'Paihua' 983
Nervilia 1426
Nervilia fordii... 1426
Nervilia plicata... 1427
Neyraudia 1486
Neyraudia reynaudiana 1486
Nicotiana.. 1137
Nicotiana tabacum 1137
Nyssa.. 898
Nyssa shangszeensis 898
Nyssa sinensis 898
NYSSACEAE.. 897

O

Oberonia 1427
Oberonia cavaleriei 1427
Oberonia kwangsiensis 1428
Ocimum 1259

Ocimum basilicum 1259
Odontochilus 1428
Odontochilus elwesii.................................... 1428
Odontonema 1213
Odontonema strictum................................... 1213
Oenanthe 916
Oenanthe javanica 916
OLACACEAE 793
Olax.. 794
Olax austrosinensis 794
Olea 973
Olea europaea subsp. cuspidata 973
OLEACEAE 967
Operculina.. 1157
Operculina turpethum 1157
Ophiopogon.. 1321
Ophiopogon chingii 1321
Ophiopogon latifolius 1321
Ophiopogon marmoratus 1322
Ophiopogon platyphyllus.............................. 1322
Ophiopogon tonkinensis 1323
Ophiorrhiza 1038
Ophiorrhiza cantonensis............................... 1038
Ophiorrhiza japonica................................... 1039
Ophiorrhiza nigricans.................................. 1039
OPILIACEAE.. 795
Oplismenus 1486
Oplismenus compositus 1486
ORCHIDACEAE.. 1384
Orchidantha 1289
Orchidantha chinensis var. longisepala.......... 1289
Oreocharis 1183
Oreocharis argyreia..................................... 1183
Oreocharis argyreia var. angustifolia 1183
Oreocharis benthamii................................... 1184
Ornithochilus 1429
Ornithochilus difformis................................ 1429
OROBANCHACEAE...................................... 1175

Oroxylum 1195

Oroxylum indicum 1195

Orthosiphon 1260

Orthosiphon marmoritis 1260

Oryza 1487

Oryza sativa 1487

ORYZOIDEAE 1468

Osmanthus 973

Osmanthus fragrans 973

Osyris 802

Osyris quadripartita 802

Ottelia 1268

Ottelia acuminata var. jingxiensis 1268

Oxyceros sinensis 1009

Oxystelma 1000

Oxystelma esculentum 1000

P

Pachystachys 1213

Pachystachys lutea 1213

Paederia 1040

Paederia foetida 1040

Paederia scandens 1040

Paederia scandens var. *tomentosa* 1040

Paederia spectatissima 1040

Paederia yunnanensis 1041

Paliurus 808

Paliurus hemsleyanus 808

Paliurus ramosissimus 809

PANDANACEAE 1379

Pandanus 1379

Pandanus austrosinensis 1379

Pandanus tectorius 1379

Panicum 1487

Panicum brevifolium 1487

Panicum luzonense 1488

Panicum repens 1488

Panisea 1429

Panisea cavalerei 1429

Panisea tricallosa 1430

Paphiopedilum 1430

Paphiopedilum concolor 1430

Paphiopedilum dianthum 1431

Paphiopedilum helenae 1431

Paphiopedilum hirsutissimum 1432

Paphiopedilum malipoense 1432

Paphiopedilum micranthum 1433

Paphiopedilum purpuratum 1433

Parabarium micranthum 989

Paraboea 1184

Paraboea rufescens 1184

Paraboea sinensis 1185

Paraboea swinhoei 1185

Paraixeris denticulata 1081

Paraphlomis 1260

Paraphlomis javanica 1260

Paris 1325

Paris polyphylla 1325

Parthenium 1097

Parthenium hysterophorus 1097

Parthenocissus 825

Parthenocissus dalzielii 825

Parthenocissus laetevirens 826

Paspalum 1489

Paspalum conjugatum 1489

Pavetta 1041

Pavetta arenosa 1041

Pavetta hongkongensis 1042

PEDALIACEAE 1200

Pegia 882

Pegia sarmentosa 882

Peliosanthes 1323

Peliosanthes macrostegia 1323

Pennisetum 1489

Pennisetum alopecuroides 1489

Pennisetum purpureum 1490

Pentaphragma.. 1122

Pentaphragma spicatum 1122

PENTAPHRAGMATACEAE....................... 1122

Pentas 1042

Pentas lanceolata... 1042

Pericallis... 1097

Pericallis hybrida 1097

Perilla 1261

Perilla frutescens... 1261

Perilla frutescens var. crispa 1261

Perilla frutescens var. purpurascens............. 1262

PERIPLOCACEAE 1004

Peripterygium quinquelobum........................ 790

Peristrophe 1214

Peristrophe bivalvis..................................... 1214

Peristrophe japonica.................................... 1214

Peristylus 1434

Peristylus affinis.. 1434

Petrocodon 1186

Petrocodon longgangensis 1186

Petunia.. 1137

Petunia hybrid 1137

Phaius 1434

Phaius columnaris 1434

Phaius mishmensis 1435

Phaius tancarvilleae 1435

Phaius tonkinensis....................................... 1436

Phalaenopsis.. 1436

Phalaenopsis braceana 1436

Phalaenopsis deliciosa 1437

Phalaenopsis lobbii 1437

Phalaenopsis wilsonii................................... 1438

Pharbitis nil 1152

Pharbitis purpurea 1154

Philodendron 1342

Philodendron selloum 1342

PHILYDRACEAE 1382

Philydrum.. 1382

Philydrum lanuginosum 1382

Phlogacanthus 1215

Phlogacanthus colaniae............................... 1215

Phoenix 1374

Phoenix dactylifera 1374

Phoenix hanceana 1374

Phoenix loureiroi... 1374

Phoenix roebelenii 1375

Pholidota 1438

Pholidota chinensis 1438

Pholidota leveilleana 1439

Pholidota longipes....................................... 1439

Pholidota missionariorum 1440

Pholidota yunnanensis 1440

Phragmites... 1490

Phragmites australis 1490

Phragmites karka... 1491

Phrynium 1306

Phrynium placentarium................................ 1306

Phrynium rheedei 1307

Phyla 1241

Phyla nodiflora 1241

Physalis 1138

Physalis angulata... 1138

Picrasma 852

Picrasma chinensis 852

Picrasma quassioides 852

Picria 1169

Picria felterrae 1169

Pinanga... 1375

Pinanga discolor.. 1375

Pistacia 882

Pistacia chinensis 882

Pistacia weinmanniifolia.............................. 883

Pistia... 1342

Pistia stratiotes 1342
PLANTAGINACEAE................................1119
Plantago...1119
Plantago asiatica..1119
Platycarya... 888
Platycarya longipes 888
Platycarya strobilacea 889
Platycodon... 1121
Platycodon grandiflorus 1121
Plectranthus 1262
Plectranthus scutellarioides........................... 1262
Pluchea 1098
Pluchea eupatorioides 1098
Pluchea indica 1098
PLUMBAGINACEAE 1118
Plumbago 1118
Plumbago zeylanica 1118
Plumeria 983
Plumeria rubra.. 983
Plumeria rubra 'Acutifolia'............................. 984
Plumeria rubra var. acutifolia 983
POACEAE 1464
Podranea... 1195
Podranea ricasoliana 1195
Pogonatherum 1491
Pogonatherum crinitum.................................. 1491
Pogostemon.. 1263
Pogostemon auricularius................................. 1263
Pogostemon cablin... 1263
Pollia 1278
Pollia minor 1278
Pollia miranda 1278
Pollia secundiflora... 1278
Pollia siamensis... 1279
Polygonatum 1324
Polygonatum kingianum 1324
Polypogon 1492

Polypogon fugax 1492
Pometia 869
Pometia pinnata... 869
Pontederia 1327
Pontederia cordata... 1327
PONTEDERIACEAE 1326
Porana racemosa 1149
Porana spectabilis var. megalantha............... 1157
Porterandia sericantha..................................... 1043
Potamogeton 1271
Potamogeton crispus 1271
Potamogeton wrightii....................................... 1271
POTAMOGETONACEAE 1271
Pothos... 1343
Pothos chinensis... 1343
Pothos kerrii 1343
Pothos pilulifer.. 1344
Pothos repens 1344
Pottsia... 984
Pottsia laxiflora 984
Pouteria 932
Pouteria annamensis.. 932
Pouteria campechiana 933
Pratia nummularia... 1124
Praxelis... 1099
Praxelis clematidea 1099
Premna 1241
Premna confinis... 1241
Premna corymbosa 1243
Premna crassa.. 1242
Premna fulva 1242
Premna obtusifolia... 1243
Premna puberula var. bodinieri 1243
Premna serratifolia.. 1243
PRIMULACEAE 1114
Primulina.. 1186
Primulina hedyotidea 1186

Primulina longgangensis 1187

Primulina minutimaculata 1187

Primulina ningming 1188

Primulina ophiopogoides 1188

Primulina sinovietnamica 1189

Primulina spinulosa 1189

Prismatomeris 1043

Prismatomeris connata 1043

Prismatomeris tetrandra 1043

Prismatomeris tetrandra subsp. multiflora 1043

Pristimera 787

Pristimera arborea 787

Pristimera cambodiana 788

Pristimera setulosa 788

Prunella 1264

Prunella vulgaris 1264

Pseuderanthemum 1215

Pseuderanthemum latifolium 1215

Pseudochirita 1190

Pseudochirita guangxiensis var. glauca 1190

Pseudognaphalium 1099

Pseudognaphalium affine 1099

Psychotria 1044

Psychotria asiatica 1044

Psychotria prainii 1044

Psychotria rubra 1044

Psychotria serpens 1045

Psychotria siamica 1044

Psychotria tutcheri 1045

Pterocarya 889

Pterocarya stenoptera 889

Pteroceras 1441

Pteroceras simondianus 1441

Pterocypsela indica 1095

Pteroptychia dalziellii 1222

Pycreus 1460

Pycreus flavidus 1460

Pycreus globosus 1460

Pycreus polystachyos 1460

Pyrostegia 1196

Pyrostegia venusta 1196

Q

Quamoclit pennata 1154

R

Rabdosia nervosa 1255

Rabdosia stracheyi 1256

Radermachera 1196

Radermachera frondosa 1196

Radermachera hainanensis 1197

Radermachera sinica 1197

Randia acuminatissima 1008

Randia oxyodonta 1007

Rapanea kwangsiensis 952

Rapanea neriifolia 953

Raphiocarpus 1190

Raphiocarpus sinicus 1190

Rauvolfia 985

Rauvolfia latifrons 985

Rauvolfia tetraphylla 985

Rauvolfia verticillata 986

Ravenala 1288

Ravenala madagascariensis 1288

Renanthera 1441

Renanthera coccinea 1441

RESTIONACEAE 1448

RHAMNACEAE 805

Rhamnella 809

Rhamnella rubrinervis 809

Rhamnus 810

Rhamnus coriophylla 810

Rhamnus crenata 810

Rhamnus napalensis 811

Rhaphidophora 1345

Rhaphidophora crassicaulis 1345

Rhaphidophora decursiva 1345

Rhaphidophora hongkongensis 1346
Rhaphidophora hookeri 1346
Rhapis 1376
Rhapis gracilis 1376
Rhapis robusta 1376
Rhinacanthus 1216
Rhinacanthus nasutus 1216
Rhododendron 922
Rhododendron × pulchrum 922
Rhododendron meridionale 922
Rhododendron simiarum 923
Rhododendron simsii 923
Rhoeo discolor 1280
Rhoiptelea 890
Rhoiptelea chiliantha 890
RHOIPTELEACEAE 890
Rhus 883
Rhus chinensis 883
Rhus chinensis var. roxburghii 884
Rhynchospora 1461
Rhynchospora corymbosa 1461
Richardia 1046
Richardia scabra 1046
Robiquetia 1442
Robiquetia succisa 1442
Rottboellia 1492
Rottboellia cochinchinensis 1492
Rottboellia exaltata 1492
Rourea 886
Rourea microphylla 886
Roystonea 1377
Roystonea regia 1377
Rubia 1046
Rubia alata 1046
Rubia argyi 1047
Rubia wallichiana 1047
RUBIACEAE 1005
Rubovietnamia 1048

Rubovietnamia nonggangensis 1048
Ruellia 1216
Ruellia brittoniana 1216
Ruellia elegans 1217
Rungia 1217
Rungia pectinata 1217
Russelia 1169
Russelia equisetiformis 1169
RUTACEAE 834

S

Sabia 876
Sabia limoniacea 876
Sabia swinhoei 876
SABIACEAE 874
Saccharum 1493
Saccharum arundinaceum 1493
Saccharum sinense 1493
Sageretia 811
Sageretia gracilis 811
Sageretia henryi 812
Sageretia laxiflora 812
Sageretia rugosa 813
Sageretia thea 813
Sagittaria 1270
Sagittaria trifolia 1270
Sagittaria trifolia subsp. leucopetala 1270
Sagittaria trifolia var. sinensis 1270
Salacia 789
Salacia chinensis 789
Salacia sessiliflora 789
Salvia 1264
Salvia bowleyana 1264
Salvia coccinea 1265
Salvia plebeia 1265
Salvia splendens 1266
Sambucus 1062
Sambucus chinensis 1062

Sambucus javanica 1062
Sambucus javanica....................................... 1062
Samolus...1117
Samolus valerandi 1117
Sanchezia 1218
Sanchezia nobilis 1218
Sansevieria 1363
Sansevieria trifasciata 1363
Sansevieria trifasciata var. laurentii 1363
SANTALACEAE.. 802
Santalum 803
Santalum album 803
SAPINDACEAE.. 862
Sapindus... 869
Sapindus mukorossi....................................... 869
Sapindus saponaria... 869
SAPOTACEAE.. 930
Sarcosperma.. 935
Sarcosperma laurinum 935
SARCOSPERMATACEAE 935
Scaevola 1125
Scaevola sericea... 1125
Scaevola taccada 1125
Schefflera 906
Schefflera actinophylla.................................... 906
Schefflera arboricola 906
Schefflera delavayi.. 907
Schefflera heptaphylla..................................... 907
Schefflera leucantha 908
Schefflera lociana.. 908
Schefflera minutistellata.................................. 909
Schefflera octophylla..................................... 907
Schizocapsa.. 1381
Schizocapsa plantaginea 1381
Schizomussaenda 1048
Schizomussaenda dehiscens........................... 1048
Schizomussaenda henryi................................ 1048

Schoenoplectus 1461
Schoenoplectus juncoides 1461
Schoenoplectus mucronatus subsp. robustus . 1462
Schoepfia... 794
Schoepfia chinensis... 794
Scirpus juncoides 1461
Scirpus triangulatus 1462
Scleria 1462
Scleria elata 1463
Scleria herbecarpa.. 1462
Scleria levis 1462
Scleria terrestris 1463
Scleria tonkinensis 1463
Scleropyrum 803
Scleropyrum wallichianum 803
Scoparia... 1170
Scoparia dulcis 1170
SCROPHULARIACEAE 1159
Scutellaria 1266
Scutellaria barbata... 1266
Scutellaria indica... 1267
Secamone 1001
Secamone elliptica 1001
Secamone lanceolata 1001
Secamone sinica.. 1001
Senecio.. 1100
Senecio cruentus 1097
Senecio scandens 1100
Serissa 1049
Serissa japonica.. 1049
Serissa serissoides... 1049
Sesamum 1200
Sesamum indicum.. 1200
Setaria 1494
Setaria glauca 1495
Setaria palmifolia 1494
Setaria plicata... 1494

Setaria pumila 1495

Setaria viridis 1495

Siegesbeckia pubescens 1101

Sigesbeckia 1100

Sigesbeckia orientalis..................................... 1100

Sigesbeckia pubescens 1101

SIMAROUBACEAE 851

Sinacanthus 1218

Sinacanthus lofouensis.................................... 1218

Sinacanthus longipes....................................... 1219

Sinacanthus longzhouensis 1219

Sinoadina... 1050

Sinoadina racemosa 1050

Sinosenecio 1101

Sinosenecio oldhamianus 1101

Sinosideroxylon 933

Sinosideroxylon pedunculatum......................... 933

Sinosideroxylon pedunculatum var. pubifolium ... 934

Sinosideroxylon wightianum 934

Skimmia 844

Skimmia arborescens 844

Skimmia kwangsiensis.................................... 844

SMILACACEAE 1328

Smilax 1329

Smilax arisanensis... 1329

Smilax bauhinioides... 1329

Smilax china... 1330

Smilax corbularia 1330

Smilax gagnepainii... 1331

Smilax glabra 1331

Smilax ocreata.. 1332

Smilax riparia 1332

Smythea nitida.. 814

SOLANACEAE... 1132

Solanum 1138

Solanum aculeatissimum 1138

Solanum americanum....................................... 1139

Solanum capsicoides....................................... 1139

Solanum erianthum 1140

Solanum ferox 1141

Solanum griffithii... 1140

Solanum indicum.. 1146

Solanum khasianum 1138

Solanum lasiocarpum....................................... 1141

Solanum lyratum 1141

Solanum mammosum.. 1142

Solanum melongena 1142

Solanum nienkui 1143

Solanum nigrum.. 1143

Solanum photeinocarpum 1139

Solanum procumbens....................................... 1144

Solanum pseudocapsicum 1144

Solanum torvum.. 1145

Solanum tuberosum 1145

Solanum violaceum.. 1146

Solanum virginianum 1146

Solanum xanthocarpum 1146

Solidago 1102

Solidago canadensis.. 1102

Solidago decurrens 1102

Soliva 1103

Soliva anthemifolia 1103

Sonchus 1103

Sonchus arvensis... 1104

Sonchus lingianus 1103

Sonchus oleraceus 1103

Sonchus wightianus 1104

Sorghum 1496

Sorghum bicolor.. 1496

Spartina 1496

Spartina alterniflora... 1496

Spathodea 1198

Spathodea campanulata................................... 1198

Spathoglottis 1442

Spathoglottis pubescens 1442

Spermacoce 1050

Spermacoce alata 1050

Spermacoce hispida 1051

Sphagneticola 1104

Sphagneticola trilobata 1104

Sphenoclea 1123

Sphenoclea zeylanica 1123

SPHENOCLEACEAE 1123

Spilanthes paniculata 1065

Spinifex 1497

Spinifex littoreus 1497

Spiradiclis 1051

Spiradiclis chuniana 1051

Spiradiclis coccinea 1052

Spiradiclis spathulata 1052

Spiradiclis villosa 1053

Spiranthes 1443

Spiranthes sinensis 1443

Spondias 884

Spondias lakonensis 884

Sporobolus 1497

Sporobolus fertilis 1497

Stachytarpheta 1244

Stachytarpheta jamaicensis 1244

Stahlianthus 1302

Stahlianthus involucratus 1302

STAPHYLEACEAE 877

Stemona 1355

Stemona tuberosa 1355

STEMONACEAE 1355

Stenolobium stans 1199

Stereospermum 1198

Stereospermum colais 1198

Strelitzia 1288

Strelitzia reginae 1288

STRELITZIACEAE 1288

Streptocaulon 1002

Streptocaulon juventas 1002

Striga 1170

Striga asiatica 1170

Strobilanthes 1220

Strobilanthes affinis 1220

Strobilanthes bantonensis 1220

Strobilanthes compacta 1221

Strobilanthes cusia 1221

Strobilanthes cystolithigera 1222

Strobilanthes dalziellii 1222

Strobilanthes dimorphotricha 1223

Strobilanthes echinata 1223

Strophanthus 986

Strophanthus divaricatus 986

Strychnos 966

Strychnos angustiflora 966

STYRACACEAE 954

Styrax 954

Styrax argentifolius 954

Styrax chinensis 955

Styrax faberi 955

Styrax suberifolius 956

Styrax tonkinensis 956

Swida wilsoniana 893

SYMPLOCACEAE 957

Symplocos 957

Symplocos adenophylla 957

Symplocos anomala 957

Symplocos chinensis 959

Symplocos chunii 960

Symplocos cochinchinensis 958

Symplocos confusa 960

Symplocos lancifolia 958

Symplocos lucida 959

Symplocos maclurei 957

Symplocos paniculata 959

Symplocos pendula var. hirtistylis 960

Symplocos poilanei 960

Symplocos racemosa 961

Symplocos sumuntia 961

Synedrella 1105

Synedrella nodiflora 1105

Synotis 1105

Synotis nagensium 1105

T

Tabebuia chrysantha 1191

Tabernaemontana 987

Tabernaemontana divaricata 987

Tacca 1381

Tacca chantrieri 1381

TACCACEAE 1381

Tagetes 1106

Tagetes erecta 1106

Tainia 1443

Tainia hongkongensis 1443

Tainia hookeriana 1444

Tainia penangiana 1444

Tapiscia 877

Tapiscia sinensis 877

Taraxacum 1106

Taraxacum mongolicum 1106

Tarenna 1053

Tarenna attenuata 1053

Tarenna depauperata 1054

Tarenna lancilimba 1054

Tarenna mollissima 1055

Tarennoidea 1055

Tarennoidea wallichii 1055

Taxillus 799

Taxillus chinensis 799

Taxillus sutchuenensis 799

Tecoma 1199

Tecoma stans 1199

Tecomaria 1199

Tecomaria capensis 1199

Tectona 1244

Tectona grandis 1244

Tetradium 845

Tetradium calcicola 845

Tetradium glabrifolium 845

Tetradium ruticarpum 846

Tetradium trichotomum 846

Tetrastigma 826

Tetrastigma caudatum 826

Tetrastigma cauliflorum 827

Tetrastigma hemsleyanum 827

Tetrastigma kwangsiense 828

Tetrastigma obtectum 828

Tetrastigma papillatum 829

Tetrastigma planicaule 829

Tetrastigma pubinerve 830

Teucrium 1267

Teucrium viscidum 1267

Thalia 1307

Thalia dealbata 1307

Themeda 1498

Themeda gigantea var. villosa 1498

Themeda triandra 1498

Themeda villosa 1498

Thevetia 987

Thevetia peruviana 987

Thevetia peruviana 'Aurantiaca' 988

Thuarea 1499

Thuarea involuta 1499

Thunbergia 1224

Thunbergia alata 1224

Thunbergia erecta 1224

Thunbergia grandiflora 1225

Thunbergia laurifolia 1225

Thyrocarpus 1131

Thyrocarpus sampsonii 1131

Thysanolaena 1499

Thysanolaena latifolia 1499

Tillandsia 1285

Tillandsia cyanea 1285

Tithonia 1107

Tithonia diversifolia 1107

Toddalia 847

Toddalia asiatica 847

Tolypanthus 800

Tolypanthus maclurei 800

Toona 860

Toona ciliata 860

Toona microcarpa 860

Toona sinensis 861

Torenia 1171

Torenia asiatica 1171

Torenia biniflora 1171

Torenia concolor 1172

Torenia flava 1172

Torenia fournieri 1173

Torenia glabra 1171

Toricellia 893

Toricellia angulata 893

Torilis 917

Torilis japonica 917

Torilis scabra 917

Toxicodendron 885

Toxicodendron succedaneum 885

Toxicodendron sylvestre 885

Toxocarpus 1002

Toxocarpus wightianus 1002

Trachelospermum 988

Trachelospermum jasminoides 988

Trachelospermum jasminoides var. *hetexophyllum*
.... 988

Trachycarpus 1377

Trachycarpus fortunei 1377

Tradescantia 1279

Tradescantia pallida 1279

Tradescantia spathacea 1280

Tradescantia zebrina 1280

Trevesia 909

Trevesia palmata 909

Trichilia connaroides 858

Trichilia sinensis 858

Tricyrtis 1324

Tricyrtis macropoda 1324

Tridax 1107

Tridax procumbens 1107

Tridynamia 1157

Tridynamia megalantha 1157

Tridynamia sinensis 1158

TRILLIACEAE 1325

Tripterospermum 1113

Tripterospermum nienkui 1113

Tsoongia 1245

Tsoongia axillariflora 1245

Turpinia 878

Turpinia arguta 878

Turpinia montana 878

Turpinia montana var. *glaberrima* 878

Tylophora 1003

Tylophora atrofolliculata 1003

Tylophora kerrii 1003

Tylophora mollissima 1003

Tylophora ovata 1003

Typha 1349

Typha angustifolia 1349

Typha orientalis 1349

TYPHACEAE 1349

Typhonium 1347

Typhonium blumei 1347

Typhonium trilobatum 1347

U

UMBELLIFERAE 910
Uncaria 1056
Uncaria hirsuta 1056
Uncaria macrophylla 1056
Uncaria rhynchophylla................................ 1057
Uncaria rhynchophylloides 1057
Uncaria sessilifructus 1058
Urceola 989
Urceola micrantha.. 989
Urceola rosea 989
Urophyllum 1058
Urophyllum chinense 1058
Utricularia 1176
Utricularia bifida 1176
Utricularia orbiculata.................................. 1176
Utricularia striatula 1176

V

VACCINIACEAE 924
Vaccinium 924
Vaccinium bracteatum.................................. 924
Vaccinium mandarinorum............................ 924
Vanda 1444
Vanda concolor.. 1444
Vandopsis 1445
Vandopsis gigantea...................................... 1445
Vanilla 1445
Vanilla somae 1445
Ventilago 814
Ventilago inaequilateralis............................ 814
Ventilago leiocarpa...................................... 814
Verbena 1245
Verbena officinalis 1245
VERBENACEAE 1226
Verbesina lavenia 1066
Vernonia 1108
Vernonia arborea 1108

Vernonia cinerea.. 1108
Vernonia cumingiana 1108
Vernonia patula 1109
Vernonia solanifolia 1109
Veronica 1173
Veronica persica 1173
Veronica undulata.. 1174
Veronicastrum 1174
Veronicastrum caulopterum 1174
Vetiveria zizanioides.................................... 1472
Viburnum 1063
Viburnum cylindricum................................ 1063
Viburnum fordiae 1063
Viburnum odoratissimum............................ 1064
Viburnum triplinerve................................... 1064
Viscum 800
Viscum coloratum 800
Viscum liquidambaricola 801
Viscum ovalifolium...................................... 801
VITACEAE 818
Vitex... 1246
Vitex kwangsiensis....................................... 1246
Vitex negundo 1246
Vitex negundo var. cannabifolia 1247
Vitex quinata 1247
Vitex rotundifolia.. 1248
Vitex trifolia 1248
Vitis 830
Vitis balansana 830
Vitis davidii... 831
Vitis flexuosa... 831
Vitis hekouensis 832
Vitis heyneana... 832
Vitis retordii.. 832
Vitis vinifera.. 833

W

Walsura.. 861

Walsura robusta 861
Washingtonia 1378
Washingtonia filifera 1378
Wedelia trilobata 1104
Wedelia wallichii 1110
Wendlandia 1059
Wendlandia oligantha 1059
Wendlandia uvariifolia 1059
Wodyetia 1378
Wodyetia bifurcata 1378
Wollastonia 1110
Wollastonia montana 1110
Wrightia 990
Wrightia kwangtungensis 990
Wrightia pubescens 990
Wrightia sikkimensis....................................... 990

X

Xanthium 1110
Xanthium sibiricum 1110
Xanthium strumarium 1110
Xanthophytum 1060
Xanthophytum balansae.................................... 1060
Xanthophytum kwangtungense...................... 1060
Xenostegia.. 1158
Xenostegia tridentata 1158
XYRIDACEAE... 1282
Xyris.. 1282
Xyris indica.. 1282

Y

Youngia 1111
Youngia japonica...1111
Yua 833
Yua thomsonii 833

Z

Zanthoxylum 847
Zanthoxylum armatum..................................... 847
Zanthoxylum avicennae 848
Zanthoxylum calcicola..................................... 848
Zanthoxylum laetum 849
Zanthoxylum nitidum...................................... 849
Zanthoxylum ovalifolium 850
Zanthoxylum scandens..................................... 850
Zea 1500
Zea mays 1500
Zephyranthes 1353
Zephyranthes candida 1353
Zephyranthes carinata 1353
Zeuxine 1446
Zeuxine strateumatica 1446
Zeuxinella 1446
Zeuxinella vietnamica...................................... 1446
Zingiber... 1302
Zingiber bisectum 1302
Zingiber mioga... 1303
Zingiber zerumbet.. 1303
ZINGIBERACEAE.. 1290
Zinnia 1111
Zinnia elegans 1111
Zizania.. 1500
Zizania latifolia 1500
Ziziphus... 815
Ziziphus incurva.. 815
Ziziphus mauritiana 815
Zoysia... 1501
Zoysia matrella... 1501
Zoysia serrulata 1501
Zoysia tenuifolia.. 1501